Christian M. Schmahl · Ronald Gleich

PRODUKTPORTFOLIOMANAGEMENT

Christian M. Schmahl · Ronald Gleich (Hrsg.)

Produktportfoliomanagement

Innovationsmanagement in Wissenschaft und Praxis

HARLAND media

Bibliografische Information Der Deutschen Bibliothek
Die Deutsche Bibliothek verzeichnet diese Publikation in der Deutschen Nationalbibliografie; detaillierte bibliographische Daten sind im Internet über http://dnb.ddb.de abrufbar.

www.harland-media.de

Gedruckt auf alterungsbeständigem Papier nach ISO 9706 (säure-, holz- und chlorfrei).
Printed in Germany

ISBN 978-3-938363-40-9

Vorwort

Wie können Unternehmen ihr Produktportfolio optimal managen? Welche Strategien spielen in diesem Zusammenhang eine Rolle und wie sollte das Produktportfoliomanagement organisatorisch im Unternehmen verankert werden? Wie lassen sich die Prozesse der Aufnahme neuer Produkte und des Eliminierens alter Produkte gestalten und welche Tools unterstützen die Entscheidungsfindung am besten?

Diese und weitere Fragen aus dem Gebiet des Produktportfoliomanagements gewinnen für immer mehr Unternehmen gerade auch in der momentan schwierigen wirtschaftlichen Situation an Bedeutung. Dies war Anlass für die Deutsche Telekom AG und für das Strascheg Institute for Innovation and Entrepreneurship (SIIE) der European Business School (EBS), im Rahmen eines gemeinsamen Projektes Erfolg versprechende Ansätze, Lösungskonzepte und Verfahrensweisen aus Praxis und Wissenschaft zusammenzuführen.

Im Rahmen dieses Projektes wurden dabei zum einen Ergebnisse aus wissenschaftlichen Publikationen mit Relevanz für das Produktportfoliomanagement zusammengestellt und durch Gespräche mit Wissenschaftlern, deren Forschungsinteressen in den Themenfeldern des Produktportfoliomanagements liegen, ergänzt. Zum anderen wurden in verschiedenen Unternehmen Interviews mit Produktportfoliomanagern und anderen Praktikern, die im Rahmen ihrer täglichen Arbeit mit den vielfältigen Herausforderungen des Produktportfoliomanagements konfrontiert sind, geführt.

Die Ergebnisse dieser Gespräche waren so vielfältig und aufschlussreich, dass wir beschlossen haben, zumindest einen Teil davon in Form des vorliegenden Sammelbandes auch anderen interessierten Lesern zugänglich zu machen und damit gleichzeitig einen Grundstein für weiterführende Diskussionen und Projekte zu legen. Der Sammelband richtet sich daher sowohl an Praktiker, die sich im Aufgabenfeld des Produktportfoliomanagements bewegen, als auch an Wissenschaftler und Studierende, die ein umfassendes Werk zum Produktportfoliomanagement suchen.

Entsprechend dem Vorgehen im gemeinsamen Projekt gliedert sich der Sammelband in einen wissenschaftlich orientierten Teil, der konzeptionelle Beiträge zum Produktportfoliomanagement zusammenführt, und einen praxisorientierten Teil, in dem vor allem Erfahrungen und Lösungsansätze aus ausgewählten Unternehmen sowie Ergebnisse einer entsprechenden empirischen Studie dargestellt sind.

Der erste Teil beginnt mit einem Beitrag von *Jenny Amelingmeyer*, in dem sie die verschiedenen Gestaltungsfelder und Herausforderungen des Produktportfoliomanagements in einen integrierenden Rahmen stellt. Dadurch werden auch die Zusammenhänge zwischen den verschiedenen Aspekten aufgezeigt, die in den folgenden Beiträgen detaillierter behandelt werden.

Anschließend zeigt *Christian Geßner* in seinem Beitrag den aktuellen Stand der Literatur zum Produkt- und zum Projektportfoliomanagement auf. Einen besonderen Schwerpunkt bildet dabei eine Übersicht über bislang in diesem Themenbereich durchgeführte empirische Studien. *Norbert Bach* erörtert in seinem Beitrag wesentliche Aspekte der strategischen Produktportfolioplanung. Dabei leitet er insbesondere aus der unterschiedlichen Dauer von Nachfrage-, Potential- und Positionslebenszyklen Implikationen für das Management des Produktportfolios ab und illustriert diese anhand zahlreicher Fallbeispiele. *Sven Packmohr* betrachtet die konzeptionelle Entwicklung von Portfolioanalysen und zeigt auf, wie Unternehmen Elemente einer Portfolioanalyse selbstständig erheben und so ihre Analyseinstrumente an spezifische Unternehmensgegebenheiten anpassen können. *Dietrich von der Oelsnitz* und *Ina Nirsberger* zeigen in ihrem Beitrag, dass Marktaustritte Teil von regulären Portfoliomanagementstrategien sein können, und diskutieren in diesem Zusammenhang insbesondere die Bedeutung von Lock-in-Effekten. *Peter E. Harland* untersucht in seinem Beitrag schließlich, welche graphischen Möglichkeiten die Portfoliomatrix bietet, und entwirft einen Ansatz, der es ermöglicht, optimierte Segmente für die Entwicklung von Technologie- und Marktstrategien zu bilden.

Der praxisorientierte Teil des Sammelbandes beginnt mit einem Beitrag von *Ralph Schepp*, *Robert Herold* und *Christian M. Schmahl.* Sie zeigen auf, wie das integrierte Produktportfoliomanagement im Sinne einer prozessualen und konzeptionellen Verzahnung von Phase-in, Phase-out und Regelportfoliomanagement bei der Deutschen Telekom AG konkret ausgestaltet und angewendet wird. Ebenfalls vor dem Hintergrund der Deutschen Telekom AG erläutert *Florian Geuppert* anschließend die konzeptionellen Grundlagen und praktischen Herausforderungen einer Produktergebnisrechnung als Instrument einer geschäftsfeldübergreifenden Produktportfoliosteuerung. *Susanne Reindel* stellt in ihrem Beitrag die Gestaltung, Weiterentwicklung und zielgerichtete Steuerung des Produktportfoliomanagements bei der Lufthansa Cargo AG dar. *Alexander Sloboda* erläutert am Beispiel der EnBW Energie Baden-Württemberg AG die besonderen Herausforderungen des Portfoliomanagements in der Energiewirtschaft. Der praxisorientierte Teil des Sammelbandes schließt mit einem Beitrag von *Sven Meyer*, *Hartmut Rauen*, *Meike Tilebein* und *Ronald Gleich*, in dem sie ausgewählte Ergebnisse einer explorativen Befragung des VDMA zum Portfoliomanagement darstellen.

Parallel zur Arbeit an dem vorliegenden Sammelband fand im Rahmen des gemeinsamen Projektes am 23. April 2009 an der European Business School (EBS) in Oestrich-Winkel auf Einladung der Deutschen Telekom AG und des Strascheg Institute for Innovation and Entrepreneurship (SIIE) ein *Workshop* zum Thema *„Benchmarks im Produktportfoliomanagement“* statt. An diesem Workshop nahmen Praktiker und Wissenschaftler teil, die sich jeweils vertieft mit Fragestellungen des Produktportfoliomanagements beschäftigen. Sie informierten sich über die Projektergebnisse, tauschten ihr Know-how und ihre Erfahrungen aus und diskutierten aktuelle Herausforderungen. Für die teilnehmenden Autoren des vorliegenden Sammelbandes bot der Workshop damit gleichzeitig die Gelegenheit, im Rahmen der Diskussionen und des fachlichen Austausches ihre Beiträge weiter zu schärfen und in

Beziehung zueinander zu setzen. Ein Ergebnis dieses Prozesses sind die zahlreichen Querverweise zwischen den verschiedenen Beiträgen in diesem Sammelband.

An dieser Stelle möchten wir uns bei allen Projektbeteiligten und Interviewpartnern bedanken, die durch ihre Mitarbeit und Anregungen zum Erfolg des Projektes beigetragen haben. Ein besonderer Dank gilt dabei den Autoren dieses Bandes für ihr Engagement. Dadurch, dass sie ihre Überlegungen und Erfahrungen in ihre Beiträge eingebracht haben, konnte dieser Sammelband überhaupt erst entstehen. Dem Verlag Harland Media danken wir für die Flexibilität und professionelle Unterstützung bei der Fertigstellung des Buches.

Allen Lesern wünschen wir eine interessante und anregende Lektüre.

Bonn und Oestrich-Winkel, im Juni 2009

Christian M. Schmahl
Ronald Gleich

Jenny Amelingmeyer (Schriftleitung)

Inhaltsverzeichnis

Anhang

Produktportfoliomanagement: Konzeptionelle Ansätze

Gestaltungsfelder und Herausforderungen eines integrierten Produktportfoliomanagements

Jenny Amelingmeyer

Ein gezieltes und systematisches Management des Produktportfolios erschließt für Unternehmen bedeutende Erfolgspotentiale. Darum stößt dieses Handlungsfeld sowohl in der Wissenschaft als auch in der Praxis auf zunehmendes Interesse. Die in diesem Zusammenhang diskutierten Gestaltungsfelder reichen von der Festlegung der Ziele und der Strategie über die Gestaltung der Kernprozesse einschließlich des Einsatzes von geeigneten Kennzahlen und Methoden bis hin zur Verankerung des Produktportfoliomanagements in der Organisation. Besondere Herausforderungen ergeben sich dabei sowohl durch die spezifischen Merkmale des jeweiligen Produktportfolios als auch durch die mit der Thematik verbundene unternehmensexterne und unternehmensinterne Komplexität und Dynamik. Dies ist ein Grund für die in der Praxis zu beobachtenden unterschiedlichen Ausprägungsformen des Produktportfoliomanagements.
Der vorliegende Beitrag spannt vor diesem Hintergrund einen integrierenden Betrachtungsrahmen für die verschiedenen Aspekte des Produktportfoliomanagements auf, in den sich sowohl die unterschiedlichen Forschungsschwerpunkte und -ergebnisse als auch die unternehmensindividuellen Praxislösungen einordnen und in Beziehung zueinander setzen lassen.

1 Einleitung

Insbesondere in Zeiten starken Wettbewerbs und hohen Kostendrucks wird die besondere Bedeutung eines ausbalancierten Produktportfolios für den Unternehmenserfolg deutlich. Denn zum einen stellt es einen wesentlichen Erfolgsfaktor für das Erreichen und Sichern einer günstigen Kostenposition dar, und zum anderen bildet es eine zentrale Grundlage für die Erschließung zukunftsrelevanter Umsatzpotentiale. Gleichzeitig ist das Produktportfolio eines Unternehmens aber das Ergebnis zahlreicher Entscheidungen und länger dauernder Prozesse, so dass seine grundlegende Struktur in der Regel nicht kurzfristig verändert werden kann.

Ein gezieltes und systematisches Produktportfoliomanagement setzt daher eine frühzeitige, strategisch ausgerichtete Planung und Steuerung voraus. In diesem Zusammenhang müssen Unternehmen Lösungsansätze für die spezifischen Herausforderungen finden, mit denen sie sich in Abhängigkeit von den jeweiligen Produktbesonderheiten sowie den geschäftsfeldbezogenen und den unternehmensindividuellen Rahmenbedingungen konfrontiert sehen.

Auch in der wissenschaftlichen Forschung werden Ansätze zur Analyse und Gestaltung des Produktportfolios vermehrt diskutiert. Ein großer Teil der Veröffentlichungen konzentriert sich dabei aus dem Blickwinkel der jeweiligen Fachdisziplinen auf ausgewählte Teilfragestellungen des Produktportfoliomanagements. Ein Schwerpunkt der Veröffentlichungen liegt beispielsweise im Bereich strategischer Überlegungen zum Produktangebot sowie zu Markteintritts- und Marktaustrittsentscheidungen.[1] Einen weiteren Schwerpunkt bildet die Diskussion geeigneter Methoden zur Entscheidungsunterstützung, wobei die verschiedenen Formen der Portfolioanalyse eine besondere Rolle spielen.[2]

Im folgenden wird vor diesem Hintergrund ein Betrachtungsrahmen für ein integriertes Produktportfoliomanagement entworfen, in den sich sowohl die unternehmensindividuellen Praxislösungen als auch die unterschiedlichen Forschungsschwerpunkte und -ergebnisse einordnen und in Beziehung zueinander setzen lassen (vgl. Abb. 1).[3]

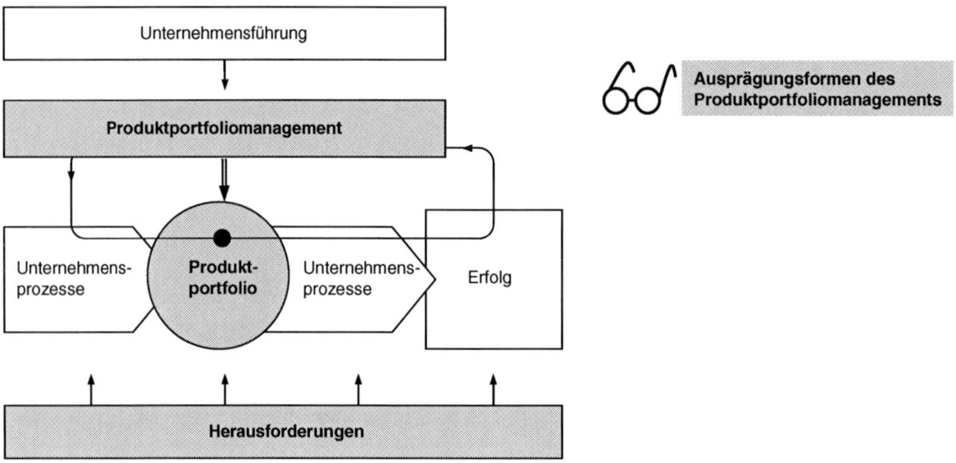

Abb. 1: Betrachtungsrahmen zum Produktportfoliomanagement

Die einzelnen Elemente des Betrachtungsrahmens sind dabei das Produktportfolio als Gegenstand sowie die verschiedenen Gestaltungsfelder, die besonderen Herausforderungen und die Ausprägungsformen des Produktportfoliomanagements. Diese Elemente werden in den folgenden Abschnitten näher betrachtet.

1 Siehe hierzu z. B. auch die Beiträge von Bach sowie von Oelsnitz/Nirsberger in diesem Sammelband.
2 Siehe hierzu z. B. auch die Beiträge von Geßner, Packmohr sowie Harland in diesem Sammelband.
3 Damit wird zugleich ein gemeinsamer Rahmen für die Beiträge dieses Sammelbandes geschaffen.

2 Gegenstand des Produktportfoliomanagements

Für eine Diskussion der Gestaltungsfelder und Herausforderungen des Produktportfoliomanagements ist es im ersten Schritt wichtig, den Gegenstand desselben zu präzisieren.

2.1 Der Gegenstand im Überblick

Zielsetzung des Produktportfoliomanagements ist die Gestaltung des Produktportfolios als Gesamtheit der in einem Unternehmen relevanten Produkte mit dem Ziel der Sicherung bzw. Verbesserung des Unternehmenserfolgs. In diesem Zusammenhang sind daher sowohl die „Produkte“ als auch das „Produktportfolio“ als Gegenstand von Relevanz (vgl. Abb. 2).

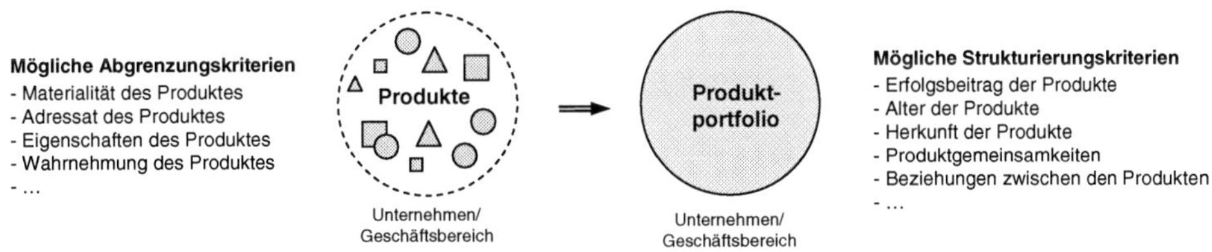

Abb. 2: Gegenstand des Produktportfoliomanagements im Überblick

Obwohl beide Begriffe vordergründig zum Allgemeinverständnis gehören, bereitet eine genaue Zuordnung in der Praxis häufig Schwierigkeiten, wie die folgenden Ausführungen illustrieren.

2.2 Die Produkte als Gegenstand

Ein Produkt kann als das „Ergebnis der Produktion und Sachziel einer Unternehmung oder auch Mittel der Bedürfnisbefriedigung“[4] definiert werden. Üblicherweise werden auf dieser Basis verfeinernde Untergliederungen nach jeweils relevanten Kriterien vorgenommen. So unterscheiden viele Autoren auf der ersten Ebene Sachgüter und Dienstleistungen voneinander und differenzieren dann auf der nächsten Ebene nach den Trägern des Bedarfs in Konsum- und Industriegüter.[5]

So eindeutig eine solche Einteilung der Produkte auf den ersten Blick erscheinen mag, so schwierig ist es in Unternehmen häufig, tatsächlich ein einzelnes Produkt abzugrenzen. Typische Gründe hierfür sind:

4 Gabler Wirtschaftslexikon (2000), S. 2489.

5 Vgl. z. B. Homburg/Krohmer (2006), S. 567.

- Im Zuge einer zunehmenden Umsetzung von Modularisierungs- und Plattformstrategien entstehen verschiedene Produktebenen. Zudem gibt es keine eindeutigen Kriterien für die Differenzierung zwischen Produkten und Produktvarianten.
- Häufig werden auf dem Markt Leistungsbündel angeboten, die mehrere Komponenten (z. B. Sach- und Dienstleistungskomponenten) gleichzeitig enthalten. Dabei wird insbesondere die Abgrenzung des Dienstleistungsanteils als Herausforderung empfunden.
- In der Kundenbeziehung beeinflussen auch Faktoren wie die Preis- bzw. Tarifgestaltung sowie die Zuordnung zu Marken die Produktwahrnehmung, wodurch eine weitere Abgrenzungsebene entsteht.

In der Praxis spiegelt sich diese Problematik in unterschiedlichen Abgrenzungsansätzen für Produkte wider. Beispiele hierfür sind:

- Kundenorientierte Abgrenzung: Als Produkt wird definiert, was der Kunde als solches wahrnimmt.
- Produktionsorientierte Abgrenzung: Als Produkt wird definiert, was in einem eigenständigen Produktionsprozess entsteht.
- Pragmatische Abgrenzung: Als Produkt wird definiert, was einmal eine eigene Nummer im ERP-System erhalten hat.

Aufgrund der Relevanz der unterschiedlichen Perspektiven liegt häufig innerhalb desselben Unternehmens ein unterschiedliches Produktverständnis bei verschiedenen Mitarbeitern und/oder in verschiedenen Abteilungen vor.

2.3 Das Produktportfolio als Gegenstand

In einem Produktportfolio wird die Gesamtheit der für einen Unternehmensbereich oder für das Gesamtunternehmen relevanten Produkte systematisiert zusammengefasst. Im Fall der Existenz mehrerer Bereichsportfolios kann man dann auch von einer „Portfoliolandschaft" sprechen.

Angesichts der in den meisten Unternehmen gegebenen Zahl und Vielfalt der Produkte werden diese im Rahmen der Portfoliobetrachtung dabei meist zu „Clustern" aggregiert, um so ein besser erfassbares Bild der Produktgesamtheit zu erhalten. Im Detail lassen sich hierfür ganz unterschiedliche Analyseansätze heranziehen, die vor allem auf das Verhältnis zwischen den verschiedenen Produkten abstellen.[6]

Die konkrete Wahrnehmung des Produktportfolios unterscheidet sich daher je nach den ausgewählten Kriterien und ist dementsprechend unternehmensspezifisch. Dadurch wird eine Vergleichbarkeit der Produktportfolios verschiedener Unternehmen erschwert.

---

[6] Vgl. zu möglichen Kriterien z. B. Specht/Balderjahn (2005), S. 170-172 sowie die entsprechenden Ausführungen in den Beiträgen in diesem Sammelband.

2.4 Relevanz einer eindeutigen Abgrenzung des Gegenstands

Die obigen Ausführungen zeigen, dass es kein allgemein gültiges Verständnis der Begriffe „Produkt" und „Produktportfolio" gibt, sondern dass diese unternehmensspezifisch ausgestaltet werden. Die Art der Betrachtung und Abgrenzung wirkt dabei in gewisser Weise wie eine Brille, durch die der Fokus der Gestaltungsansätze festgelegt wird. Damit liegt hier bereits ein erster Hebel für den Erfolg eines Produktportfoliomanagements.

In der Praxis verzichten Unternehmen allerdings sehr oft auf eine übergreifende Klärung der Begriffe. Dadurch wird in vielen Fällen die Effizienz und Effektivität entsprechender Maßnahmen verringert. Und auch in der wissenschaftlichen Betrachtung von Fragestellungen des Produktportfoliomanagements führt ein unterschiedliches Begriffsverständnis häufig dazu, dass Forschungsergebnisse nicht unmittelbar zusammengeführt werden können.

3 Gestaltungsfelder des Produktportfoliomanagements

Im Folgenden wird erst ein Überblick über die verschiedenen Gestaltungsfelder des Produktportfoliomanagements gegeben, bevor diese anschließend im Einzelnen dargestellt werden.

3.1 Die Gestaltungsfelder im Überblick

Ziel eines Produktportfoliomanagements ist die gezielte Planung und Gestaltung des Produktportfolios in einem Unternehmen. Dies beinhaltet die systematische Betrachtung und Zusammenfassung der Produkte sowie die kontinuierliche Planung, Koordinierung, Priorisierung, Selektion und Kontrolle der gesamten Produkte eines Unternehmens.[7] Auf dieser Basis lassen sich vier grundsätzliche Gestaltungsfelder des Produktportfoliomanagements unterscheiden, die in Abb. 3 im Überblick dargestellt sind.

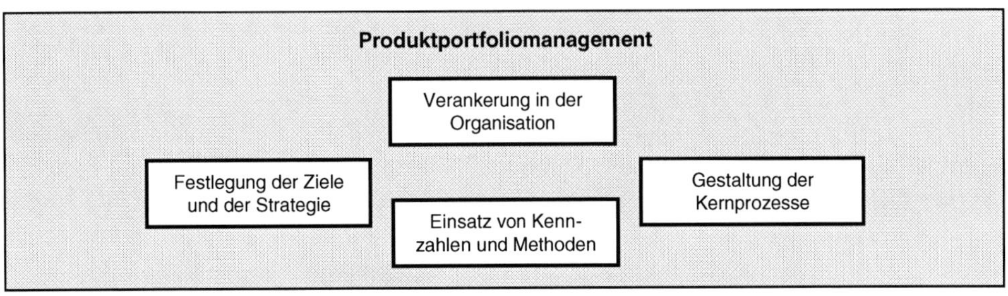

Abb. 3: Überblick über die Gestaltungsfelder des Produktportfoliomanagements

7 Siehe hierzu auch den Beitrag von Geuppert in diesem Sammelband.

Im Rahmen der Festlegung der Ziele und der Strategie geht es dabei um die strategische Ausrichtung des Produktportfoliomanagements in Abstimmung mit den Unternehmenszielen. Bei der Gestaltung der Kernprozesse sind die grundsätzlichen organisatorischen und zeitlichen Abläufe aller das Produktportfolio betreffenden Prozesse festzulegen. Als Bindeglied zwischen der Festlegung von Zielen und Strategien und der Prozessgestaltung sind steuerungsrelevante Kennzahlen und Methoden auszuwählen und auszugestalten. Schließlich ist in organisatorischer Hinsicht zu klären, wie das Produktportfoliomanagement in der Organisation verankert werden soll und welche Instanzen mit welchen Detailaufgaben betraut werden.

3.2 Festlegung der Ziele und der strategischen Ausrichtung

Wesentlich für die gezielte Gestaltung des Produktportfoliomanagements in einem Unternehmen sind die Festlegung der angestrebten Ziele sowie die Erarbeitung der grundlegenden strategischen Ausrichtung in Abstimmung mit den entsprechenden Unternehmensvorgaben. Grundsätzlich lassen sich dabei mit der Ergebnisorientierung, der Marktorientierung, der Technologieorientierung sowie der Kompetenzorientierung vier unterschiedliche Schwerpunktsetzungen identifizieren (siehe Abb. 4).[8]

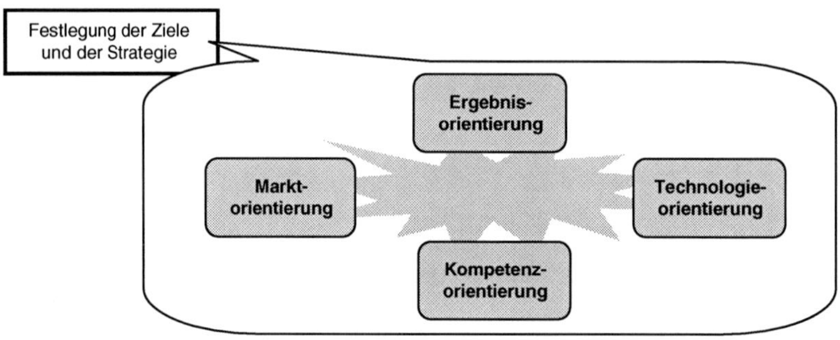

Abb. 4: Mögliche strategische Ausrichtungen im Produktportfoliomanagement

Ergebnisorientierung

Im Sinne einer Ergebnisorientierung besteht das primäre Ziel des Produktportfoliomanagements darin, langfristig über das gesamte Produktportfolio hinweg möglichst stabile Ergebnisbeiträge und Wachstumsraten zu erzielen. Mit Blick auf diese Zielsetzung kommt es bei der strategischen Ausrichtung unter anderem darauf an, im Portfolio ein ausbalanciertes Verhältnis von Produkten, die am Beginn des Lebenszyklus stehen, und Produkten, die sich in der Reifephase befinden, zu erreichen.[9]

---

8 Siehe zur strategischen Produktportfolioplanung auch den Beitrag von Bach in diesem Sammelband.

9 Siehe zur Ergebnisorientierung auch den Beitrag von Geuppert in diesem Sammelband.

Marktorientierung

Eine Marktorientierung bei der Gestaltung des Produktportfolios zielt darauf ab, die Bedürfnisse der aktuellen und der potentiellen Kunden möglichst gut zu befriedigen und dadurch den Umsatz positiv zu beeinflussen. Mögliche Zielgrößen in dieser Hinsicht sind die Vollständigkeit des Produktangebots aus Kundensicht sowie die Differenzierung mit Blick auf Qualität und/oder Preisaspekte.

Technologieorientierung

Ziel einer Technologieorientierung ist es, das Potential neuer technologischer Entwicklungen schnell zu identifizieren und in neue Leistungsangebote umzusetzen. In der Folge werden in der Regel die bisherigen Produkte und/oder Prozesse verändert. Mit Blick auf den Markt resultiert hieraus häufig ein Technology-Push-Ansatz.

Kompetenzorientierung

Die Kompetenzorientierung ist schließlich darauf ausgerichtet, durch die Gestaltung des Produktportfolios den Erwerb, die Nutzung und die Festigung von zukünftig für wichtig erachteten Kompetenzen zu unterstützen. Diese können sowohl auf den Markt als auch auf die Technologien ausgerichtet sein. Hinzu kommt eine explizite Berücksichtigung der zugrunde liegenden unternehmensinternen Prozesse etwa bei der Produktion oder der Marktbearbeitung.

Verknüpfung der strategischen Ausrichtungen

Die getrennte Darstellung der vier strategischen Ausrichtungen impliziert nicht, dass eine ausschließlich Verfolgung einer dieser Richtungen möglich oder gar zweckmäßig ist. Vielmehr ergänzen sich die Sichtweisen gegenseitig, wobei je nach der gegebenen Situation wechselnde Schwerpunkte gesetzt werden können.

So ist zur Umsetzung von ergebnisorientierten Vorgaben eine entsprechende Strategieformulierung mit Blick auf Markt und Technologie notwendig. Die konkreten Ziel- und Strategieformulierungen werden sich dann an den unternehmensinternen Möglichkeiten und Kompetenzen orientieren.

In der Praxis ist allerdings festzustellen, dass in vielen Unternehmen mit Blick auf das Produktportfolio gar keine strategische Fokussierung existiert.[10] In diesen Unternehmen fehlen in der Regel darum auch belastbare Informationen für die Abschätzung möglicher Auswirkungen von Entscheidungen, die das Produktportfolio beeinflussen, was die Auswahl und Durchsetzung effektiver und effizienter Managementmaßnahmen erschwert.

---

[10] Siehe zu entsprechenden Aussagen mit Blick auf Innovationsprojekte auch den Beitrag von Meyer/Rauen/Tilebein/Gleich in diesem Sammelband.

3.3 Gestaltung der Kernprozesse

Mit einem zielorientierten und systematischen Produktportfoliomanagement sind drei Kernprozesse verbunden: die Aufnahme von Innovationen in das Produktportfolio, die Optimierung der bestehenden Struktur des Produktportfolios sowie die Eliminierung von Produkten aus dem Produktportfolio (vgl. Abb. 5).

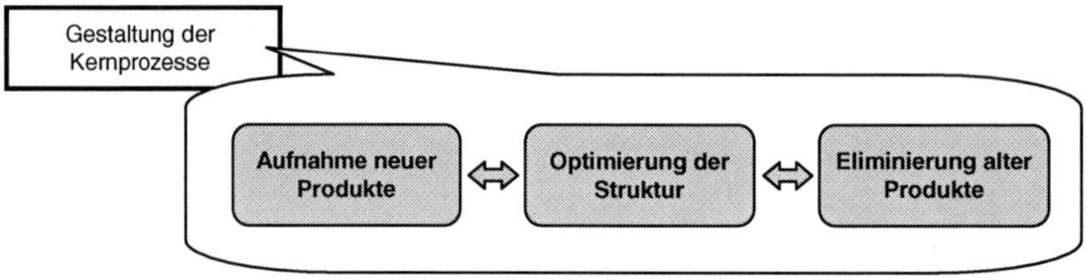

Abb. 5: Kernprozesse im Produktportfoliomanagement

Bei diesen drei Prozessen gibt es verschiedene Parameter, die prozessspezifisch ausgestaltet werden können, wie zum Beispiel Auswahl der Verantwortlichen, Häufigkeit der Durchführung, Einsatz von Kennzahlen und Methoden sowie die Verknüpfung mit dem Gesamtprozess. Dabei können zudem unterschiedliche Standardisierungsgrade gesetzt werden.

Aufnahme neuer Produkte in das Produktportfolio

Die Entscheidung über die Durchführung von Innovationsprojekten mit dem Ziel der Aufnahme neuer Produkte in das Produktportfolio bildet eine zentrale Herausforderung im Innovationsmanagement. Da dieses Thema bereits seit längerer Zeit sowohl in der Wissenschaft als auch in der Praxis als erfolgsrelevant erkannt ist, existiert in diesem Bereich eine Vielzahl von Beiträgen und Erfahrungsberichten, in denen verschiedene Gestaltungsvorschläge für die Prozesse des „Phase-In" diskutiert werden. Diese betreffen beispielsweise die Einführung von Stage-Gate-Prozessen sowie den Einsatz spezifischer Methoden zur Entscheidungsunterstützung.[11]

Optimierung der Struktur des bestehenden Produktportfolios

Die Vernetzung und Optimierung des bestehenden Produktportfolios ist eine zentrale Aufgabe des Produktportfoliomanagements und steht prinzipiell fortlaufend an. Hier geht es vor allem darum, bestehende Synergieeffekte (etwa mit Blick auf Ergebniszusammenhänge, Marketing, Produktion oder Kompetenzaufbau) zu identifizieren und umzusetzen. Eine wesentliche Herausforderung in diesem Zusammenhang ist die Schaffung von Transparenz.

[11] Vgl. z. B. Cooper (2001). Siehe auch die Beiträge von Geßner, Harland und Meyer/Rauen/ Tilebein/Gleich in diesem Sammelband.

Im Vergleich zur Aufnahme von Innovationen in das Produktportfolio werden die zugrunde liegenden Prozesse allerdings vergleichsweise wenig diskutiert. In der Regel werden unternehmensindividuelle Tools entwickelt, und der Standardisierungsgrad schwankt sehr stark.

Eliminieren von Produkten aus dem Produktportfolio

Das Eliminieren von Produkten aus dem Produktportfolio dient der strategiekonformen Bereinigung des Portfolios. Bei diesem „Phase-Out" handelt es sich ebenfalls um eine regelmäßig durchzuführende Aufgabe, die allerdings in vielen Unternehmen noch sehr unsystematisch betrieben wird. Ein Grund hierfür liegt darin, dass ein Marktaustritt häufig mit einem Misserfolg assoziiert wird.[12]

Verknüpfung der Prozesse

Eine integrierte Prozessgestaltung im Produktportfoliomanagement zeichnet sich dadurch aus, dass die dargestellten drei Kernprozesse zum einen auf die zuvor formulierten Ziele und Strategien mit Blick auf das Produktportfolio ausgerichtet und zum anderen untereinander abgestimmt werden.[13]

So liefert eine kontinuierliche Analyse des aktuellen Produktportfolios relevante Entscheidungsinformationen sowohl für das „Phase in" als auch für das „Phase out". Und eine Beschränkung der Portfoliokomplexität setzt voraus, dass Produktaufnahmen und Produkteliminationen ausgewogen erfolgen.

3.4 Einsatz von Kennzahlen und Methoden

Insbesondere für die Umsetzung der Ziele und Strategien des Produktportfoliomanagements in die relevanten Prozesse ist der Einsatz von Kennzahlen und Methoden als Informations- und Steuerungsinstrument von Bedeutung (vgl. Abb. 6).

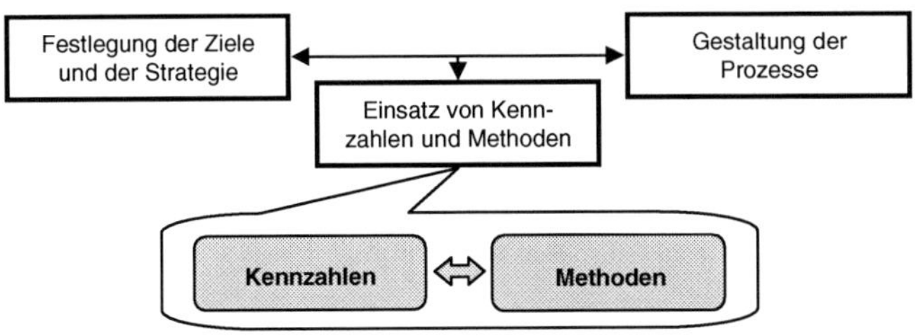

Abb. 6: Einsatz von Kennzahlen und Methoden

12 Siehe hierzu auch den Beitrag von Oelsnitz/Nirsberger in diesem Sammelband.

13 Siehe hierzu auch den Beitrag von Schepp/Herold/Schmahl in diesem Sammelband.

Einsatz von Kennzahlen

Zur Umsetzung von Zielen und Strategien in die konkreten Prozesse im Unternehmen bedarf es der Festlegung und Erhebung von Kennzahlen, die die als entscheidungsrelevant erachteten ökonomischen Größen in ein sinnvolles Verhältnis zueinander setzen.

Das Finden geeigneter Kennzahlen ist in den verschiedenen strategischen Zielrichtungen unterschiedlich schwierig. So gibt es für die Ergebnisorientierung auf oberster Ebene häufig genutzte Key Performance Indicators (KPIs) wie z. B. den Net Present Value (NPV) oder den Expected Commercial Value (ECV). Schwieriger ist in diesem Zusammenhang die Berechnung von Produktergebnissen, die häufig im unternehmensspezifischen Kontext erfolgen müssen.[14] Mit Blick auf die Markt- und die Technologieorientierung ist eine direkte Messung und Fassung in einer Zahl in der Regel kaum möglich, so dass hier häufig hilfsweise auf mehrachsige Darstellungen zurückgegriffen wird (s. u.). Gleiches gilt für die Messbarmachung der Kompetenzorientierung, die zudem ebenfalls höchst unternehmensspezifisch ist.

Kennzahlen lassen sich vor allem zum periodenübergreifenden Vergleich sowie zur Definition von Standardwerten oder Anforderungsniveaus nutzen.[15]

Einsatz von Methoden

Zur Entscheidungsunterstützung werden im Produktportfoliomanagement zudem häufig Methoden eingesetzt, die verschiedene Bewertungsansätze verbinden. Meist handelt es sich dabei um zweidimensionale Darstellungen, auf deren Achsen zwei als entscheidungsrelevant erachtete Kennzahlen oder Indikatoren abgetragen werden. Weitere Informationen können z. B. über Größendarstellungen oder Farb- und Musterzuordnungen hinzugefügt werden.[16]

Diese Methoden lassen sich in den verschiedenen Prozessen des Produktportfoliomanagements einsetzen. So dienen beispielsweise Markt-Technologie-Portfolios oder Risikoportfolios sowie der Abgleich mit Zielportfolios der Entscheidungsunterstützung bei der Auswahl von Innovationsprojekten. Ergebnisorientierte Portfolios dienen der Transparenzschaffung mit Blick auf das aktuelle Produktportfolio. Und auch Eliminierungsentscheidungen können aus der Entwicklung derartiger Methoden abgeleitet werden.

Eine unternehmensspezifische Entwicklung und/oder Ausgestaltung der Methoden erleichtert dabei in der Regel die Umsetzung der Ziele und Strategien sowie die Verknüpfung der entsprechenden unternehmensinternen Prozesse.[17] Wichtige Kriterien bei unternehmensspezifischen Lösungen sind dabei unter anderem die klare Abgrenzung des Steuerungszwecks, die Wahl wesentlicher, nachvollziehbarer und „einfacher“ Kennzahlen sowie eine Abstimmung mit den übrigen Unternehmensprozessen.[18]

---

14 Siehe hierzu auch die Beiträge von Geßner und Geuppert in diesem Sammelband.

15 Siehe zur Funktion von „Hurdles“ auch den Beitrag von Reindel in diesem Sammelband.

16 Siehe hierzu auch den Beitrag von Harland in diesem Sammelband.

17 Siehe hierzu auch den Beitrag von Packmohr in diesem Sammelband.

18 Siehe hierzu auch den Beitrag von Geuppert in diesem Sammelband.

3.5 Verankerung in der Organisation

Mit einem zielorientierten Produktportfoliomanagement sind wesentliche Ziele und Strategien im Unternehmen sowie vielfältige Aufgabenfelder verknüpft. Vor diesem Hintergrund stellt sich die Frage, wie das Produktportfoliomanagement zweckmäßig in der Unternehmensorganisation verankert werden kann. In diesem Zusammenhang sind mit der Festlegung der Gestaltungsebene, der Klärung der funktionalen Zuordnung sowie der Eingrenzung des Aufgabenbereichs drei Entscheidungsparameter zu berücksichtigen (vgl. Abb. 7).

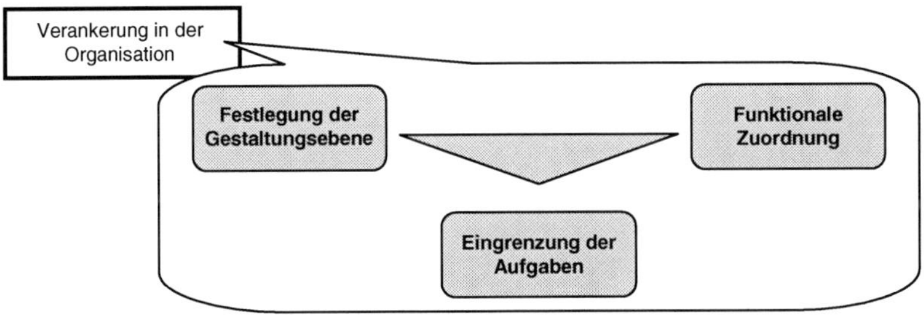

Abb. 7: Organisatorische Gestaltungsparameter

Festlegung der Gestaltungsebene

Im ersten Schritt der organisatorischen Verankerung ist zu klären, auf welche Gestaltungsebene das Produktportfoliomanagement ausgerichtet werden soll. Insbesondere in Großunternehmen und Konzernen ist dabei eine unternehmensübergreifende oder eine geschäftseinheitenbezogene Ausrichtung möglich.[19]

Vorteil einer auf das gesamte Unternehmen bzw. den gesamten Konzern bezogenen Betrachtungsweise ist die Berücksichtigung von übergeordneten Zusammenhängen und möglichen Synergieeffekten sowie die Realisierung von Größenvorteilen. Andererseits können auf dieser Ebene zur Steuerung meist nur generalisierte Prozesse und Kennzahlen herangezogen werden, der Blick für die detaillierten Zusammenhänge geht tendenziell verloren.

Demgegenüber besteht bei einer Zuständigkeit auf der Ebene der Geschäftseinheiten in der Regel eine größere Nähe zur Arbeitsebene sowie eine bessere Vergleichbarkeit der verschiedenen Produkte, was eine detailliertere Steuerung ermöglicht. Dafür müssen dann allerdings die Produktportfolios verschiedener Geschäftseinheiten nebeneinander betrachtet werden, was den Blick auf das Ganze erschwert.

[19] Siehe hierzu in diesem Sammelband auch die Darstellung des Produktportfoliomanagements auf der Ebene des Telekom-Konzerns im Beitrag von Schepp/Herold/Schmahl sowie auf der Ebene der Lufthansa Cargo AG als Teil des Lufthansa-Konzerns im Beitrag von Reindel.

Funktionale Zuordnung

Die zweite Festlegung mit Blick auf die organisatorische Verankerung betrifft die Eingliederung des Produktportfoliomanagements in die Aufbauorganisation des Unternehmens. Prinzipiell ist hier sowohl eine unmittelbare Zuordnung zu den geschäftsführenden Einheiten als auch eine Zuordnung zu funktionalen Unternehmenseinheiten möglich. Die Art der Einbettung beeinflusst dabei auch die Ausrichtung des Produktportfoliomanagements.

So wird dem Produktportfoliomanagement mit der Schaffung einer direkt der Geschäftsleitung zuarbeitenden Einheit eine große Bedeutung für die allgemeine Unternehmensstrategie zugemessen. Demgegenüber betont eine Zuordnung zu bestimmten funktionalen Bereichen – wie z. B. Marketing, Produktion, New Business, Qualität etc. – einen entsprechenden inhaltlichen Treiber und/oder Fokus der Produktportfoliogestaltung.

Ebenfalls im Rahmen der funktionalen Zuordnung ist zu klären, welche Weisungsbefugnis dem Produktportfoliomanagement gegenüber welchen Organisationseinheiten erteilt werden soll.

Eingrenzung der Aufgaben

Angesichts der Vielfalt der durch ein Produktportfoliomanagement adressierten Aufgabenfelder wird schnell deutlich, dass ein großer Teil dieser Aufgaben in den entsprechenden Fachabteilungen wahrgenommen werden kann. Einige Aufgaben lassen sich demgegenüber aber besser in einer eigenständigen, auf das Produktportfoliomanagement fokussierten organisatorischen Einheit erfüllen.[20] Dazu zählen vor allem:

- *Planungs- und steuerungsorientierte Aufgaben*
  Hierzu gehören die Situationsanalyse, die Ziel- und Strategiebildung, die Planung und Koordination von Maßnahmen sowie die Kontrolle.[21] Letzteres beinhaltet beispielsweise regelmäßige Reviews hinsichtlich des tatsächlich realisierten Produktportfolios.
- *Informationsorientierte Aufgaben*
  Dazu zählen alle Aufgaben der Beschaffung, Aufbereitung und gezielten Weiterleitung von Informationen mit Relevanz für Portfolioentscheidungen.
- *Kommunikationsorientierte Aufgaben*
  Dieser Aufgabenbereich beinhaltet vor allem die Funktion als Schnittstelle zwischen allen beteiligten Unternehmensbereichen.
- *Wissensmanagementorientierte Aufgaben*
  Hierunter fallen alle Aufgaben, die ein Lernen aus Erfahrungen und eine daraus resultierende kontinuierliche Verbesserung der Prozesse des Produktportfoliomanagements zum Ziel haben.

Zur effektiven und effizienten Erfüllung dieser Aufgaben benötigt die organisatorische Einheit eine entsprechende fachliche und hierarchische Kompetenz.

---

20 Vgl. analoge Überlegungen bei Hauschildt (2005) und Kaplan/Norton (2005).

21 Vgl. zu diesen Aufgaben auch Amelingmeyer (2004), S. 165-188.

3.6 Relevanz einer integrierten Betrachtung der Gestaltungsfelder

Obige Ausführungen zeigen, dass die vier Gestaltungsfelder des Produktportfoliomanagements – Festlegung von Zielen und Strategie, Gestaltung der Kernprozesse, Einsatz von Kennzahlen und Methoden sowie Verankerung in der Organisation – vielfach miteinander verknüpft sind. Daher kann eine Konzentration von Entscheidungen und Maßnahmen auf nur ein Teilfeld zu ungünstigen Effekten in den anderen Teilfeldern führen.

Dem wirkt ein integrierter Ansatz des Produktportfoliomanagements entgegen, der alle relevanten Gestaltungsfelder gleichzeitig im Auge hat und Wechselwirkungen zwischen diesen explizit berücksichtigt. Dies bedingt aber auch einen entsprechenden Managementauftrag sowie eine adäquate Ausstattung der zuständigen Einheiten.

4 Herausforderungen des Produktportfoliomanagements

Bei der Gestaltung des Produktportfoliomanagements sehen sich Unternehmen in der Praxis mit verschiedenartigen Herausforderungen konfrontiert. Diese werden im Folgenden zunächst systematisiert und dann detaillierter erörtert.

4.1 Die Herausforderungen im Überblick

Die in der Praxis zu beobachtende Vielfalt an Ausprägungsformen des Produktportfoliomanagements ist zu einem bedeutenden Anteil auf die unterschiedlichen Herausforderungen zurückzuführen, die sich den Unternehmen in diesem Managementfeld stellen. In diesem Zusammenhang lassen sich produktspezifische, geschäftsfeldspezifische und unternehmensspezifische Herausforderungen unterscheiden (vgl. Abb. 8).

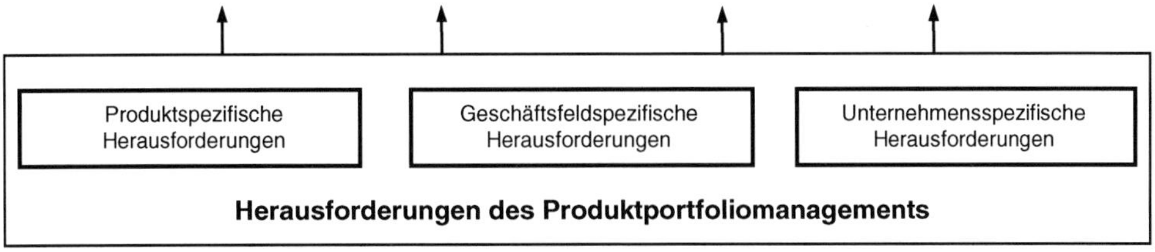

Abb. 8: Relevante Herausforderungen des Produktportfoliomanagements im Überblick

Innerhalb jeder dieser drei Kategorien lassen sich dabei unterschiedliche Schwerpunktfelder identifizieren, die wiederum Einfluss auf die Gestaltungsmöglichkeiten des Produktportfoliomanagements nehmen.

4.2 Produktspezifische Herausforderungen

Wesentliche Herausforderungen für das Produktportfoliomanagement basieren auf den Charakteristika der in einem Unternehmen jeweils zu berücksichtigenden Produkte. Von besonderer Bedeutung sind in diesem Zusammenhang ihre Komplexität und Dynamik, ihre Vernetzungseigenschaften sowie die bestehenden Differenzierungsmöglichkeiten.

Komplexität und Dynamik der Produkte

Das Management des Produktportfolios gestaltet sich in der Regel als umso schwieriger, je komplexer die Produkte sind. Die Komplexität ergibt sich dabei unter anderem als Resultat aus der Zahl sowie der Eigenständigkeit der für die Produkterstellung benötigten Komponenten sowie der Beziehungen zwischen diesen. Darüber hinaus unterliegen zahlreiche Produkte einer hohen Dynamik, was sich beispielsweise in einem steten Wandel ihrer grundlegenden Eigenschaften und kurzen Produktlebenszyklen äußert. Hohe Komplexität und Dynamik verlängern die Entwicklungszeiten und erschweren gleichzeitig eine langfristig valide Planung des Produktportfolios.

Vernetzungseigenschaften der Produkte

Auch eine ausgeprägte Vernetzungseigenschaft von Produkten stellt eine Herausforderung für das Produktportfoliomanagement dar. Eine Vernetzungseigenschaft auf der Produktionsseite liegt beispielsweise vor, wenn der Produktionsprozess ein bestimmtes Produktverhältnis bedingt.[22] Demgegenüber führt eine Vernetzungseigenschaft auf der Marktseite dazu, dass bestimmte Produkte überwiegend in Kombinationen abgesetzt werden, wie es beispielsweise bei den Netzgütern der Informations- und Telekommunikationsindustrie zu beobachten ist.

Differenzierungsmöglichkeiten der Produkte

Schließlich beeinflussen auch die Möglichkeiten der Produktdifferenzierung die Optionen des Produktportfoliomanagements. So legt eine fehlende Differenzierbarkeit einzelner Produkte von Produkten des Wettbewerbs eine entsprechende Differenzierung des Portfolios als Ganzes nahe.[23]

Die Eigenschaften der Produkte geben auf diese Weise bereits einen grundlegenden Rahmen für die strategischen Entscheidungen sowie für die Zweckmäßigkeit bestimmter Festlegungen von Prozessen und Methoden vor.

---

[22] Dies gilt beispielsweise auch mit Blick auf die Unpaarigkeit von Verkehrsströmen, wie sie im Beitrag von Reindel in diesem Sammelband beschrieben wird.

[23] Siehe zu diesem Punkt auch den Beitrag von Reindel in diesem Sammelband. Ähnliches gilt für die Energiewirtschaft, siehe hierzu auch den Beitrag von Sloboda in diesem Sammelband.

4.3 Geschäftsfeldspezifische Herausforderungen

Die geschäftsfeldspezifischen Herausforderungen des Produktportfoliomanagements stellen sich für nahezu alle Unternehmen einer Branche in ähnlicher Weise. Dazu gehören vor allem die Komplexität und Dynamik des relevanten Marktes, die Komplexität und Dynamik der relevanten Technologien sowie die Komplexität und Dynamik des gesellschaftlichen Umfelds.

Komplexität und Dynamik des relevanten Marktes

Eine hohe Komplexität eines Marktes, die sich beispielsweise in einer Vielzahl von Marktakteuren und verschiedensten Verflechtungen zwischen diesen manifestiert, erschwert eine marktorientierte Optimierung des Produktportfolios eines Unternehmens. Dies gilt in noch stärkerem Maße für eine hohe Marktdynamik, die beispielsweise mit häufigen Markteintritten neuer Akteure und/oder Marktaustritten von Unternehmen einhergeht. In diesem Zusammenhang ist auch eine ausgeprägte Konjunkturabhängigkeit des Marktes zu nennen, die die geltenden Rahmenbedingungen auch kurzfristig stark verändern kann.[24]

Ein solcherart komplexer und dynamischer Markt erfordert eine hohe Flexibilität des Produktportfoliomanagements und die Bereitschaft, bestehende Planungen permanent an den sich verändernden Marktbedingungen zu spiegeln.

Komplexität und Dynamik der relevanten Technologien

In vielen Fällen wird das betrachtete Geschäftsfeld auch durch eine hohe Komplexität und Dynamik der relevanten Technologien geprägt. Diese Technologien können zum einen die Produktlebenszyklen einzelner Produkte beeinflussen. Zum anderen können sie aber auch eine Veränderung des insgesamt angebotenen Produktspektrums bewirken, wie es beispielsweise bei Technologiekonvergenzen zu beobachten ist.[25]

Komplexität und Dynamik des gesellschaftlichen Umfelds

Auch das gesellschaftliche Umfeld kann den Gestaltungsrahmen mit Blick auf das Produktportfolio signifikant beeinflussen. Mögliche Hebel sind hierbei gesetzliche Vorgaben, die bei der Produktgestaltung zu berücksichtigen sind, oder eine veränderte Produktwahrnehmung und –akzeptanz seitens der Kundensegmente.[26]

Die Bewältigung der geschäftsfeldspezifischen Herausforderungen gewinnt insbesondere dann an Bedeutung, wenn sich disruptive Veränderungen der Rahmenbedingungen abzeichnen, auf die Unternehmen adäquat reagieren müssen.

---

[24] Vgl. zur Bedeutung der Konjunkturabhängigkeit z. B. auch den Beitrag von Reindel in diesem Sammelband.

[25] Dies gilt z. B. für die Entwicklungen in der Informations- und Telekommunikationsindustrie. Siehe hierzu auch den Beitrag von Schepp/Herold/Schmahl in diesem Sammelband.

[26] Zu denken ist hierbei z.B. an Atomenergie, Gentechnologie etc.

4.4 Unternehmensspezifische Herausforderungen

Während die produktspezifischen und die geschäftsfeldspezifischen Herausforderungen als eher unternehmensextern einzuordnen sind, gibt es auch eine Reihe von Herausforderungen des Produktportfoliomanagements, die sich auf die unternehmensindividuellen Gegebenheiten zurückführen lassen. Zu berücksichtigen sind dabei insbesondere das bestehende Produktportfolio, die unternehmensspezifischen Organisations- und Prozessstrukturen sowie besondere Unternehmensereignisse.

Bestehendes Produktportfolio

Ausgangspunkt für die Etablierung eines Produktportfoliomanagements ist das aktuell bestehende Produktportfolio. Dieses ist das Ergebnis des unternehmensspezifischen Entwicklungspfades und weist üblicherweise typische Charakteristika – z. B. mit Blick auf Breite und Tiefe – auf, die nicht kurzfristig verändert werden können. Dabei ist insbesondere die Portfoliogröße ein Treiber für das Produktportfoliomanagement.

Unternehmensspezifische Organisations- und Prozessstrukturen

Jedes Unternehmen weist spezifische Organisations- und Prozessstrukturen auf, die sich ebenfalls im Rahmen des unternehmensspezifischen Entwicklungspfades herausgebildet haben. Eine effektive und effiziente Gestaltung des Produktportfoliomanagements passt sich in der Regel möglichst reibungslos in diese Strukturen ein.[27] Grundlegende Veränderungen sind nur in Ausnahmesituationen ratsam und dann durch entsprechende Maßnahmen zu begleiten. Eine besondere Situation stellt in diesem Zusammenhang die in einigen Branchen zu beobachtende Virtualisierung von Unternehmen dar, die ein konsistentes Produktportfoliomanagement erschwert.

Besondere Unternehmensereignisse

Schließlich stellen besondere Unternehmensereignisse meist auch besondere Herausforderungen an das Produktportfoliomanagement.

Ein prominentes Beispiel hierfür sind Unternehmensübernahmen, in deren Zuge die zuvor separaten Produktprogramme der beteiligten Unternehmen konsolidiert und optimiert werden sollen. Aber auch andere Expansionsbestrebungen, wie sie beispielsweise im Rahmen von Internationalisierungsstrategien zu beobachten sind, erfordern eine adäquate Umsetzung in den Gestaltungsfeldern des Produktportfoliomanagements.

---

[27] Siehe hierzu auch die entsprechenden Ausführungen im Beitrag von Reindel in diesem Sammelband.

4.5 Relevanz einer adäquaten Berücksichtigung der Herausforderungen

Jedes Unternehmen ist mit einem spezifischen Bündel von Herausforderungen konfrontiert, auf die im Rahmen des Produktportfoliomanagements reagiert werden muss. Wichtig ist in diesem Zusammenhang, dass die Besonderheiten mit Blick auf die Produkte, das Geschäftsfeld und das eigene Unternehmen gezielt identifiziert und analysiert werden, um eine solide Basis für Entscheidungen in den Gestaltungsfeldern des Produktportfoliomanagements sicherzustellen.

5 Ausprägungsformen des Produktportfoliomanagements

Die Aufgaben des Produktportfoliomanagements werden in der Praxis sehr unterschiedlich bewältigt. Im Folgenden werden drei typische Ausprägungsformen unterschieden und detaillierter dargestellt.

5.1 Typische Ausprägungsformen im Überblick

Untersucht man, welches Verständnis vom Produktportfoliomanagement in der Praxis auftritt und in welcher Form die unterschiedlichen Gestaltungsfelder in Unternehmen wahrgenommen und umgesetzt werden, so lassen sich drei typische Ausprägungsformen erkennen,[28] die in Abb. 9 dargestellt sind.

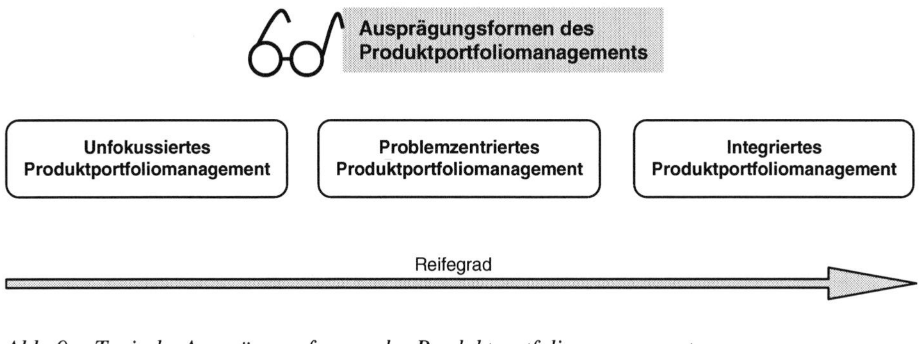

Abb. 9: Typische Ausprägungsformen des Produktportfoliomanagements

[28] Siehe hierzu auch typische Auswertungsergebnisse im Beitrag von Meyer/Rauen/Tilebein/Gleich in diesem Sammelband.

5.2 Unfokussiertes Produktportfoliomanagement

In allen Unternehmen werden laufend Entscheidungen getroffen, die auch das Produktportfolio betreffen. So lange dies aber ohne explizite Ziele und Strategievorgaben und somit „nebenher" erfolgt, lässt sich dies als unfokussiertes Produktportfoliomanagement bezeichnen.

Ein solches Verhalten ist am ehesten in Unternehmen anzutreffen, die sich keinen besonderen Herausforderungen gegenüber sehen und die keine akuten wirtschaftlichen Probleme haben.

5.3 Problemzentriertes Produktportfoliomanagement

Als problemzentriertes Produktportfoliomanagement lässt es sich bezeichnen, wenn Unternehmen Handlungsbedarf in spezifischen Feldern erkannt haben, die Einfluss auf das Produktportfolio nehmen, und diese einer gezielten Steuerung unterwerfen.

Ein Auslöser für ein problemzentriertes Produktportfoliomanagement sind beispielsweise Reibungsverluste in bestimmten Aufgabenbereichen. So ist bei häufigen Misserfolgen bei Innovationseinführungen die Tendenz zu beobachten, den Auswahlprozess von Innovationsprojekten zu professionalisieren und entsprechende Tools zu entwickeln und einzusetzen. Auch Qualitätsmängel können Auslöser für Maßnahmen des Produktportfoliomanagements sein. Treiber sind in diesem Fall in der Regel die jeweiligen Funktionsbereiche (Technik, Marketing, Qualitätsmanagement).

Ein weiterer Auslöser für ein problemzentriertes Produktportfoliomanagement sind besondere Unternehmensereignisse wie zum Beispiel Unternehmensübernahmen. In diesem Fall wird das Produktportfoliomanagement häufig als Projekt bis zum Erreichen einer gemeinsamen Basis verstanden und dementsprechend auch auf Stabsebene organisiert.

5.4 Integriertes Produktportfoliomanagement

Ein integriertes Produktportfoliomanagement liegt dann vor, wenn für die Gesamtheit der Kernprozesse (Aufnahme neuer Produkte, Optimierung der Portfoliostruktur und Eliminierung von Produkten) explizite Zielsetzungen und Strategien formuliert und mit Hilfe entsprechender Kennzahlen und Methoden umgesetzt werden. Die Wahrnehmung dieser Aufgabe erfolgt dabei kontinuierlich und ist mit den übrigen Strategieprozessen im Unternehmen verzahnt.

In der Regel wird dieser Ansatz auch nach außen durch die Etablierung einer entsprechenden eigenständigen Funktion sichtbar.[29]

[29] Siehe hierzu auch die Beiträge von Schepp/Herold/Schmahl und Reindel in diesem Sammelband.

5.5 Relevanz einer situationsabhängigen Beurteilung der Ausprägungsformen

Ein Vergleich der verschiedenen Ausprägungsformen zeigt, dass sich hier – analog zu den entsprechenden Ansätzen in der Softwareindustrie[30] – eine Diskussion von Reifegradmodellen und Reifegradstufen entwickeln kann.

Gleichzeitig wird deutlich, dass nicht immer die integrierte Form als Variante mit dem höheren Reifegrad die optimale Lösung für ein Unternehmen ist, da die Umsetzung derselben mit einem nicht unerheblichen organisatorischen und personengebundenen Aufwand verbunden ist. Vielmehr kommt es auf einen Fit zwischen den unternehmensindividuellen Herausforderungen des Produktportfoliomanagements und der gewählten Ausprägungsform an.

6 Fazit

Als Fazit aus den obigen Ausführungen lassen sich vor allem folgende Punkte festhalten:

- Eine explizite und im ganzen Unternehmen gültige Abgrenzung der Begriffe „Produkt“ und „Produktportfolio“ ist eine wesentliche Voraussetzung für eine gezielte Gestaltung des Produktportfolios.
- Mit der Festlegung der Ziele und Strategie, der Gestaltung der Prozesse, dem Einsatz von Kennzahlen und Methoden und der Verankerung in der Organisation lassen sich vier zentrale Gestaltungsfelder des Produktportfoliomanagements unterscheiden. Innerhalb dieser Felder können spezifische Lösung erarbeitet werden, wichtig ist zudem eine Integration und Abstimmung der Entscheidungen in den Einzelfeldern.
- Unternehmen sehen sich produktspezifischen, geschäftsfeldspezifischen und unternehmensspezifischen Herausforderungen gegenüber, die zusammen unternehmensindividuelle Lösungen erfordern.
- Die in der Praxis vorzufindenden Ausprägungsformen des Produktportfoliomanagements weisen mit Blick auf die diskutierten Gestaltungsfelder unterschiedliche Reifegrade auf. Ihre Zweckmäßigkeit kann allerdings nur vor dem Hintergrund der unternehmensspezifischen Herausforderungen beurteilt werden.

Abschließend ist festzustellen, dass es sich bei dem Produktportfoliomanagement um ein sehr aktuelles Thema handelt, in dessen Teilgebieten noch Forschungspotential steckt. Die wesentliche Herausforderung ist dabei sowohl für die Wissenschaft als auch für die Praxis eine integrierte Herangehensweise und die Suche nach übergreifenden Lösungsansätzen.

---

[30] Vgl. z. B. Hindel et al. (2009), S. 219-232 sowie die dort angegebene Literatur.

Literatur

Amelingmeyer, Jenny (2004); Wissensmanagement : Analyse und Gestaltung der Wissensbasis von Unternehmen,; 3. Aufl., Wiesbaden : Gabler 2004.

Cooper, Robert G. (2001); Winning at New Products – Accelerating the Process from Idea to Launch; 3. Aufl., New York : Perseus Books, 2001.

Gabler Wirtschaftslexikon (2000); 15. Aufl., Wiesbaden : Gabler, 2000.

Hauschildt, Jürgen (2005); Innovationsmanager als Beruf?, in: Amelingmeyer, Jenny / Harland, Peter E. (Hrsg.); Technologiemanagement & Marketing : Herausforderungen eines integrierten Innovationsmanagements; Wiesbaden, Deutscher Universitäts-Verlag, 2005, S. 155-175.

Hindel, Bernd / Hörmann, Klaus / Müller, Markus / Schmied, Jürgen (2009); Basiswissen Software-Projektmanagement; 3. Aufl., Heidelberg : dpunkt-verlag, 2009.

Hirzel, Matthias (2006); Herausforderungen des Projektportfoliomanagements; in: Hirzel, Matthias / Kühn, Frank / Wollmann, Peter (Hrsg.); Projektportfolio-Management : Strategisches und operatives Multi-Projektmanagement in der Praxis; Wiesbaden, Gabler, 2006.

Homburg, Christian / Krohmer, Harley (2006); Marketingmanagement; 2. Aufl., Wiesbaden : Gabler, 2006.

Kaplan, Robert S. / Norton, David P. (2005); The Office of Strategy Management; in: Harvard Business Review, October 2005.

Specht, Günter / Balderjahn, Ingo (2005), Einführung in die Betriebswirtschaftslehre; 4. Aufl., Stuttgart : Schäffer-Poeschel, 2005.

Specht, Günter / Beckmann, Christoph / Amelingmeyer, Jenny (2002); F&E-Management : Kompetenz im Innovationsmanagement; Stuttgart : Schäffer-Poeschel, 2002.

Produkt- und Projektportfoliomanagement – Stand der Literatur

Christian Geßner

Dieser Beitrag befasst sich mit dem aktuellen Stand der Literatur zum Produkt- und Projektportfoliomanagement (PPM). Bereits Anfang der 1970er Jahre gab es erste Veröffentlichungen zu dieser Thematik. Während damals vorwiegend mathematische Modelle im Fokus der Literatur standen, sind seitdem eine Vielzahl von verschiedenen Ansätzen, Modellen und Instrumenten hinzugekommen. Als zentrale Autoren des PPM haben sich Cooper/Edgett/Kleinschmidt etabliert. Ihre Ideen haben sich sowohl im wissenschaftlichen Bereich als auch in der Unternehmenspraxis als Referenz etabliert. Insgesamt bietet die Literatur interessante Ansätze und Impulse – die Detailtiefe ist jedoch beschränkt.

1 Einleitung

Unternehmen im deutschsprachigen Raum messen dem Produkt- und Projektportfoliomanagement (PPM) eine hohe Bedeutung bei. Paradoxerweise gibt es in wenigen Unternehmen ein systematisches PPM, und nur in einem Viertel aller Unternehmen kommen Instrumente wie das strategische Produktportfolio zum Einsatz (vgl. Reinecke/Tomczak, Marketingcontrolling, 2001, S. 77). Im angloamerikanischen Sprachraum besteht gleichermaßen Interesse am Thema PPM. Auch hier ist die Nutzung in der Unternehmenspraxis noch auf einem niedrigen Entwicklungsniveau.

Erste Veröffentlichungen zum Thema PPM erschienen in den 1970er Jahre. Seit den 1990er Jahren haben sich insbesondere Cooper/Edgett/Kleinschmidt als zentrale Autoren im Bereich des PPM etabliert. Sie publizieren sowohl im praxisnahen als auch im wissenschaftlichen Bereich zum Thema PPM und führten hierzu eine Vielzahl von Studien und Benchmarks durch.

Ziel dieses Beitrags ist es, den Stand der Literatur zum Thema PPM darzustellen. Im Folgenden wird zunächst der PPM-Begriff definiert und die Bedeutung des Themas erläutert. Daraufhin werden die Ziele und unterschiedlichen Ansätze, Methoden und Instrumente des PPM dargestellt. Abschließend werden Erkenntnisse aus empirischen Studien zum Thema PPM vorgestellt.

2 PPM – Stand der Literatur

2.1 Definition von PPM

Der Begriff des PPM ist nicht neu. Bereits in den 1970er Jahren gab es erste Veröffentlichungen zu dem Thema. Es gibt unterschiedliche Namen, unter denen PPM in der Literatur auftaucht. Einige Beispiele hierfür sind project selection, R&D project selection, project prioritization, multiple project management, portfolio management oder R&D resource allocation. Gemäß Cooper (vgl. Cooper, portfolio management, 1997a) ist PPM ein Prozess, bei dem Projekte für die Entwicklung von Produkten kontinuierlich bewertet, ausgewählt und priorisiert werden; neue Projekte können eingeführt werden, und bestehende Projekte können eingestellt, abgebrochen und umpriorisiert werden.

2.2 Bedeutung von PPM

Trotz der gestiegenen Bedeutung und Popularität des PPM in den letzten Jahren identifizieren Cooper et al. (1997) das PPM als einen der schwächsten Bereiche im Rahmen des Managements von neuen Produkten. Die oben beschriebenen PPM-Entscheidungen – wie z. B. die Bewertung und Priorisierung von Projekten – sind von großer Bedeutung hinsichtlich der Ressourcenverteilung von aktiven Projekten. Wenn kein PPM im Unternehmen vorhanden ist, können eine Vielzahl von Problemen auftreten. Zum Beispiel können limitierte Ressourcen einer zu großen Anzahl von Entwicklungsprojekten gegenüberstehen; die durchzuführenden Projekte sind nicht mit der Geschäftsstrategie vereinbar und sind somit losgelöst von den strategischen Prioritäten des Unternehmens; falsche „go/kill"-Entscheidungen führen dazu, dass schwache Projekte nicht abgebrochen werden; falsche Projekte werden ausgewählt, so dass die Qualität des Portfolios leidet (vgl. Miguel, portfolio management, 2008, S. 12-14).

2.3 Ziele des PPM

Um die zuvor beschriebenen Probleme zu vermeiden, müssen Unternehmen die richtigen Projekte auswählen. Dabei sollte eine Balance im Portfolio geschaffen werden, die sicherstellt, dass ein ausgeglichenes Verhältnis zwischen den verschiedenen Projekttypen besteht. Zudem muss das PPM eng an die Geschäftsstrategie angebunden sein bzw. diese unterstützen. Im Folgenden wird näher auf die einzelnen PPM-Ziele eingegangen (vgl. Cooper et al., Portfolio management, 2001, S. 29-144).

Ein wesentliches Ziel des PPM ist es, den Wert des Portfolios zu maximieren. Hierbei lässt sich der Wert unterschiedlich definieren bzw. ermitteln. Es gibt eine Vielzahl verschiedener Methoden, welche zum einen Teil quantitativer und zum anderen Teil qualitativer Natur sind, wobei die finanziellen Wertgrößen eindeutig dominieren. Jeder dieser Ansätze hat spezifische Stärken und Schwächen. Die Methoden haben die Gemeinsamkeit, dass am Ende jeweils eine Projektrangliste als Ergebnis steht. Die Projekte an der Spitze der Liste haben dabei die beste Bewertung erhalten hinsichtlich des jeweiligen "Wunschwertes" wie zum Beispiel Profitabilität. Folglich sind dies die "richtigen" Projekte, um den Portfoliowert zu maximieren. Gemäß der finalen Rangliste können die im oberen Bereich angesiedelten Projekte ausgewählt werden, bis eine entsprechend festzulegende Ressource nicht mehr vorhanden ist. Folglich wird der Portfoliowert anhand der ausgewählten Wertgröße und der festgelegten Ressource maximiert. Im folgenden Abschnitt werden ausgewählte Methoden vorgestellt. Hierbei ist anzumerken, dass es grundsätzlich zu Problemen und Schwierigkeiten bei der Anwendung kommen kann, zum Beispiel aufgrund von benötigten Datenmengen, Reliabilität der Daten oder verschiedenen Zielsetzungen. Zudem kann keine dieser Methoden für die notwendige Balance innerhalb des Portfolios oder für die erforderliche strategische Ausrichtung sorgen. Nichtsdestotrotz sollten diese Methoden Teil eines jeden PPM sein, weil ein Portfolio die "richtigen" Projekte enthalten muss und hierfür diese Methoden ihren entsprechenden Beitrag leisten (vgl. Cooper et al., Portfolio management, 2001, S. 29-72).

Die Zielsetzung des PPM, ein möglichst ausgeglichenes Portfolio zu haben, ist eng verbunden mit der grafischen Darstellung der Projekte in so genannte "Bubble-Diagrammen" oder "Portfolio Maps". Unter Berücksichtigung verschiedener festzulegender Schlüssel-Parameter können die Projekte somit in einer anschaulichen Zusammenschau überblickt werden. Eine Vielzahl verschiedener Dimensionen kann in den "Bubble-Diagrammen" einbezogen werden – Beispiele hierfür sind der Innovationsgrad, die strategische Bedeutung, das Alleinstellungsmerkmal, erwartete finanzielle Vorteile, die Erfolgswahrscheinlichkeit, zeitlicher Umsetzungsbedarf. Gemäß Cooper et al. (Portfolio management, 2001) haben Unternehmen häufig einen falschen Mix an Projekten und zudem zu viele kleine Projekte im Portfolio wie zum Beispiel Produktmodifikationen oder –updates. Des Weiteren ist das Portfolio häufig zu stark auf kurzfristig orientierte Projekte ausgelegt; folglich gibt es in vielen Fällen einen Mangel an visionären Projekten. Letztlich ist nicht selten zu beobachten, dass bei einer Analyse der Projektausgaben bestimmte Märkte oder Geschäftsbereiche der Unternehmen einen unproportional hohen Anteil der Ressourcen erhalten, was angesichts der jeweiligen Geschäftspotentiale nicht gerechtfertigt ist. Ein möglichst ausgeglichenes Portfolio zu haben, ist ebenso von großer Bedeutung für das Risikomanagement. Finanzexperten sehen Diversität als essentiell für das Risikomanagement an. Um ein richtiges Risikoprofil im Portfolio zu sichern, ist es notwendig, Risiko und Chancen bei oben genannten Methoden als Dimension zu berücksichtigen (vgl. Cooper et al., Portfolio management, 2001, S. 73-104).

Die richtige strategische Ausrichtung des PPM erfordert die Integration von strategischen Kriterien in die entsprechenden Methoden der Projektauswahl, welche im folgenden Abschnitt dargestellt werden.

2.4 Ansätze, Methoden und Instrumente des PPM

Die im Folgenden dargestellten Ansätze, Methoden und Instrumente des PPM basieren größtenteils auf den Veröffentlichungen von Cooper et al. (Portfolio management, 2001, S. 29-144), deren Werke als Referenz im Bereich des PPM angesehen werden können.

Product und Technology Roadmaps

Product und Technology Roadmaps sind effektive Möglichkeiten, um die richtige strategische Ausrichtung des Portfolios sicherzustellen. Product Roadmaps definieren die Produkte und deren Markteinführungen anhand einer Zeitachse inklusive der Darstellung, wie die Produkte sich im Laufe der Zeit entwickeln und die Nachfolgegenerationen integriert werden. Das Beispiel in Abb. 1 zeigt nicht nur die Plattformen und deren notwendige Erweiterungen, sondern beinhaltet ebenso die verschiedenen Produkteinführungen und die entsprechenden spezifischen Funktionalitäten.

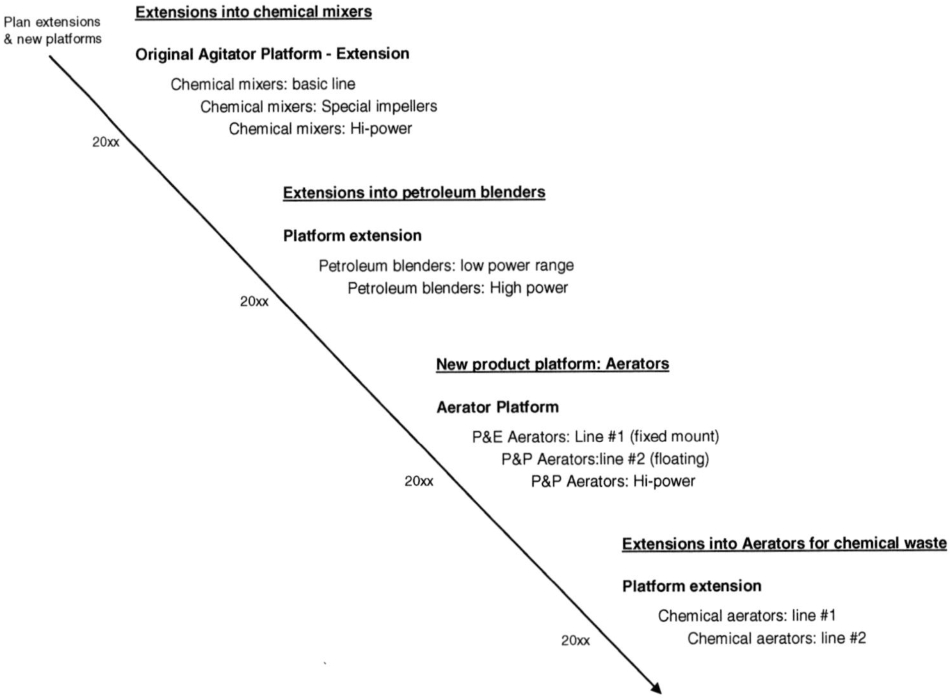

Abb. 1: Product Roadmap
Quelle: Cooper et al., Portfolio management, 2001, S. 122.

Die Technology Roadmap wird in der Regel von der Produkt Roadmap abgeleitet und spezifiziert den aufgezeigten Weg. Es wird aufgezeigt, wann welche Technologien und technologischen Kompetenzen notwendig sind, um die Produkte in der Product Roadmap zu entwickeln und im Markt einzuführen. D. h., die Technology Roadmap ist eine logische Erweiterung der Product Roadmap und ist eng mit dieser verbunden. Product und Technology Roadmap tragen somit dazu bei, dass die Ausrichtung aller aktiven Projekte mit der Unternehmensstrategie übereinstimmt (vgl. Cooper et al., Portfolio management, 2001, S. 105-144).

Net Present Value

Hinsichtlich des oben genannten ersten Ziels des Portfoliomanagements (Maximierung des Portfoliowerts) findet sich in der Literatur eine Vielzahl von Methoden. Aufgrund seiner Verbreitung und direkten Herangehensweise ist zunächst die Anwendung des Net Present Value (NPV) hervorzuheben. Die Berechnung von NPVs bei Projekten in der frühen Phase findet häufig vor dem Eintreten in die Entwicklungsphase statt. Hierbei sind zwei Entscheidungsprozesse zu unterscheiden.

Zum einen wird auf den NPV als Instrument im Rahmen des Stage-Gate-Entscheidungsprozesses zurückgegriffen. Der NPV-Wert des Projekts wird in Kombination mit der Internal Rate of Return (IRR) berechnet. Anhand von festzulegenden Minimum-Werten ergibt sich somit die Möglichkeit für Go/Kill-Entscheidungen. Typischerweise müssen sich bei der NPV-Berechnung positive Werte ergeben, und die IRR-Werte müssen die entsprechend festgelegte (Minimum-Werte) Hürde überspringen.

Zum anderen wird der NPV im Rahmen des Portfolioreview-Entscheidungsprozesses angewandt. Hierbei werden alle Projekte berücksichtigt und miteinander verglichen. Alle Projekte werden – wie in Abb. 2 beispielhaft dargestellt – mit dem jeweiligem NPV-Wert und den benötigten Ressourcen (typischerweise in F&E-Manntagen) aufgelistet.

Project name	NPV	Resource requirements remaining ($M)
Instant oven fresh	52	9,5
New tidalware	30	3,1
Dishwasher soap 4	8,6	2,1
Bathtub supreme care	42	3,8
Counter top finish	48,5	7
Improved kitchen cleaner	43,8	5
Wrench soap for men	37,5	8,3
Better air freshener	3	1
Car wax with lemon	9,5	2,5
Spray & Rinse Car wash	6,2	0,8
Fresh house	4,5	1,4
Oven fresh with Ammonia	55	5

Abb. 2: Projektliste, NPVs und Ressourcenbedarf
Quelle: Cooper et al., Portfolio management, 2001, S. 31.

Um den Portfoliowert zu maximieren, gilt es nun einen Index zu bilden (Cooper et al. nennen diesen „Bang for Buck Index", vgl. Abb. 3): Für jedes Projekt wird der jeweilige NPV-Wert durch den Wert benötigter Ressourcen dividiert.

$$\text{Bang for Buck Index} = \frac{\text{NPV of the project}}{\text{Total resources remaining to be spent on the project}}$$

Abb. 3: Bang for Buck Index
Quelle: Cooper et al., Portfolio management, 2001, S. 31.

Anhand dieser Indexwerte ergibt sich ein Ranking der Projekte. Mit dem Wissen, dass für das kommende Geschäftsquartal ein Betrag x an Ressourcen zur Verfügung steht, kann der Portfoliowert maximiert werden. Angefangen bei dem Projekt mit dem höchsten Indexwert (vgl. Abb. 4) werden alle Projekte weiter verfolgt, bis der zur Verfügung stehende Ressourcenwert aufgebraucht ist (vgl. Cooper et al., Portfolio management, 2001, S. 29-34).

Project name	NPV	Resource requirements remaining ($M)	Bang for Buck Index
Bathtub supreme care	42	3,8	11,1
Oven fresh with Ammonia	55	5	11
New tidalware	30	3,1	9,7
Improved kitchen cleaner	43,8	5	8,8
Spray & Rinse Car wash	6,2	0,8	7,8
Counter top finish	48,5	7	6,9
Instant oven fresh	52	9,5	5,5
Wrench soap for men	37,5	8,3	4,5
Dishwasher soap 4	8,6	2,1	4,1
Car wax with lemon	9,5	2,5	3,8
Fresh house	4,5	1,4	3,2
Better air freshener	3	1	3

Abb. 4: Projektranking anhand des Bang for Buck Indexes
Quelle: Cooper et al., Portfolio management, 2001, S. 32.

Expected Commercial Value

Der Expected Commercial Value (ECV) ist ein weiteres Instrument, welches sich in der Literatur findet, um das PPM-Ziel der Maximierung des Portfoliowerts zu erreichen. Ein Vorteil des EPV ist, dass er im Gegensatz zum oben genannten NPV auch das Risiko der jeweiligen zu analysierenden Situation mit berücksichtigt.

Abb. 5 zeigt, dass der ECV verschiedene Größen berücksichtigt. Neben dem NPV werden auch Kosten für die Kommerzialisierung und Entwicklungskosten mit einbezogen. Der ECV berücksichtigt damit sowohl kommerzielles als auch technisches Risiko. Zudem birgt der ECV den Vorteil, dass er auf einem Entscheidungsbaumansatz beruht und somit den Optionsgedanken mit einbezieht. Anhand des ECV werden Projekte priorisiert, die bereits kurz vor der Markteinführung stehen, relativ wenig Restentwicklungskosten haben, größere Erfolgswahrscheinlichkeit (technisch und kommerziell) und höhere Ertragsströme zeigen sowie weniger begrenzte Ressourcen verwenden. Wesentlicher Nachteil des ECV ist die starke Abhängigkeit von quantitativen (Finanz-) Daten (vgl. Cooper et al., Portfolio management, 2001, S. 34-40).

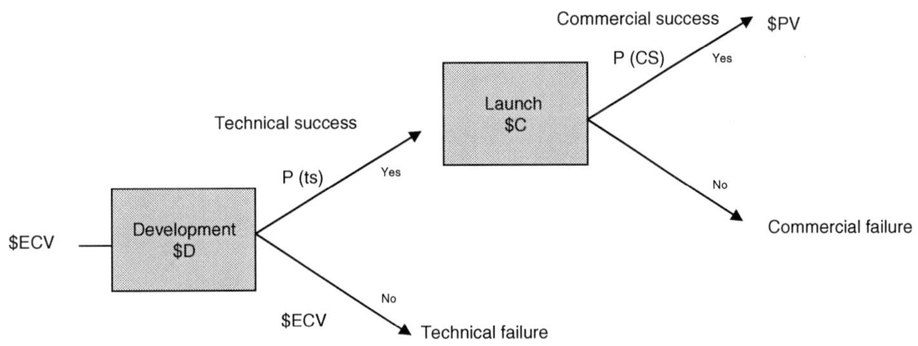

ECV = [(PV * P(cs) – C) * P(ts)] - D

$ECV = Expected Commercial Value of the Project
P(ts) = Probability of technical success
P(cs) = Probability of commercial success (given technical success)
$D = Developement costs remaining in the project
$C = Commercialization (Launch) Costs
$PV = Net Present Value of project's future earnings (discounted to today)

Abb. 5: Expected Commercial Value
Quelle: Cooper et al Portfolio management, 2001, S. 35.

Scoring Model

Die bisher dargestellten Methoden zur Maximierung des Portfoliowerts beziehen sich stark auf finanzielle Werte und Zielgrößen. Dies birgt häufig die Gefahr, sich auf Zahlenwerte verlassen zu müssen, die in den frühen Phasen eines Projekts nicht selten mit Unsicherheit verbunden sind. Daher wird in der Literatur das Scoring Model als Instrument des Portfoliomanagements empfohlen.

	Rating scale			
Key Items	0	4	7	10
Strategic Alignment & Importance	Product not in alignment with or important to our business strategy; low impact; KILL	Somewhat supports business strategy; not too important; modest impact	Supports business strategy; important, good impact	Product aligns well with our business strategy; product very important to strategy; high impact
strategic fit and importance				
fits our strategy				
important to do				
high impact on our business				
Product & Competitive Advantage	None; negative or neutral customer feedback; poor value	Limited; marginally superior; fairly neutral feedback, OK value	Some new benefits; somewhat superior, good value; positive feedback	Major new benefits; very positive customer feedback; great value
Unique customer benefits				
Value for money				
Customer feedback in stage 2				
Market attractiveness	Small or non-existent market; low growth & low margins; tough competition: KILL	Modest market; limited growth; fair margins; competitive	Significant market; good growth; good margins; modest competition	Large, growing attractive market; good margins; weaker competiton
Market size & growth				
Margins				
Competitive situation				
Leverages core competencies	No opportunities to leverage competencies; required skills/experience/resources strenghts are weak: KILL	Some oportunities to leverage our competencies; our skills/experience/resources are modest	Considerable leverage possible; skills/experience needed for projects are within Company	Excellent leverage of our strenghts & competencies; excellent fit between project needs, our skills, experience resources
Technology				
Production				
Marketing and distribution / sales				
Technical feasablility	Low; big gap; new science; technology new to Company; have not been able to demonstrate technical feasibility: KILL	Modest; fairly large gap; quite a few hurdles but do-able; technology fairly new to Company; limited evidence to suppport technical feasibility	Good; small gap; some hurdles, but attainablte; have some evidence of technical feasibility	Straight-forward; largely engineering repackage; we have technology in-house; have demonstrated technical feasibility
small technical gap				
not to complex technically				
uses are in-house technology				
demonstrated technically feasibility				
Financial reward vs. Risk	Poor, limited oportunity; NPV negative, payback > 5 years; dificult to make money here; risky & tough to do: KILL	Modest oportunity; NPV positive; payback= 4 years; fairly dificult to make money; fairly risky and tough to do	Fairly good oportunity; NPV positive and good; payback = 2 years; probably make mone; modest risk & difficulty	Excellent opportunity; NPV positive & high payback < 1 yr; not too risky & difficult to do
sizeable, excellent oportunity				
payback, NPV & IRR OK				
certainty of estimates				
not too risky & difficult to do				

Abb. 6: Scoring Model
Quelle: Cooper et al., Portfolio management, 2001, S. 54.

In einem Scoring Model werden Kriterien entwickelt, um erfolgversprechende Projekte von schwächeren Projekten zu differenzieren. Projekte werden anhand jedes Kriteriums bewertet – typischerweise mit einer Skala von 1-5 oder 0-10. Die einzelnen Kriterien werden zudem gewichtet, um letztlich einen finalen Score zu ermitteln. Scoring Modelle eignen sich sowohl für den Einsatz im Rahmen des projektindividuellen Stage-Gate-Entscheidungsprozesses (Vergleich des Projektscores mit festgelegten Minimumwert) als auch im Rahmen des projektübergreifenden Portfolio-Review-Prozess (Ranking aller Projekte nach Score-Werten bis Ressourcen vergeben sind). Somit bieten Scoring-Modelle die Möglichkeit, verschiedene Ziele wie zum Beispiel strategische Bedeutung, Wettbewerbsvorteil und Marktattraktivität zu integrieren. Sie reduzieren das komplexe Problem, Go/Kill-Entscheidungen zu treffen, auf eine begrenzte Anzahl von Fragen. Sie bieten dadurch auch die Möglichkeit, Stärken und Schwächen der Projekte zu diagnostizieren, und liefern somit ebenso eine Plattform für Diskussionen (vgl. beispielhaft Abb. 6).

Häufige Probleme beim Einsatz von Scoring-Modellen sind Mängel bei der Kriteriengestaltung und die Einbindung in Managemententscheidungen. Letztlich gibt es hierbei jedoch keine Patentlösung, so dass Unternehmen individuelle Lösungen finden müssen. Trotz dieser Probleme kann ein Einsatz lohnenswert sein, wenn einem die Stärken und Schwächen des Instruments bewusst sind (vgl. Cooper et al., Portfolio management, 2001, S. 46-73).

Bubble-Diagramme

Hinsichtlich der Zielsetzung des PPM, ein möglichst ausgeglichenes Portfolio zu haben, werden in der Literatur so genannte "Bubble-Diagramme" oder "Portfolio Maps" empfohlen. Wie bereits oben beschrieben, können anhand von verschiedenen festzulegenden Schlüssel-Parametern die Projekte in einer anschaulichen Zusammenschau dargestellt werden. Hierzu findet sich in der Literatur eine Vielzahl verschiedener Dimensionen, die in den "Bubble-Diagrammen" einbezogen werden können. Cooper et al. (vgl. Cooper et al., Portfolio management, 2001, S. 75) haben die typischsten Parameter aufgelistet:

- Fit mit der Business Unit- oder Unternehmensstrategie (gering, mittel, hoch)
- Originalität („inventive merit")
- strategische Bedeutung für das Unternehmen (gering, mittel, hoch)
- Dauerhaftigkeit des Wettbewerbsvorteils (kurz, mittel, lang)
- finanzielle Ertragserwartung (gering bis exzellent)
- Wettbewerbswirkung von Technologien (Basis, Schlüssel, Schrittmacher, unausgereifte Technologien)
- Erfolgswahrscheinlichkeit (technischer und kommerzieller Erfolg in Prozent)
- F&E-Kosten bis Fertigstellung (Euro)
- Zeit bis Fertigstellung (Jahre)
- Benötigte Kapital- und Marketinginvestitionen (Euro)

- Märkte oder Marktsegmente (Markt A, Markt B, etc.)
- Produktkategorien oder Produktlinien (Produktlinie M, Produktlinie N, etc.)
- Projekttypen (neue Produkte, Produktverbesserungen, -erweiterungen, Kostenreduzierung, Wartung, Grundlagen-Research etc.)
- Technologie- oder Plattformtypen (Technologie X, Technologie Y, etc.).

Die populärsten Darstellungen sind Risiko-Erfolgs-Bubble-Diagramme wie Abb. 7 beispielhaft zeigt. Eine der Achsen ist eine Maßgröße für den potentiellen Erfolg des Projektes (hier: NPV), und die andere zeigt die Wahrscheinlichkeit des Erfolgs. Der obere linke Quadrant zeigt die so genannten Perlen-Projekte mit hoher Erfolgswahrscheinlichkeit und hohem NPV. Der untere linke Quadrant zeigt die Austern, welche für Projekte stehen, die zwar einen hohen NPV aufweisen, jedoch eine geringe Erfolgswahrscheinlichkeit haben. Der obere rechte Quadrant zeigt die Brot- und Butter-Projekte: Diese haben eine hohe Erfolgswahrscheinlichkeit, zeigen jedoch eher geringe NPV-Werte. Im unteren rechten Quadranten sind schließlich die weißen Elefanten angesiedelt, d. h. Projekte, die sowohl geringe NPV-Werte als auch geringe Erfolgswahrscheinlichkeit zeigen.

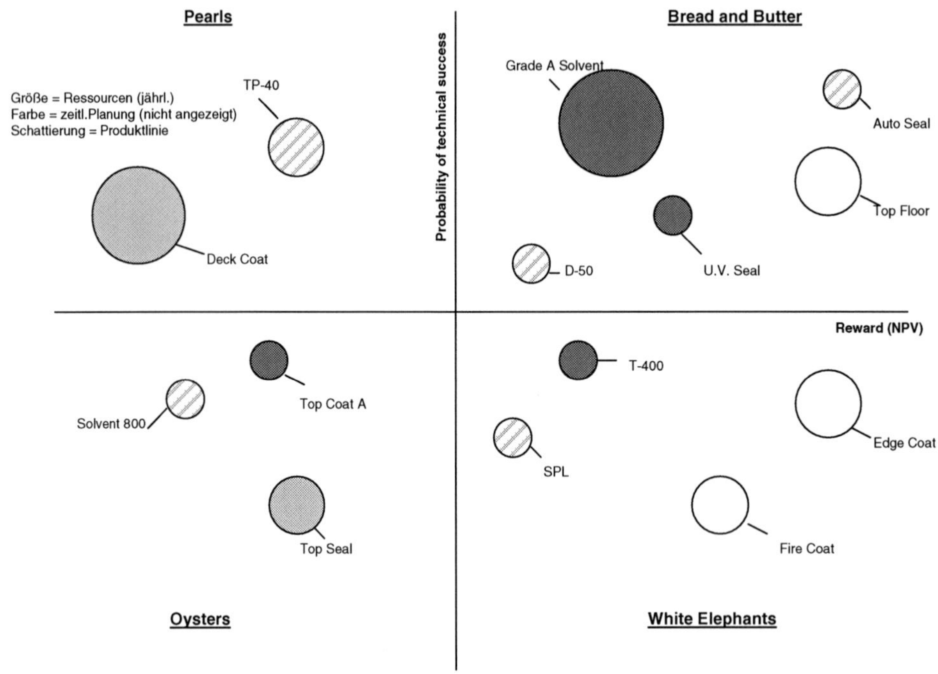

Abb. 7: Risiko-Erfolgs-Bubble-Diagramm
Quelle: Coopers et al. Portfolio management, 2001, S. 77.

Wie oben bereits erwähnt, haben Unternehmen häufig einen falschen Mix an Projekten und zudem zu viele kleine Projekte im Portfolio wie zum Beispiel Produktveränderungen. Zudem ist das Portfolio oft zu stark auf kurzfristig orientierte Projekte ausgelegt, so dass es häufig einen Mangel an visionären Projekten gibt. Es ist offensichtlich, dass Bubble-Diagramme im Rahmen von Portfolio Review-Entscheidungsprozessen zum Einsatz kommen können, um einen Beitrag zu leisten, die notwendige Balance im Portfolio sicherzustellen. Dennoch sind Bubble-Diagramme ebenso geeignet für den Einsatz im Rahmen des Stage-Gate-Entscheidungsprozesses: Sie helfen hierbei aufzuzeigen, welche Auswirkungen ein Projekt auf das gesamte Portfolio haben kann und inwiefern es zur entsprechenden Balance des Portfolios beiträgt (vgl. Cooper et al., Portfolio management, 2001, S. 74-144). Weitere detaillierte Ausführungen zu Bubble-Diagrammen finden sich im vorliegenden Sammelband im Beitrag von Harland.

2.5 Empirische Erkenntnisse zum PPM

Während es bereits diverse Veröffentlichungen zum Thema PPM gibt, die verschiedene Erfolgsfaktoren und Modellbeziehungen postulieren, sind empirische Erkenntnisse bzw. empirische Belege hierfür bislang kaum vorhanden. Im Folgenden werden ausgewählte Studien und deren Ergebnisse dargestellt.

Wie bereits in den vorherigen Darstellungen deutlich wurde, sind die umfangreichsten Studien zum Thema PPM auf Robert Cooper, Scott Edgett und Elko Kleinschmidt zurückzuführen. Dies zeigt sich auch im Bereich der empirischen Studien. Insbesondere in den Jahren 1997 bis 2000 haben diese Autoren diverse empirische Studien durchgeführt.

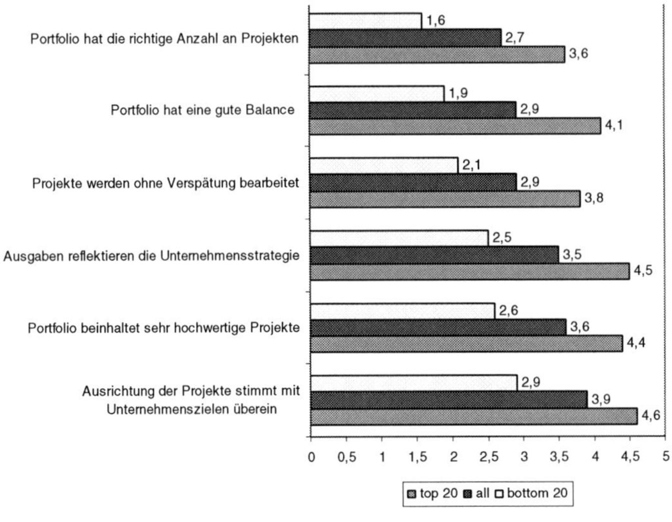

Abb. 8: Portfolio Performance
Quelle: Cooper et al., Portfolio management, 2001, S. 149.

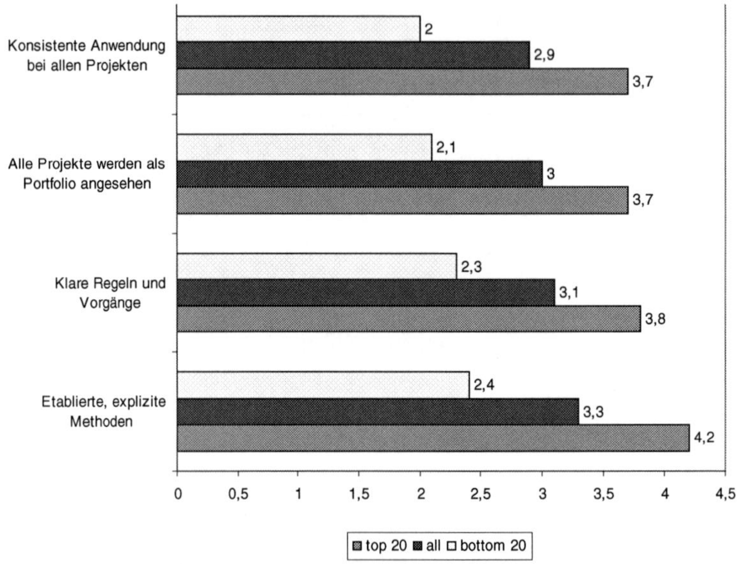

Abb. 9: Deutlichkeit und Formalität des PPM
Quelle: Cooper et al., Portfolio management, 2001, S. 151.

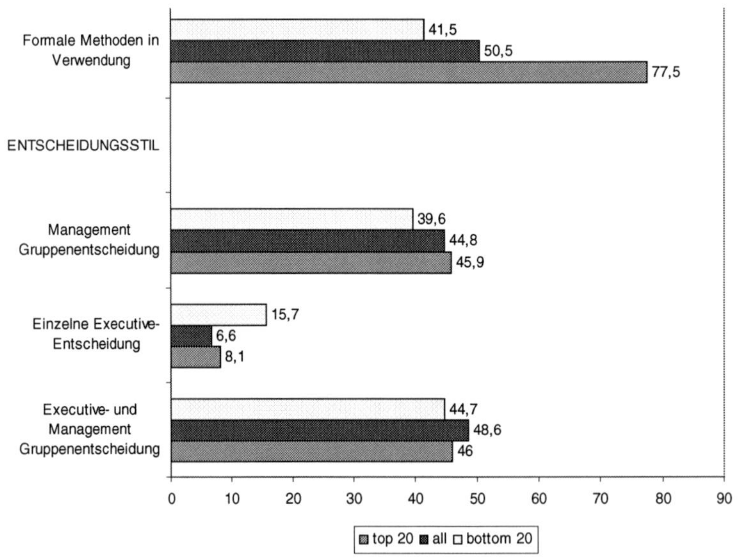

Abb. 10: PPM Charakteristika
Quelle: Cooper et al., Portfolio management, 2001, S. 153.

In einer ersten Phase wurden 35 Unternehmen analysiert. Hierbei wurden die oben dargestellten drei Ziele des PPM identifiziert und entsprechende Instrumente untersucht. Weitere ausgewählte empirische Ergebnisse hierzu sind in Abb. 8, Abb. 9 und Abb. 10 dargestellt.

In einer zweiten Phase wurde ein quantitatives Benchmarking mit 205 Unternehmen durchgeführt. Dabei wurde die Leistung von PPM Prozessen und der Nutzungsgrad der verschiedenen Instrumente evaluiert. Ein zentrales Ergebnis ist hierbei, dass der Einsatz von formalen PPM-Prozessen stark mit erfolgreichem PPM korreliert Ein weiteres zentrales Ergebnis ist, dass obwohl finanzielle Messgrößen am häufigsten eingesetzt werden, diese keineswegs am besten geeignet als primäres Auswahlkriterium sind. Bubble-Diagramme und strategische Methoden sind stärker mit einem erfolgreichen PPM korreliert (vgl. Killen et al., Managing the new product 2007, S. 1868).

So gibt es hinsichtlich der Methoden zur Sicherung eines ausgeglichenen Portfolios eine riesige Anzahl von "Bubble-Diagrammen" und "Portfolio Maps", die von Unternehmen kreiert wurden, um die Balance in ihrem Portfolio sicherzustellen. Hierbei gibt es folgende Problembereiche zu beachten, die von Cooper et al. (portfolio management 2001, S. 103-104) in der Unternehmenspraxis identifiziert und beobachtet wurden:

- Erstens haben einige der "Bubble-Diagramme" das Problem, dass sie stabile und sichere Finanzdaten benötigen, diese jedoch selten zur Verfügung stehen bzw. eher vager Natur sind.
- Zweitens besteht der Problembereich des Informationsüberflusses, weil die Tendenz besteht, dass zu viele verschiedene grafische Darstellungen benutzt werden mit zu vielen Dimensionsvariationen. Es wird beobachtet, dass sich selbst Unternehmen, die mit einer Vielzahl von grafischen Darstellungen begonnen haben, letztlich auf zwei bis drei "Portfolio Maps" und "Bubble-Diagramme" zur dauerhaften Nutzung festlegen.
- Drittens tritt häufig ein Missverständnis auf. "Portfolio Maps" und "Bubble-Diagramme" sind reine Informationsdarstellungen und keine Entscheidungsgrundlagen – sie können lediglich als Startpunkt zu einer Diskussion über eine zu treffende Entscheidung dienen. Es ist die Aufgabe des Managements, aus den gegebenen Informationen die entsprechenden Handlungsempfehlungen abzuleiten.
- Viertens treten häufig Interpretationsschwierigkeiten auf. Es ist in vielen Fällen unklar, was zu tun ist, wenn ein unausgeglichenes Portfolio analysiert wird.
- Fünftens fehlt in vielen Fällen eine Definition für die richtige "Balance" des Portfolios.

Trotz dieser kurz dargestellten Problembereiche sind "Portfolio Maps" und "Bubble-Diagramme" ein wichtiger Beitrag für das Portfolio Management. Um die notwendige Ausgeglichenheit im Portfolio sicherzustellen, sollten diese Methoden auf jeden Fall im Portfoliomanagement berücksichtigt werden – die Anwendung sollte lediglich mit entsprechender Vorsicht und Sorgfalt erfolgen (vgl. Cooper et al., portfolio management, 2001, S. 103-104).

In einer finalen Phase wurden weitere vierzig Case Studies erstellt, um zusätzliche Herausforderungen an das PPM zu identifizieren. Obwohl in der Literatur regelmäßig von mathematischen Optimierungsmodellen berichtet wird, können keine empirischen Erkenntnisse hinsichtlich deren Vorteilhaftigkeit in der praktischen Anwendung gefunden werden (vgl. Killen et al., Managing the new product 2007, S. 1868).

Einige der Erkenntnisse von Cooper et al. konnten durch Killen et al. (portfolio management 2005) bestätigt werden. Es wurden 60 Unternehmen im Rahmen einer Benchmarkingstudie befragt, und hierbei zeigte sich erneut ein signifikanter Zusammenhang zwischen der Anwendung von formalen PPM-Prozessen und erfolgreichem PPM. Ebenso bestätigte sich, dass finanzielle Messgrößen nicht am besten als primäres Auswahlkriterium geeignet sind.

Eine weitere Studie untersuchte den Reifegrad des PPM bei 64 Unternehmen anhand von Reifegradstufen. 60 Prozent der Unternehmen befinden in den untersten beiden Reifegradstufen. Dennoch bezeichnen alle Unternehmen PPM als wichtig. Zudem zeigt die Studie, dass keine standardisierten Prozesse oder organisationalen Modelle für das PPM bestehen, und ebenso gibt es keine Prozessverantwortung für das PPM. 85 Prozent der befragten Unternehmen geben dabei an, die PPM-Prozesse selber entwickelt zu haben (vgl. Centre for Business Practices 2005 und Pennypacker 2005).

Loch untersuchte 90 Projekte in einem großen europäischen Technologiekonzern. Entgegen Erkenntnissen aus der Literatur zeigte sich der formalisierte Projektauswahlprozess nicht als Erfolgsfaktor (vgl. Loch, tailoring product 2000).

Poskela et al. haben im Rahmen ihres multiplen Case Study-Forschungsprojekts zwanzig finnische Firmen untersucht. Dabei konnten sie die Wichtigkeit unterstreichen, dass die Ausrichtung der Projekte mit der Unternehmensstrategie übereinstimmen muss und dass dies durch drei Faktoren unterstützt wird: „Konkretheitsgrad“ der Unternehmensstrategie, Fokus auf das Geschäft im Entscheidungsprozess und Balance zwischen Kontrolle und Kreativität (vgl. Poselka et al., Process models 2005).

Reginato/Ibbs untersuchten zwölf Projekte in sechs Unternehmen der Biopharmazie und fanden heraus, dass es wichtig ist, umfassende Geschäftsmodelle bei Portfoliomanagement-Entscheidungen zu berücksichtigen, um sicherzustellen, dass die Ausrichtung des Portfolios mit der Unternehmensstrategie übereinstimmt (vgl. Reginato/Ibbs, business models, 2006).

Eine Studie von Morris/Jamieson aus dem Jahre 1994 zum Thema Corporate- und Projekt-Strategie umfasst vier explorative Fallstudien und 75 Unternehmen. Dabei geben zwar 50 Prozent der Teilnehmer an, einen PPM-Prozess zu haben. Die Ziele des PPM werden jedoch von der Mehrheit der Befragten nicht verstanden (vgl. Morris/Jamieson, project strategy, 2005).

McDonald/Spital befragten 85 Manager, die Verantwortung für Entwicklungsprojektportfolios tragen. Sie fanden dabei Belege dafür, dass unsichere Projekte einerseits mehr Ressourcen benötigen und andererseits bessere Ergebnisse liefern. Das Zuordnen von weiteren Ressourcen, Wechsel von Teamleitern oder zentralen Teammitgliedern korreliert mit negativer PPM Performance. Erfolg im Markt ist schließlich mit häufigeren Portfolio-Reviews assoziiert sowie mit größerer Aufmerksamkeit gegenüber der zeitlichen Planung (vgl. McDonald/Spital, project portfolios, 2003).

Vahaniitty führte ein multiples Case Study-Forschungsprojekt durch (vier kleine Softwarefirmen) und zeigt hierbei, dass existierende PPM-Ansätze nicht für die Bedürfnisse von kleinen Unternehmen geeignet sind (vgl. Vahaniitty, small companies, 2006).

Blomquist/Muller haben im Jahr 2006 elf Interviews mit Managern sowie eine Befragung mit 242 Rückläufen durchgeführt, um zu analysieren, wie Projektart und organisationale Komplexität auf die Nutzung von PPM-Methoden wirken. Dabei zeigt sich, dass höhere Komplexität sich positiv auf die Nutzung spezifischer PPM Tools auswirkt (vgl. Blomquist/ Muller, portfolio management, 2006).

In einer Studie aus dem Jahr 2008 zeigen Killen et al., dass die Entwicklung, Einführung und die effektive Nutzung des PPM stark durch den Faktor Mensch beeinflusst wird. Folglich ist es unerlässlich, dass Unterstützung durch das Top-Management für das PPM besteht. Zudem ist eine Organisationskultur notwendig, die Kreativität und Innovation fördert – insbesondere das Senior Management hat einen starken Einfluss auf die Organisationskultur und muss daher eine führende Rolle hierbei einnehmen. Um die Innovationskultur und die Mitarbeitermotivation zu fördern, sollten regelmäßig öffentlichkeitswirksame Auszeichnungen vergeben werden als Anerkennung für innovative Aktivitäten und Erfolge von Mitarbeitern. Des Weiteren sollte das PPM eine klare und sichtbare organisationale Verankerung haben und das Top-Management verschiedener Bereiche in Entscheidungen mit einbeziehen. Schließlich sollte in die Lernfähigkeit der Organisation investiert werden (z. B. das Sammeln, Kommunizieren und Evaluieren von Informationen oder das Einführen von Feedbackschleifen, um Prozesse zu verbessern), da dies essentiell für die kontinuierliche Entwicklung des PPM ist (vgl. Killen et al., human factor 2008, S. 173-174).

Eine weitere aktuelle empirische Studie zum Thema PPM findet sich im vorliegenden Sammelband: Der Beitrag von Meyer/Rauen/Tilebein/Gleich zeigt die Ergebnisse einer explorativen Umfrage des VDMA zum Portfoliomanagement.

Insgesamt zeigt sich, dass der Reifegrad des PPM noch relativ gering ist. Gemäß Killen et al. (vgl. Killen et al., Managing the new product 2007, S. 1871), zeigt sich, dass es in der Praxis noch am Verständnis des PPM mangelt und entsprechend das PPM nicht optimal eingesetzt wird; dennoch ist ebenso deutlich, dass viele Unternehmen die Wichtigkeit von PPM erkannt haben und planen, PPM einzuführen bzw. zu verbessern; zudem ist es offensichtlich, dass es keine einzelne PPM Methode gibt, die als Allheilmittel dient, sondern stattdessen Unternehmen individuelle und spezifische Lösungen für sich finden müssen – d. h., es müssen aus dem vorhandenem Pool an Instrumenten die Richtigen ausgewählt und den Bedürfnissen entsprechend angepasst werden.

3 Ausblick

Die Literatur bietet interessante Ansätze und Impulse zum Thema PPM – die Detailtiefe ist jedoch beschränkt. Insgesamt lässt sich feststellen, dass PPM sowohl in der Theorie als auch in der Praxis einen geringen Reifegrad hat. Wissenschaft und Praxis sind gemeinsam gefragt, das PPM weiterzuentwickeln.

Der Großteil der bisherigen Forschung hat sich auf Tools und Methoden fokussiert, um ein Produktportfolio für einen Zielmarkt zu kreieren. Seit kurzem sind auch die Projektauswahl und das Einbeziehen des Managements, um ein balanciertes und profitables Portfolio zu erzielen, in den Fokus gerückt. Wesentliche Herausforderungen für die Forschung liegen in der Verbesserung der Projektauswahl, um ein strategisch ausgerichtetes Portfolio zu erreichen. Die Kombination von spieltheoretischen Annahmen mit Herausforderungen aus der Praxis dürfte ebenso von Interesse sein, z. B. hinsichtlich der Auswahl komplexer Produkte für heterogene Kundengruppen, deren Bedürfnisse stark variieren. Genauso müssen Auswirkungen der Unterschiede der einzelnen Industrien und der Charakteristika der Portfolioziele auf die Projektauswahl näher untersucht werden. Des Weiteren ist es notwendig, Methoden zu entwickeln, die Risiko und Langfristperspektiven berücksichtigen. Schließlich ist die Verbesserung der PPM-Methoden notwendig, um Portfolioentscheidungen stärker mit den zukünftigen Leistungen des Unternehmens zu verknüpfen (vgl. Hauser et al., review and agenda 2006, S. 699-700).

Letztlich ist anzumerken, dass Veröffentlichungen zum Thema PPM fast ausschließlich aus dem anglo-amerikanischen Sprachraum stammen. Die Anzahl deutschsprachiger Veröffentlichungen ist vergleichsweise gering.

Literatur

Bloomquist, T / Muller, R (portfolio management 2006): Practices, roles and responsibilities of middle managers in program and middle management, in: Project Management Journal, 37. Jg. (2006) Heft 1, S. 2.

Center for Business Practices (project portfolio 2005): Project portfolio management: A benchmark of current practices", Center for Business Practices: Haverstown, PA, 2005.

Cooper, R. G. / Edgett, S. J. / Kleinschmidt, E. J. (Portfolio management 1997a): Portfolio management in new product development: lessons from the leaders – I, in: Research Technology Management, 40. Jg. (1997) Heft 5, S. 43-52.

Cooper, R. G. / Edgett, S. J. / Kleinschmidt, E. J. (Portfolio management 1997b): Portfolio management in new product development: lessons from the leaders – II, in: Research Technology Management, 40. Jg. (1997) Heft 6, S. 16-27.

Cooper, R. G. / Edgett, S. J. / Kleinschmidt, E. J. (Portfolio management 2000): New problems, new solution: making portfolio management more effective, in: Research Technology Management, 43. Jg. (2000) Heft 2, S. 18-33.

Cooper, R. G. / Edgett, S. J. / Kleinschmidt, E. J. (Portfolio management 2001): Portfolio management for new products, 2. Aufl., New York 2001.

Hauser, J. / Tellis, G. / Griffin, A. (Review and Agenda, 2006): Research on Innovation: A Review and Agenda for Marketing Science, in Marketing Science, 25. Jg. (2006) Heft 6, S. 687-717.

Killen, C. / Hunt, R. / Kleinschmidt, E. (portfolio management 2005): MGSM working paper in management: Portfolio management practices in Australia, Macquarie Graduate School of Management, Working Paper Series, WP 2005 -10.

Killen, C. / Hunt, R. / Kleinschmidt, E. (Managing the new product 2007): Managing the New Product Development Project Portfolio: A Review of the Literature and Empirical Evidence, in: PICMET Proceedings, 5-9 August, Portland, Oregon/USA, S. 1864-1874.

Killen, C. / Hunt, R. / Kleinschmidt, E. (Human factor 2008): The Human Factor in innovation project portfolio management, in: Evans, C. / Spencer-Smith, T. (Hrsg.): Inside the innovation matrix, S. 158-178.

Loch, C. (tailloring product 2000): Tailoring product development to strategy: Case of a European technology manufacturer, in: European Management Journal, 18. Jg (2000), Heft 3, S. 246-258.

McDonough III, E. / Spital, F. (project portfolios, 2003): Managing project portfolios, in Research Technology Management, 46. Jg. (2003) Heft 3, S. 40.

Miguel, Paulo Augusto Cauchick (Portfolio management, 2008): Portfolio management and new product development implementation – a case study in a manufacturing firm, in: International Journal of Quality & Reliability Management, 25. Jg. (2008) Heft 1, S.10-23.

Morris, P. / Jamieson, A. (project strategy 2005): Moving from corporate strategy to project strategy, in: Project Management Journal, 36. Jg. Heft 4, S. 5-18.

Pennypacker, J. (portfolio management, 2005): Project portfolio management maturity model, Centre for Business Practices: Haverstown PA, 2005.

Poskela, J. / Dietrich, P. / Berg, P. / Artto, K. / Lehtonen, T. (process models 2005): Integration of strategic level and operative level front-end innovation activities, in: Portland International Conference on Management of Engineering and Technology, 2005, Portland, Oregon PICMET.

Reginato, J. / Ibbs, C. (business models 2006): Employing business models for making project go / no-go decisions, in: PMI Research Conference, 2006, Montreal.

Reinecke, Sven / Tomczak, Torsten (Marketingcontrolling, 2001): Einsatz von Instrumenten und Verfahren des Marketingcontrollings in der Praxis, in: Reinecke, Sven / Tomczak, Torsten / Geis, Gerold (Hrsg.), Handbuch Marketingcontrolling, Frankfurt/Wien 2001, S. 76-89.

Vahaniitty, J. (small companies 2006): Do small software companies need portfolio management?" in: 13. Internationale Product Development Management Konferenz, 2006, Milan, European Institute for Advanced Studies in Management.

Strategische Produktportfolioplanung auf der Basis von Nachfrage-, Potential- und Positionslebenszyklen

Norbert Bach

Aus Sicht der marktorientierten Sichtweise des Strategischen Managements bilden Produktlebenszyklen die Grundlage von Entscheidungen hinsichtlich des Produktportfolios. In einer ressourcenorientierten Sichtweise liegen den Produkten unternehmensspezifische Bündel von Ressourcen und Fähigkeiten zugrunde. Auch diese als Erfolgspotentiale begreifbaren Kompetenzen unterliegen Lebenszyklen. Der vorliegende Beitrag greift die Denkweise in Lebenszyklen auf und leitet aus der unterschiedlichen Dauer von Nachfrage-, Potential- und Positionszyklen Implikationen für das Management des Produktportfolios eines Unternehmens her.[1]

1 Begriffliche und konzeptionelle Grundlagen

1.1 Erfolgspositionen und Erfolgspotentiale

Der Erfolg eines Unternehmens wird im Strategischen Management sowohl aus einer marktorientierten als auch einer ressourcenorientierten Sichtweise erklärt (siehe Abb. 1, vgl. Hungenberg, Strategisches Management, 2008, S. 6 und Welge/Al-Laham, Strategisches Management, 2008, S. 76 ff. und S. 87 ff.).

In der marktorientierten Sichtweise fragen die Kunden ein bestimmtes Produkt nach, weil die wahrgenommene Positionierung des Angebots sich im Vergleich zu den Wettbewerbern in dauerhaften und die Kaufentscheidung beeinflussenden Merkmalen unterscheidet (Simon, Wettbewerbsvorteile, 1988, S. 465). Ursächlich für den Erfolg eines Produkts ist in dieser Sichtweise somit die *Erfolgsposition* des Unternehmens im betrachteten Markt. Gleichzeitig wird für diesen Markt unterstellt, dass die Nachfrage der Kunden daraus resultiert, dass mit dem Kauf des Produkts ein zugrunde liegendes Bedürfnis befriedigt werden soll.

---

1 Dieser Beitrag basiert maßgeblich auf dem Kapitel „Strategische Optionen der Erneuerung", den der Autor gemeinsam mit Christian Homp als Buchkapitel des Bandes Krüger, W. (Hrsg.): Excellence in Change. Wege zur Strategischen Erneuerung, 4. Auflage, Wiesbaden 2009, verfasst hat. Die Kernaussage der Lebenszyklus basierten Geschäftsfeldplanung wurde für die hier diskutierte Fragestellung des Produktportfoliomanagements überarbeitet. Für eine Einordnung in den Kontext der Strategischen Erneuerung siehe Krüger, W. (Hrsg.): Excellence in Change. Wege zur Strategischen Erneuerung, 4. Auflage, Wiesbaden 2009.

Ein grundlegendes *Bedürfnis* des Menschen ist die Aufnahme von Nahrung. Hauptdeterminante der Marktnachfrage ist daher zunächst die Zahl der Bevölkerung. Für Grundnahrungsmittel, wie z. B. die Produkte Brot oder Milch, kann daher von einer zeitlich weitgehend stabilen Nachfrage ausgegangen werden. Auch die für das Angebot an Grundnahrungsmitteln benötigten Ressourcen und Fähigkeiten sind weitestgehend bekannt.

Unternehmen haben die Möglichkeit, sich durch Preissetzung, Produktinnovationen und Produktdifferenzierung, z. B. durch Brotsorten und Brotgrößen, im Markt zu positionieren, d. h. sich eine Erfolgsposition aufzubauen.

In Abhängigkeit von dem einer geäußerten Nachfrage zugrunde liegenden Bedürfnis variiert die Nachfrage nach bestimmten Produkten. Je nach Art des Bedürfnisses resultieren zeitlich stabile oder weniger stabile Nachfragezyklen. Die Entwicklung der Nachfrage wiederum hat unmittelbaren Einfluss auf die Zahl der in einer Branche tätigen Unternehmen und auf die Intensität, mit der um die Kaufkraft der Kunden gerungen wird. Daher sind Branchen und Märkte in Abhängigkeit von ihrem *Entwicklungsstadium* unterschiedlich attraktiv und versprechen eine hohe oder niedrige Rendite. Dies konnte in zahlreichen empirischen Studien belegt werden.

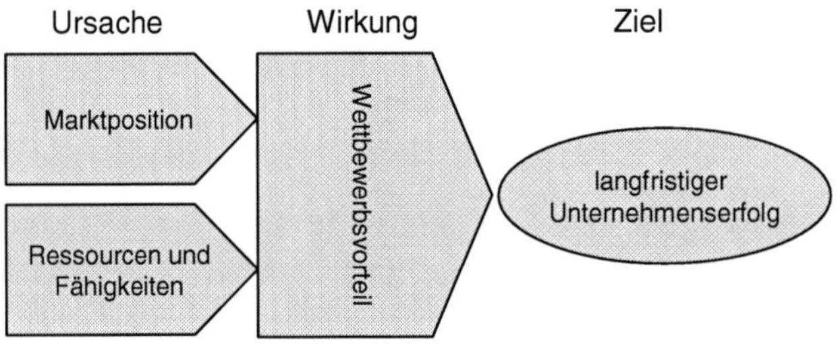

Abb. 1: Erklärung des Erfolgs im Wettbewerb im Strategischen Management
Quelle: nach Hungenberg (Strategisches Management, 2008), S. 6.

Neben der reinen Nachfragebetrachtung hat sich gemäß der marktorientierten Sichtweise des Strategischen Managements als Maß für die Attraktivität eines Marktes die Analyse der sogenannten *Triebkräfte des Wettbewerbs* etabliert. In Abhängigkeit von der Wettbewerbsintensität innerhalb einer Branche, der Verhandlungsmacht der Lieferanten und Nachfrager sowie der Bedrohung durch Substitutprodukte und potentielle Konkurrenten kann ein Unternehmen durch sein eigenes Produktangebot stärker oder weniger stark an der Nachfrage und Zahlungsbereitschaft der Kunden partizipieren (vgl. Porter, Wettbewerbsvorteile, 2000). Aus diesen Triebkräften des Wettbewerbs wird in den weiteren Überlegungen insbesondere auf die Bedrohung durch bzw. den Angriff mit Substitutprodukten zurückgegriffen. Grundsätzlich geht es dabei um die Frage, ob nicht ein auf das gleiche Bedürfnis zielendes Produkt mit gänzlich anderen Ressourcen hergestellt werden kann, oder ob ein Unternehmen auf Basis der vorhandenen Ressourcenausstattung nicht auch andere Produkte zur Befriedigung anderer Bedürfnisse anbieten könnte.

Das Strategische Management unterscheidet typischerweise die Ebene der einzelnen Geschäftsfelder und die Ebene des Gesamtunternehmens. Während das Management eines Einzelprodukts der Ebene der Geschäftsfelder zuzuordnen ist, erfordert ein *Produktportfoliomanagement* zwangsläufig eine übergeordnete Sichtweise. In der marktorientierten Sichtweise wird das Unternehmen daher als Portfolio von Geschäftsfeldern interpretiert, wobei unter einem Geschäftsfeld eine Produkt-Markt-Kombination verstanden wird.

Ziel des Strategischen Managements in der marktorientierten Sichtweise ist ein ausgewogenes *Geschäftsfeldportfolio*, dessen Produkte sich in unterschiedlichen Stadien ihrer Lebenszyklen befinden. Der von reifen Produkten generierte Cashflow-Überschuss wird genutzt, um das Wachstum junger, Erfolg versprechender Produkte zu finanzieren. Wettbewerb findet im marktorientierten Modell vorwiegend zwischen Produkten auf abgegrenzten Märkten statt. Wettbewerbsvorteile entstehen durch eine Positionierung des eigenen Produkts bezüglich Kosten- und/oder Differenzierungsvorteilen in einem engen oder weiten Wettbewerbsfeld (vgl. Porter, Wettbewerbsvorteile, 2000).

Unter einem Produkt wird ein standardisiertes Angebot eines Anbieters an seine Kunden verstanden. Voraussetzungen für ein gezieltes Management von Produkten sind:

- Die Möglichkeit der Abgrenzung von Zielmärkten und die Abschätzung des zugehörigen Marktpotentials.
- Die Möglichkeit einer produktspezifischen Positionierung im Markt.
- Die Möglichkeit einer spezifischen Ansprache der Kunden, in der die Erfolgsposition des Produkts deutlich wird.
- Eine verursachungsgerechte Zurechnung der Herstellkosten des Produkts.

Wie Abb. 1 aufzeigt, können Wettbewerbsvorteile nicht nur auf der Marktposition, sondern ebenso auf den Ressourcen und Fähigkeiten eines Unternehmens beruhen. In der ressourcenorientierten Sichtweise des Strategischen Managements konstituiert diese Ressourcenbasis mögliche Kompetenzen und Kernkompetenzen des Unternehmens.

Im Denkmodell des *ressourcenorientierten Ansatzes* unterscheidet sich das Unternehmen von anderen Unternehmen in Bezug auf dieses Reservoir an Ressourcen und Fähigkeiten (Kompetenzen), die sich nur schwer imitieren lassen und die nicht ohne Weiteres auf andere Unternehmen übertragbar sind. Die einem Unternehmen zur Verfügung stehenden Ressourcen werden als heterogen und immobil angenommen (vgl. Barney, Ressourcen, 1991). Fortbestand und Weiterentwicklung des Unternehmens werden durch aktiven Einsatz dieser *Erfolgspotentiale* gesichert. Wettbewerb hat in diesem Denkansatz eine andere Dimension als im marktorientierten Ansatz. Es konkurriert nicht Produkt gegen Produkt in abgrenzbaren Marktsegmenten, es tritt geschäftsfeldübergreifend Unternehmen gegen Unternehmen an. Ziele sind daher die Entwicklung, die Nutzung und der Transfer von Ressourcen und Fähigkeiten in möglichst viele Produkte und Geschäfte. Die Ressourcen und Fähigkeiten bilden die *Erfolgspotentiale*, die zur Wertschöpfung in den Geschäftsfeldern eingesetzt werden (vgl. Bach/Homp, Strategische Optionen, 2009).

Unter einem Erfolgspotential wird ein zur Herstellung von Produkten benötigtes Bündel an Ressourcen und Fähigkeiten verstanden. Idealerweise ermöglicht ein Erfolgspotential die Herstellung mehrerer, am Markt unterschiedlich positionierbarer Produkte.
Voraussetzungen für ein gezieltes Management von Erfolgspotentialen sind:

- Die Möglichkeit der Identifikation der benötigten Ressourcen und Fähigkeiten.
- Die Zuordnung der aus dem Erfolgspotential herrührenden Produkteigenschaften, die vom Kunden wahrgenommen werden.
- Die Möglichkeit der Zuordnung von Preisprämien, die der Kunde für diese Produkteigenschaften zu zahlen bereit ist.
- Die Möglichkeit des Aufbaus von Barrieren zum Schutz vor Imitation des Erfolgspotentials.

Das nachfolgende Beispiel aus der Telekommunikationsindustrie soll noch einmal das hier verwendete Begriffsverständnis von Bedürfnis, Nachfrage, Erfolgspotentialen des Unternehmens und der Erfolgsposition einzelner Produkte verdeutlichen (siehe hierzu auch die Beiträge von Schepp/Herold/Schmahl und Geuppert im vorliegenden Sammelband).

Das der am Markt geäußerten Nachfrage zugrunde liegende Bedürfnis ist die soziale Kommunikation. Aufgrund von Mobilität der geschäftlichen oder sozialen Kommunikationspartner kommt es zu Nachfrage nach Telekommunikation. Ein Anbieter wie z. B. die Deutsche Telekom AG bietet den Nachfragern unterschiedliche Produkte zur Deckung dieser Nachfrage an, die auf unterschiedlichen Erfolgspotentialen (z. B. Technologien) basieren können. Dabei wird versucht, jedes Produkt so am Markt zu positionieren (Erfolgsposition), dass die spezifischen Bedürfnisse der identifizierten Zielgruppen angesprochen werden. So gibt es auf analoger, digitaler (ISDN) oder VoIP-Technologie (Erfolgspotentiale) basierende Produkte. Diese zielen in ihren Erfolgspositionen auf die Bedürfnisse von Geschäftskunden und Privatkunden und hier wiederum von Viel- und Wenigtelefonierern, oder Kunden mit einem oder mehreren Standorten usw.

Ein gezieltes Produktmanagement wird nur unternommen, wenn die Voraussetzungen der Abgrenzung von Zielgruppen und deren gezielte Ansprache zur Abschöpfung des Marktpotentials gegeben sind. Ohne eine verursachungsgerechte Zurechnung der Herstellkosten ist keine eindeutige Erfolgsrechnung auf Kostenträgerbasis und somit auch kein Produktportfoliomanagement möglich.

Neben der Positionierung im Markt, z. B. über die Marke, beruhen Wettbewerbsvorteile der Deutschen Telekom AG in einzelnen Marktsegmenten auch eindeutig alleine auf den einzigartigen Erfolgspotentialen, z. B. der Verfügbarkeit von Netzkapazität oder dem großen Kundenstamm.

1.2 Abbau, Umbau und Aufbau im Positions-/Potentialportfolio

Eine der Triebkräfte des Wettbewerbs, die Bedrohung durch Substitutprodukte, dient als Ausgangspunkt der hier angestellten weiteren Überlegungen zum Produktportfoliomanagement. Die Bedrohung durch Substitutprodukte macht deutlich, dass innerhalb eines Nachfragezyklus das gleiche Kundenbedürfnis auch durch Nachfrage nach anderen oder andersartigen Produkten befriedigt werden kann. Produkte konkurrieren nicht nur gegen nach Marketinggesichtspunkten abgrenzbare Produkte der gleichen Kategorie, sondern möglicherweise auch gegen Konsumalternativen aus völlig anderen Branchen, denen völlig andere Erfolgspotentiale zugrunde liegen.

Bierbrauer waren lange der Überzeugung, dass sie mit ihren Brauprodukten über die Produkteigenschaften um die Kaufkraft der Konsumenten konkurrieren.

Erst sehr spät wurde in einem schrumpfenden Markt erkannt, dass die Konsumalternativen zu einem Bier nicht nur aus anderen Bieren oder anderen alkoholischen Getränken bestehen. Einige der Kunden substituieren zumindest das gezapfte Bier in der Stammkneipe auch durch Alternativprodukte wie einen Kinobesuch oder den Besuch einer Sportveranstaltung.

Ein Beispiel für ein dieser Erkenntnis angepasstes Marketing ist der Auftritt der Marke Becks, die nicht das Bier, sondern die Gesellschaft fröhlicher Menschen zur Kernbotschaft der Marke erklärt hat.

Strategisches Management auf Gesamtunternehmensebene erfordert somit nicht nur ein ausgewogenes Produktportfolio, sondern in gleichem Maße ein Denken in Nachfrage- und Potentiallebenszyklen. Der Erfolg eines Unternehmens – gemessen in Finanzen und Marktanteilen – hängt maßgeblich von der Position im Markt (Erfolgsposition) sowie den internen Stärken (Erfolgspotentialen) ab. Entscheidend ist immer, dass ein Unternehmen den Zusammenhang zwischen Bedürfnis, Nachfrage, Produkteigenschaften und den zur Schaffung dieser Produkteigenschaften benötigten Ressourcen und Fähigkeiten verinnerlicht hat. Ohne ein tiefgreifendes Verständnis der Bedürfnisse im Zielmarkt und der benötigten Ressourcen und Fähigkeiten ist kein gezieltes Produktportfoliomanagement möglich.

Für ein Strategisches Management auf Gesamtunternehmensebene benötigt das Topmanagement folglich eine Einschätzung der Attraktivität sowohl der *Erfolgspositionen* der Produkte in ihrem jeweiligen Zielmarkt als auch Informationen zur Stärke der eingesetzten *Erfolgspotentiale*, d. h. eine Einschätzung der eigenen Ressourcenausstattung im Vergleich zu aktuellen und potentiellen Wettbewerbern. Diese beiden aggregierten Indikatoren führen zu einem *Positions-/Potentialportfolio*, in dem die aktuell bedienten Produkt-Markt-Kombinationen positioniert werden (vgl. Abb. 2).

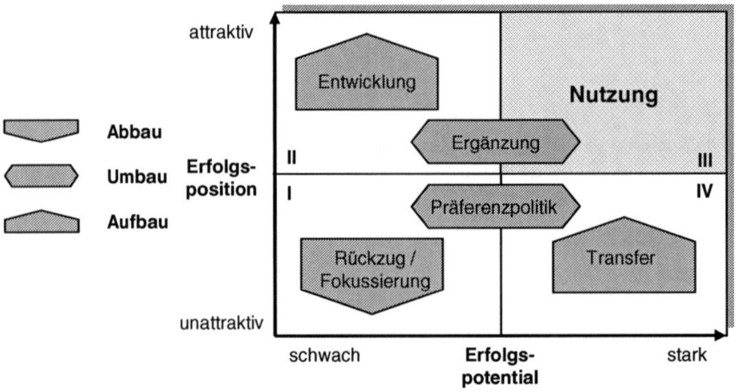

	Positionen	**Potentiale**
Abbau	**Rückzug** aus einzelnen Positionen unter Beibehaltung der Potentiale	**Fokussierung** auf die wichtigsten Potentiale (Kernkompetenzen) unter Beibehaltung der Positionen
Umbau	Umbau der Positionen gemäß einer geschäftsfeldübergreifenden **Präferenzpolitik**	**Ergänzung** von Potentialen um komplementäre Komponenten
Aufbau	**Transfer** von Potentialen auf neue Produkte und Märkte mit neuen Positionen	**Entwicklung** neuer Potentiale zum Erhalt alter oder zur Erschließung neuer Positionen

Abb. 2: Normstrategien im Positions-/Potentialportfolio
Quelle: nach Bach/Homp (Strategische Optionen, 2009), S. 122 und S. 124.

Die *theoretische Grundlage* einer Verwendung der strategischen Optionen als Normstrategien in diesem Portfolio bilden die bereits von *Ansoff* (vgl. Ansoff, Strategic Management, 1984, S. 41; Kotler/Bliemel, Marketing-Management, 2006, S. 571 ff.) propagierten Zusammenhänge zwischen den *Lebenszyklen von Nachfrage, Potentialen und Positionen* (entwickelt nach Ansoff, Strategic Management, 1984, S. 41). Abb. 3 zeigt einen idealtypischen Verlauf der Lebenszyklen, bei dem ein neuartiges Bedürfnis (Nachfragezyklus) aufgrund bereits vorhandener Potentiale (Potentialzyklus) sofort bedient werden kann (Positionszyklus), so dass erst mit Abschwung des ersten Positionszyklus ein neues Potential aufgebaut werden muss.

Analog zu den beiden Sichtweisen des Strategischen Managements wird ein Unternehmen seine Entscheidungen in Bezug auf das Produktportfolio entweder an der vorhandenen Erfolgsposition eines Produkts im Markt, oder auf Basis vorhandener Unternehmensstärken (z. B. vorhandene Vertriebskanäle) treffen. Grundsätzlich muss ein Unternehmen, um überhaupt Kundenbedürfnisse befriedigen zu können, entweder bereits über Potentiale verfügen oder diese zunächst durch Bündelung der benötigten Ressourcen und Fähigkeiten entwickeln. Unabhängig davon, dass oftmals Potentiale und Positionen parallel aufgebaut werden (vgl. Specht et al., F&E-Management, 2002, S. 123 ff.), ist in der Regel der erste Schritt der Aufbau von Erfolgspotentialen zum Erhalt oder zur Erschließung einer als attraktiv eingeschätzten Marktposition. Die zugehörige Normstrategie im Portfolio ist die *Entwicklung von Potentialen* (Feld II in Abb. 2).

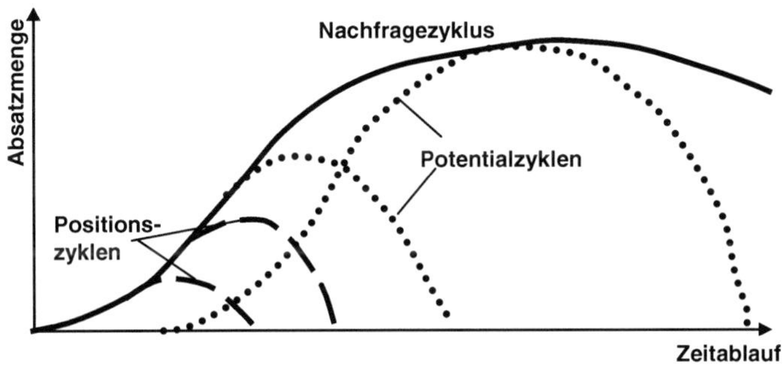

Abb. 3: Lebenszyklen von Nachfrage, Technologie und Produkten
Quelle: Bach/Homp, Strategische Optionen, 2009, S. 125.

Gemäß der unterstellten Lebenszyklusbetrachtung können diese Potentiale anschließend in der Wachstumsphase des Nachfragezyklus genutzt werden. Vorhandene Potentiale führen zu starken Positionen (Feld III). Im nächsten Schritt kann das nahende Ende eines Produktlebenszyklus (Erosion der Position) durch die Option der *Präferenzpolitik* hinausgezögert werden. Die analoge Option des Umbaus von Potentialen (*Ergänzung*) dient der Verlängerung des Potentiallebenszyklus. Auf diese Weise kann eine anhaltende oder wachsende Nachfrage zunächst noch ohne Aufbau neuer Positionen oder Potentiale weiter bedient werden. Beide Optionen können auch miteinander kombiniert werden, wenn z. B. durch Umbau der Potentiale der Wechsel von einer Differenzierungs- zu einer Kostenführerstrategie möglich wird (Umbau der Position).

Im idealtypischen Verlauf unterliegen Potentiale längeren Zyklen als Positionen. Zum Ende eines Positionslebenszyklus kann ein noch starkes Potential deshalb durch *Transfer* zum Aufbau neuer Positionen genutzt werden (Feld IV). Neben dieser reaktiven Variante des Transfers können Potentiale, dem Gedankengut des Kernkompetenz-Managements folgend, auch parallel in mehreren Geschäften genutzt werden, woraus wiederum Möglichkeiten eines Umbaus der Positionen (*Präferenzpolitik*) resultieren.

Am Ende von Positions- und Potentiallebenszyklen stehen nur noch der *Rückzug* bzw. die *Fokussierung* als Option offen (Feld I). Lässt der Nachfragezyklus nach wie vor Geschäft erwarten, sollte rechtzeitig mit der *Entwicklung* neuer Potentiale begonnen werden, die neue Positionszyklen ermöglichen.

Der Unterhaltungselektronikkonzern LOEWE erzielte Anfang des Jahrtausends noch 85 % seines Umsatzes mit Bildröhrenfernsehern. Der Markt für Fernsehgeräte zeigte nach wie vor Wachstumsraten, und als Anbieter hochwertiger Designgeräte sah man sich gut positioniert. Aufbauend auf eigenen Bildröhren- und Designkompetenzen wurden regelmäßig neue Produkte auf den Markt gebracht. Die Strategie zielte darauf, den Nachfragezyklus nach Fernsehgeräten durch eine Kombination der Optionen der Präferenzpolitik und Ergänzung der Potentiale um komplementäre Video- und DVD-Technologien möglichst lange und renditeträchtig zu nutzen.

Loewe hatte jedoch die Entwicklung der TFT-Technologie unterschätzt. „Die Schnelligkeit des Nachfragewandels hat uns überrascht", sagt Vorstandschef Rainer Hecker. Zwar hatte man das Potential der TFT-Technologie erkannt und eigene Flachbildgeräte im Produktprogramm, allerdings zum vierfachen Preis gleichwertiger Röhrengeräte. „Wir haben unsere Position zu streng ausgelegt", räumt Hecker ein. „Kunden haben einen TFT-Fernseher an sich als Premium empfunden." Für Loewe-Design war auf dem Markt keine extra Preisprämie zu erzielen. Hecker: „Wir hätten im ersten Schritt auf preiswerte Einstiegsgeräte setzen sollen."

Noch im Krisenjahr 2003 wurden preiswerte TFT-Produkte lanciert und die Änderung der Positionierung mit einem konsequenten Kostenreduktionsprogramm im Bereich der Potentiale begleitet. Durch konsequenten Umbau von Positionen und Potentialen wurde der Turnaround bewältigt (vgl. Schlesiger, Erfolg, 2006, S. 87 f.).

Der *Rückzug* aus einzelnen Geschäftsfeldern ist gleichbedeutend mit dem Abbau von Positionen, d. h. das Unternehmen zieht sich aus dem Geschäftsfeld zurück, baut die Ressourcen und Fähigkeiten aber nicht ab. Ähnlich verhält es sich bei einer *Fokussierung* auf Schlüsselkompetenzen. Können Positionen in bestehenden Geschäften auch durch Fremdbezug von Randleistungen oder durch mehrfach nutzbare Kernkompetenzen gehalten werden, besteht die Möglichkeit, nicht mehr benötigte Randkompetenzen aufzugeben. Dieser Versuch wird vielfach im Zuge des Outsourcings unternommen. (Siehe zum Aspekt des Rückzugs aus einem Markt auch den Beitrag von von der Oelsnitz / Nirsberger im vorliegenden Sammelband.)

Beispiele für den Einsatz der aufgezeigten Optionen im Produktportfoliomanagement liefert die Firmenhistorie von DAIMLERCHRYSLER. Die in den 80er Jahren auf Initiative vom damaligen Konzernvorstand *Edzard Reuter* verfolgte Diversifikationsstrategie zur ‚Verbreiterung der Unternehmensbasis' steht für den Aufbau von Potentialen durch die Zukäufe von MTU, DORNIER, AEG und MBB ebenso wie für den Transfer von Kompetenzen zur Erschließung neuer Geschäfte mit der Baureihe 190, dem ‚Baby-Benz'.

Die Qualitätsprobleme und die roten Ergebniszahlen Anfang der 90er Jahre belegen, dass die Potentiale vielleicht doch zu weit gestreckt wurden. Mit dem Amtsantritt von *Jürgen Schrempp* wird die Vision vom ‚Integrierten Technologiekonzern' im Jahr 1995 ad acta gelegt. Es erfolgte ein Rückzug aus den nicht zur Vorstellung des ‚globalen Mobilitätskonzerns' passenden Geschäften. Gemäß der übergreifenden Präferenzpolitik eines globalen Premiumanbieters wurde das Produktportfolio umgebaut. Hinsichtlich der Potentiale erfolgte eine Fokussierung auf Kompetenzen zur Herstellung von Kraftfahrzeugen. Die Akquisitionen von CHRYSLER und MITSUBISHI wurden als Ergänzungen des Ressourcenpools angesehen, die für den Aufstieg zu einem ‚Global Player' unverzichtbar sind. Gleichzeitig wurde damit ein Transfer von Potentialen betrieben, wie es z. B. die MERCEDES-Motoren oder der Hinterachsantrieb in manchen CHRYSLER-Modellen belegen.

Mit der Trennung von CHRYSLER im Jahr 2007 unter dem Vorsitz von *Dieter Zetsche* erfolgte zunächst ein Abbau durch Rückzug aus den von CHRYSLER gehaltenen Positionen und eine Fokussierung auf die Potentiale der DAIMLER AG. Innerhalb des PKW-Geschäfts schlug man gleichzeitig für die Marke MERCEDES eine Präferenzpolitik ein, indem mit der R-Klasse, dem viertürigen Coupe CLS und dem kleinen Geländewagen GLK aufbauend auf bestehenden Potentialen neue Positionen erarbeitet wurden.

Nachfolgend werden die einzelnen Normstrategien im Positions-/Potentialportfolio noch einmal diskutiert und anhand von Beispielen erläutert.

2 Management der Produktpositionen

2.1 Transfer: Potentialgetrieben Positionen am Markt besetzen

Analog zu der im Marketing bewährten Unterscheidung von marktgetriebenen und technologiegetriebenen Innovationen kann die strategische Option des *Transfers von Potentialen* in einer reaktiven und in einer proaktiven Variante ausgeübt werden. In der *reaktiven Variante* des Transfers geht es darum, neue Verwendungsmöglichkeiten für Potentiale zu finden, deren bediente Geschäfte am Ende ihrer Lebenszyklen stehen. Bei dieser Outside in-Betrachtung besteht die Herausforderung für das Management darin, Entwicklungen am Markt rechtzeitig zu erkennen und sich entwickelnde neue Anwendungsmöglichkeiten zu identifizieren.

Ziel eines *proaktiven Transfers* ist es ebenfalls, neue Anwendungsfelder für bestehende Potentiale zu finden. Allerdings ist die Denkrichtung eine andere. Ziel dieses Inside out getriebenen Transfers ist das kreative Schaffen neuer Märkte. Im Gegensatz zum reaktiven Transfer, für den die Marktforschung eine ausgereifte methodische und instrumentelle Unterstützung anbietet (vgl. Berekoven et al., Marktforschung, 2004), ist das Instrumentarium eines proaktiven Transfers noch weniger entwickelt.

„Wichtig ist, dass wir ständig überprüfen, ob der eingeschlagene Weg noch der richtige ist", sagt *Bernhard Ribbrock*, Chef der ARVATO-Sparte Mobile, die den Handy-Versand für Mobilfunkkonzerne verantwortet. „Jede Technologie hat vom Prinzip her eine Marktchance." Monatliche Status-Reports dokumentieren daher die Mitarbeiterideen für neue Geschäfte. „Daran können wir erkennen, ob wir uns neben dem Kerngeschäft weiterentwickeln", so *Ribbrock* (vgl. Schlesiger, Erfolg, 2006, S. 89).

Als mögliche Objekte eines Potentialtransfers werden nachfolgend Kern- und Endprodukte, Marken und Kompetenzen näher betrachtet. Demgegenüber lassen sich fünf Zielfelder identifizieren, die vom vorhandenen Sortiment bis zum völlig neuen Geschäftsfeld reichen (vgl. Abb. 4, nach Krüger/Homp, Kernkompetenz-Management, 1997, S. 126).

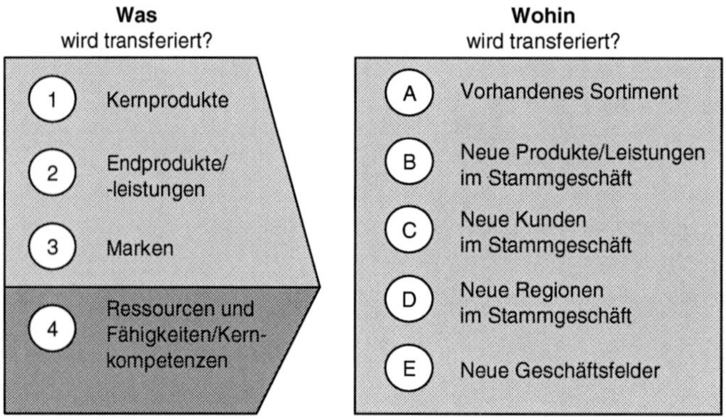

Abb. 4: Transfermöglichkeiten
Quelle: Krüger/Homp, Kernkompetenz-Management, 1997, S. 126.

Die offensichtlichste Form des Transfers ist die Übertragung von bekannten Endprodukten (2) auf neue Kunden (C) oder Regionen (D). Zahlreiche Beispiele für solche Produkttransfers finden sich in der Automobilindustrie, die sich im letzten Jahrzehnt zunehmend zu einer globalen Branche entwickelt hat.

TOYOTA hat den Produkttransfer als Teil seiner Strategie etabliert. Neue Modelle werden, sofern sie nicht gezielt für einzelne Regionen entwickelt werden, zunächst im Heimatland Japan getestet. Bewährt sich ein Produkt, werden schrittweise Produktionskapazitäten aufgebaut, um das Modell anschließend auch in Auslandsmärkten anzubieten.

Unterschiedliche Endprodukte können auf gemeinsamen Kernprodukten basieren. Unter einem *Kernprodukt* (1) wird dabei die reale Verkörperung einer oder mehrerer Kernkompetenzen verstanden. Das Kernprodukt ist einerseits zentraler Bestandteil eines oder mehrerer Endprodukte. Kernprodukte können daher auch als eigenständiges Transferobjekt innerhalb des vorhandenen Sortiments (1/A, vgl. Abb. 4), für neue Produkte im Stammgeschäft (1/B) oder auf vollkommen neuen Geschäftsfeldern (1/E) zum Aufbau neuer Positionen genutzt werden. Aufgrund des Absatzes in verschiedenen Endgeschäften können Synergiepotentiale in Form von Mengendegressions- und Kostensenkungseffekten realisiert werden. Diese lassen sich nutzen, um neben dem Differenzierungsvorteil einen Kostenvorteil auf dem Endproduktmarkt aufzubauen. Oftmals muss hierzu nicht einmal das Kernprodukt an Dritte verkauft werden.

Der weltgrößte Automobilhersteller GENERAL MOTORS hat im Gegensatz zu TOYOTA traditionell eine Strategie externen Wachstums durch Zukauf regionaler Automobilhersteller verfolgt. Daraus resultierten in der Vergangenheit hinsichtlich der Positionen eine differenzierte Marktbearbeitung, hinsichtlich der Potentiale jedoch Parallelentwicklungen und unnötige Redundanzen in der Fertigungskapazität.

Opel hatte es lange Zeit trotz der aufgrund steigender Energiepreise wachsenden Nachfrage nach Diesel-Fahrzeugen versäumt, eigene Dieselmotoren zu entwickeln. Zunächst wurden Motoren der japanischen Tochtergesellschaft Isuzu eingebaut, in höheren Baureihen griff man auf BMW-Motoren zurück. Mit der Beteiligung an Fiat im Jahr 2000 wurde der von Alfa Romeo entwickelte Common-Rail Motor zum Kernprodukt erklärt. Als einziger Mittelklasse 4-Zylinder Dieselmotor des Konzerns durchlief die 1.9 CDTI-Maschine eine systematische Weiterentwicklung mit Blick auf die EURO 5 Abgasnorm und die Ausrüstung mit einem Partikelfilter. Zwischenzeitlich wurde der Mittelklasse-Dieselmotor neben den Fahrzeugen des Fiat-Konzerns (Fiat, Alfa Romeo, Lancia) auch in verschiedenen Modellreihen der General Motors Marken Opel, Vauxhall und Saab eingesetzt. Inzwischen wurde die Powertrain-Allianz wieder aufgelöst und General Motors musste zum Erhalt der Positionen die bis dato in der Entwicklung vernachlässigten Isuzu-Motoren weiterentwickeln (Modelle Corsa und Astra) bzw. für größere Modelle (Insignia, Antara) der aktuellen Abgasnorm entsprechende Motoren von einem anderen Lieferanten zukaufen.

Neuerdings setzt General Motors in Europa auf eine Mehr-Markenstrategie, um gezielt einzelne Marktsegmente ansprechen zu können. So werden ab Herbst 2008 in Rüsselsheim der Opel Insignia und das Schwestermodell von Saab auf der gleichen Fertigungsstrasse hergestellt. Ähnliche Vorteile verspricht man sich von der Doppelnutzung der Entwicklungs- und Fertigungspotentiale für die Geländewagen OPEL ANTARA und CHEVROLET CAPTIVA.

Der Transfergedanke ist nicht auf physische End- oder Kernprodukte beschränkt. Es ist ebenso möglich, ganze Marken auf neue Regionen oder Anwendungsfelder zu übertragen (*Markentransfer*). Die Übergänge zwischen dem Produkt- und dem Markentransfer sind dabei fließend. Vielfach wird zunächst ein einzelnes Produkt transferiert. Im Erfolgsfall wird anschließend versucht, die gesamte Marke im neuen Geschäftsfeld zu positionieren (3/E-Transfer). Markentransfer spielt im Zuge der Europäisierungs- und Globalisierungsbestrebungen eine zunehmende Rolle, insbesondere im Dienstleistungsbereich. Hier muss versucht werden, den Kunden an die Marke zu binden, da Identifikationsprozesse und Markenbewusstsein, wie sie bei realen Produkten, z. B. der Automobil- und Bekleidungsbranche, zu beobachten sind, vielfach ausbleiben.

Die PROSSIEBENSAT1-Gruppe verfolgt explizit das Ziel, Umsätze außerhalb des Stammgeschäfts mit Einnahmen aus Fernsehwerbung zu generieren. Die Basis hierfür bilden die Sendermarken. Ihr Potential weitet das Unternehmen konsequent auf benachbarte Geschäftsfelder wie Merchandising, Licensing, Teletext, Internet, mobile Dienste, E-Commerce, Teleshopping oder Telefonmehrwertdienste aus (vgl. www.prosiebensat1.com).

Der *Kompetenztransfer* als die letzte der in Abb. 4 dargestellten Transfermöglichkeiten beschreibt den Fall, dass ein Unternehmen seine spezifischen, vorteilsgenerierenden Fähigkeiten nutzt, um neues Wachstum zu erreichen. Um nachhaltige Wettbewerbsvorteile aufzubauen, ist es unerlässlich, die grundlegenden Ressourcen und Fähigkeiten in den Transferprozess mit einzubeziehen. Sie stellen letztlich die Wurzeln der unternehmensweiten Kernkompetenzen dar. Sie sollten über den Produkt- und Markentransfer hinaus in neu betretene Geschäftsfelder verpflanzt werden, um auch dort wieder dauerhaftes Unternehmenswachstum zu sichern.

Als die Stadt East Riding in England einen Dienstleister für kommunale Aufgaben wie das Eintreiben von Hundesteuer bis zum Betrieb des Bürgerbüros suchte, ließ sich ein Mitarbeiter aus dem mittleren Management der Bertelsmann Tochter Arvato Direct Services die Ausschreibungsunterlagen kommen.

Die erste Prüfung ergab, dass die aus der Zahlungsabwicklung bei einem Internetanbieter gewonnenen Erfahrungen durchaus dazu qualifizieren, dem kommunalen Kunden die ausgeschriebene Leistung anbieten zu können. In Absprache mit dem Vorstand in Gütersloh wurden 2 Mio. € in die Ausarbeitung des Angebots gesteckt. ARVATO erhielt den Zuschlag, heute arbeitet eine 500 Mann starke Truppe im Bereich kommunaler Dienstleistungen (vgl. Schlesiger, Erfolg, 2006, S. 89).

2.2 Präferenzpolitik: Schärfen des Profils der angebotenen Produkte

Die strategische Option der *Präferenzpolitik* ist gleichbedeutend mit einem *Umbau* von Positionen zur Schärfung des Profils der angebotenen Produkte. Ausgangspunkt sind dabei die angestrebten Wettbewerbsvorteile der Kostenführerschaft und der Differenzierung. Als konkrete Maßnahmen stehen Preisreduzierung, Produktdifferenzierung und Markenaufbau für einzelne Produkte zur Wahl.

Durch einen Wechsel der Wettbewerbsstrategie können Marktanteile gehalten oder gewonnen werden, wenn die bisherige Position vom Wettbewerb angegriffen wird. Im Fall der *Preisreduzierung* bedeutet dies konkret, dass bisher zu einem über dem Branchendurchschnitt liegenden Preis angebotene Premiumprodukte im Preis gesenkt werden. Typischerweise wird diese Option allerdings nur verfolgt, wenn die Kunden nicht bereit sind, für die angebotene Differenzierung ein Premium zu zahlen oder die Differenzierungsposition in der Zwischenzeit anderweitig besetzt wird.

Im Automobilmarkt wurde mit der Gemeinschaftsentwicklung und gemeinsamen Produktion der Modelle Aygo, C1 und 106 durch Toyota und den PSA-Konzern im Jahr 2005 ein Marktsegment unterhalb der bisherigen Kleinwagenklasse geschaffen. Gleichzeitig wurden die etablierten Kleinwagenhersteller durch den Markteintritt des Dacia Logan angegriffen.

Ford Deutschland hat diesen Angriff auf sein Einstiegsmodell KA mit einer Preisreduzierung für das Sondermodell „KA Student“ pariert und sich so eine neue Position verschafft. Zum Zeitpunkt seiner Markteinführung war der KA ursprünglich zu einem über dem Branchendurchschnitt liegenden Preis angeboten worden, was mit dem auffälligen Design des Fahrzeugs begründet wurde.

Andere Hersteller wie FIAT oder RENAULT reagierten ebenfalls mit einer Preisreduzierung. Trotz Einführung der Nachfolgemodelle werden die alten Versionen des FIAT Punto und RENAULT Clio weiter produziert und zu deutlich reduzierten Preisen angeboten.

Die *Produktdifferenzierung* als alternative Wettbewerbsstrategie versucht, Angriffe der Wettbewerber auf die eigene Position mithilfe von Maßnahmen in Bezug auf Produktqualität, -design und -preis zu erschweren. Vielfach ist damit eine Individualisierung der Produkte hinsichtlich der Kundenbedürfnisse verbunden (Customizing).

Der Unterhaltungselektronikhersteller LOEWE hat den Wechsel zur TFT-Technologie kombiniert mit einer Produktdifferenzierung. Marketingmitarbeiter erkannten den in der Automobil- und Küchenindustrie herrschenden Trend zur Individualisierung. „Kunden wollen sich ihr Produkt nach eigenen Wünschen zusammenstellen“, sagt der Vorstandsvorsitzende

Rainer Hecker. Folgerichtig wurde die Produktlinie Individual ins Programm aufgenommen. Kunden können Teile der Geräteverkleidung selbst wählen. Die nach Farbe, Oberflächenbeschaffenheit und Material unterschiedlichen Produkte sind ein Renner im Programm (vgl. Schlesiger, Erfolg, 2006, S. 87).

Zentrales Element des Umbaus von Positionen durch *Markenaufbau* ist ein einheitlicher Markenname. Dieser bildet das zentrale Element einer internationalen Markenidentität und damit den Kern der markenpolitischen Standardisierung (vgl. Esch 2005, Markenführung, S. 79 ff.). Üblicherweise sind Marketingkampagnen darauf ausgelegt, ein Branding von Fertigprodukten oder Dienstleistungsmarken zu erreichen (vgl. Esch/Langner, Branding, 2005, S. 573 ff.). Weitaus langlebiger ist die Markierung der unternehmungsweiten Kernkompetenz sowie einer Produkt umspannenden Kerneigenschaft, z. B. ‚Freude am Fahren' (BMW) oder ‚Vorsprung durch Technik' (AUDI).

Vorteil ist, dass der Kunde an die Marke und darüber hinaus auch an das Unternehmen gebunden wird und nicht an ein dem Lebenszyklus unterliegendes Einzelprodukt. Der Kunde verbindet mit der Marke über einen Produktwechsel hinweg Qualität, Kompetenz und garantierte Gebrauchssicherheit.

2.3 Rückzug: Verlustbringer eliminieren

Verfehlt ein Produkt fortlaufend die Ergebnisziele und lassen sich auch keine Fortschritte durch Aufbauprogramme erwarten, so sind Abbau- oder Umbaumaßnahmen angebracht, um die Kostenposition zu verbessern. Sieht das Management jedoch keine Chance zur Fortführung des Geschäfts, so sollten auch Positionen abgebaut werden. Hierbei können die zugehörigen Potentiale entweder mit abgebaut (Verkauf) oder aber zu anderweitiger Verwendung beibehalten werden (Rückzug durch Stilllegung).

Aufgrund der schlechten Verkaufszahlen und des hohen Cashflow-Bedarfs zur Aufrechterhaltung der Position hat VOLKSWAGEN zum Jahresende 2005 das Geschäft mit Luxusfahrzeugen auf dem US-Markt aufgegeben. Der Vertrieb des Phaeton in den USA wurde eingestellt.

Trotz im ersten Quartal 2008 erfreulicher Verkaufszahlen und der Unterstützung durch den damaligen Vorstandsvorsitzenden *Martin Winterkorn* und Aufsichtsratsmitglied *Ferdinand Piëch* lautet die aktuelle Aussage von *Wendelin Wiedeking*, dem Vorstandsvorsitzenden des VW-Großaktionärs PORSCHE, die Zeit für teure Spielzeuge bei Volkswagen sei vorbei. „VW wird die nächste Generation des Phaeton – wie jedes andere Modell auch – nur bauen, wenn wir damit die angestrebte Kapitalrendite erzielen", reagierte *Martin Winterkorn*. (Quelle: Die Welt vom 15.04.2008).

Checkliste zum Aufbau, Umbau, Abbau von Positionen
■ In welcher Phase des Nachfragezyklus befinden sich die von unseren Produkten bedienten Kundenbedürfnisse?
■ In welcher Phase ihrer Lebenszyklen befinden sich die von uns angebotenen Produkte und unsere Potentiale?
■ In einer Outside in-Betrachtung: Welche Entwicklungen am Markt bieten neue Einsatzmöglichkeiten für unsere Potentiale?
■ In einer Inside out-Betrachtung: Welche bisher noch nicht oder nur unzureichend befriedigten Kundenbedürfnisse können mit unseren Potentialen noch bedient werden?
■ Bestehen Möglichkeiten eines Markentransfers zum Aufbau neuer Geschäfte?
■ Verfolgen wir in den von uns bedienten Geschäften eine konsistente Wettbewerbsstrategie?
■ Ergibt sich aus den verschiedenen Positionen ein für den Kunden wahrnehmbares Strategieprofil des Gesamtunternehmens?
■ Führt die Möglichkeit der Mehrfachnutzung von Potentialen zu neuen Optionen bezüglich der Positionierung in einzelnen Geschäftsfeldern?
■ Weist unser Produktportfolio echte Verlustgeschäfte auf, die sich auch mittelfristig nicht profitabel umbauen lassen und die kein Langfristpotential besitzen?

3 Management der Potentiale

3.1 Entwickeln: Grundlagen für Neuprodukte schaffen

Die Entwicklung neuer Potentiale kann als *grundlegendste Maßnahme des Produktportfoliomanagement* angesehen werden. Sie ist sichtbarer Ausdruck der Wandlungsbereitschaft und stellt höchste Anforderungen an das Management. Insbesondere dann, wenn es zu einer proaktiven Kompetenzentwicklung kommen soll, benötigt das Unternehmen frühzeitig Prozesse, die die Gesamtheit der kompetenzorientierten Aufbau- und Umbaumaßnahmen der Ressourcen und Fähigkeiten lenken und unterstützen (vgl. Homp, Entwicklung, 2000). Konkret sind Maßnahmen des Wissensmanagements zu fördern sowie Lernprozesse zu initiieren. Hierzu zählt neben der Schaffung von unternehmerischen Freiräumen auch die Verbindung von Marktnähe und Entwicklungskompetenz. Insbesondere Letzteres stellt einen dauerhaften Kundennutzen sicher und schützt vor Fehlentwicklungen.

Produktinnovationen sind das nach außen sichtbare Ergebnis der Potentialentwicklung. Sie stehen – ebenso wie Prozess- und reine Kompetenzinnovationen – immer dann zur Wahl, wenn einem Geschäft eine positive Nachfrageentwicklung zugesprochen wird, bisher im Unternehmen jedoch noch keine entsprechenden Potentiale vorhanden sind. Vielfach wird die Form der Produktinnovation – und die vorgelagerte oder parallel betriebene Potentialentwicklung – zum Aufbau oder zur Wiedererlangung eines Differenzierungsvorteils angestrebt. Das Unternehmen versucht dabei, ein neues Produkt zu schaffen, das nicht nur die Leistungsanforderungen des Kunden erfüllt, sondern auch gleichzeitig den latent vorhandenen Bedürfnissen vorgreift und Begeisterungsanforderungen des Kunden befriedigt. Ein derart proaktives Vorgehen birgt alle Chancen, aber auch Risiken des Pioniers in sich. Als Produktinnovator kann zwar die Pionierrente abgeschöpft werden, diese steht aber den Innovationsaufwendungen und den Kosten der Marktbereitung gegenüber.

Ein Beispiel für eine Vorreiterrolle in der Produktentwicklung ist die von TOYOTA erstmals in einem Serienfahrzeug angebotene Hybridtechnologie, der Kombination eines Verbrennungsmotors mit einem Elektromotor und einer Batterie als Energiespeicher. Grundüberlegung ist, den Verbrennungsmotor nur dann laufen zu lassen, wenn er mit gutem Wirkungsgrad arbeitet. Nicht für Vortrieb benötigte Leistung wird in elektrische Energie umgewandelt und in einer Batterie gespeichert. Daraus wird der Elektroantriebsmotor des Pkw mit Energie versorgt.

Als einziger Automobilhersteller war TOYOTA davon überzeugt, dass die Hybridtechnologie langfristig marktfähig ist. In Japan wurde mit dem Prius bereits 1997 das erste Serienautomobil mit Hybridtechnologie verkauft. Zug um Zug erfolgte die Einführung in weiteren regionalen Märkten. Während der Prius nach seiner Markteinführung in 2001 in Deutschland eine Ausnahmeerscheinung blieb, entwickelte er sich im US-Bundesstaat Kalifornien zu einem Kultobjekt. Zur Oscar-Verleihung 2004 fuhren zahlreiche Stars mit einem Prius vor.

In der Zwischenzeit gewann nicht nur der Prius zahlreiche Auszeichnungen, TOYOTA hat seine Produktpalette zielstrebig um weitere Hybridfahrzeuge erweitert, nicht zuletzt um den in den USA sehr erfolgreichen Geländewagen Lexus RX 400h. Die Konkurrenz hat erkannt, dass sich TOYOTA auf dem Gebiet der Hybridtechnologie einen Erfahrungsvorsprung erarbeitet hat. Inzwischen bieten auch die europäischen Hersteller Hybridfahrzeuge an oder positionieren sich auf den Automobilmessen. Die Marktposition von TOYOTA wird jedoch nicht ohne Weiteres anzugreifen sein.

Insbesondere auf gesättigten Märkten gewinnen *Prozessinnovationen* an Bedeutung, vor allem im Hinblick auf Kosten, Zeit und Qualität der Wertschöpfung. Im Kern geht es um die Restrukturierung der Prozessarchitektur mit dem Ziel, Blindleistungen zu eliminieren und eine maximale Wertschöpfung zu erreichen, die sich letztlich in einem gesteigerten Kundennutzen niederschlägt bzw. generell dem Nutzen von Anspruchsgruppen dient. Als elementar ist somit bei der Neugestaltung der Leistungskette die exakte Kenntnis der Kundenwünsche anzusehen. Die Prozessinnovation sollte weniger kostengesteuert als vielmehr ‚market- bzw. customer-driven' sein und der Verbesserung der Größen Zeit und Qualität dienen. Es geht nicht nur darum, den Unternehmenswert zu erhöhen, sondern auch den Kundennutzen zu steigern.

Der schwäbische Maschinenbauer Trumpf GmbH & Co. KG gilt als eines der innovativsten Unternehmen in Deutschland. Trumpf ist Weltmarktführer im Bereich der Lasertechnologie und größter deutscher Werkzeugmaschinenbauer. Der Erfolg ist das Ergebnis eines permanenten Veränderungsprozesses. „Wir müssen als Unternehmen tun, was der Mensch nicht kann – Alterserscheinungen verhindern." So Mathias Kammüller, Produktionsleiter bei Trumpf. Hierzu wird ein Strom ständiger Innovationen in den Ebenen Maschinen, Märkte, Menschen und Methoden angestrebt.

1998 wurde im Produktionsbereich das Konzept der Lean Production auf die Kleinserienfertigung im Maschinenbau übertragen. Seitdem gleiten ganze Maschinen auf Luftkissen von einer Fertigungsstation zur nächsten, während just in time Werkzeuge und Materialien bereitgestellt werden. „Es ist phantastisch zu sehen, dass dies auch mit High-tech-Maschinen von 15 oder 20 Tonnen Gewicht möglich ist", sagt der Produktionschef. „Da früher ein Monteur nur alle 100 Stunden auf ein bestimmtes Problem stieß, war er in Versuchung, es durch Improvisieren zu lösen. Wenn er heute dasselbe Problem im 10-Stunden-Takt hat, ruft er irgendwann beim Lieferanten an und sagt: Die Bohrung muss 10mm nach links."

Zur Förderung von Prozessinnovationen sind 70 Mitarbeiter permanent freigestellt. Ziel des neuesten Projekts „Synchro 4" ist die Reduktion der Zeit zwischen Bestellung und Auslieferung einer Trumpf-Maschine von acht auf vier Wochen (vgl. Scheytt, Alles fließt, 2005, S. 60 ff.).

Als Ausgangspunkt der Innovation können die Kernkompetenzen und die mit ihr verbundenen *Kernprozesse* des Unternehmens genutzt werden. Als Kernprozesse sind dabei die Prozesse anzusehen, die eine unternehmungsspezifische, wettbewerbsrelevante Stärke in sich tragen und einen maßgeblichen Beitrag zur Kernkompetenz des Unternehmens leisten. Ihre Innovierung ist mithilfe einer Makro- und einer Mikroanalyse möglich (vgl. Krüger, Organisation, 2005, S. 180 ff.). Bei der *Makroanalyse* werden die unternehmungsübergreifenden Prozesse, ihre externe Prozessvernetzung sowie die Schnittstellen und ihr Beitrag zu den Kernprozessen der Unternehmung geklärt. In einem zweiten Schritt, der *Mikroanalyse*, sind dann die einzelnen Prozessglieder hinsichtlich einer Funktionsverbesserung, einer Funktionsausgliederung oder -eingliederung sowie einer Funktionsaufgabe zu untersuchen.

Den komplexesten Schritt innerhalb der strategischen Option der Entwicklung bildet die *Kompetenzinnovation*. Die Unternehmung strebt hier die Erneuerung und Weiterentwicklung ihrer Wettbewerbsbasis, d. h. der unternehmungseigenen Kernkompetenzen, an.

Der dänische Hersteller von Hörgeräten Oticon hat in den 90er Jahren seine Kompetenzbasis neu aufgebaut. Die Revitalisierung begann mit einer Umstellung des Unternehmungsslogans auf „people first“.

Während früher die bestmögliche technische Lösung zum Ausgleich eines Hördefizits gesucht wurde, begann man nun, sich genau mit den Kundenbedürfnissen zu beschäftigen. So machten erst Gespräche mit Kunden auf das „Verschlussproblem“ aufmerksam. Ein Hörgerät im Ohr kommt zwar dem Kundenwunsch einer unauffälligen Optik entgegen, es verschließt jedoch den Hörgang, was dem Benutzer unangenehm ist. Darüber hinaus verändert der geschlossene Gehörgang den Klang der eigenen Stimme, was zu einer Störung der Selbstwahrnehmung führen kann. „100 Jahre hat sich die Hörgeräteindustrie um das Problem des Hörens gekümmert, jetzt fangen wir erstmals an, das Problem des Sprechens zu realisieren“, so Graham Naylor, Leiter des Oticon Forschungszentrums in Eriksholm. „Ein schwerhöriger Mensch hört ja nicht nur zu, 30% der Zeit spricht er.“

Zum Aufbau von Kompetenzen rund um das Kommunikationsproblem startete das Grundlagen-Team weltweit Kooperationen mit Universitäten und Forschergruppen. Neben Hörgeräten mit Belüftungskanälen zur Lösung des Verschlussproblems ist eines der Ergebnisse das Gerät adapto, dessen Software die menschliche Sprache von anderen Geräuschen unterscheiden und gezielt verstärken kann (vgl. Gründler, Zukunft, 2005, S. 20 ff.).

Idealtypisch ist der Prozess der Kompetenzinnovation, ebenso wie der Wandlungsprozess insgesamt, als Gegenstrom zu organisieren (vgl. Krüger/Bach, Vorsprünge, 1999, S. 61 ff.). Bei einem *deduktiv-visionsgeleiteten* Vorgehen beginnt der Prozess mit einem abwärts gerichteten Vorlauf, bei dem die Unternehmungsleitung die angestrebten Kompetenzen als Ziel vorgibt. In der *induktiv-fähigkeitsgeleiteten* Form beginnt der gleiche Prozess mit einer Bestandsaufnahme der vorhandenen Ressourcen und Fähigkeiten an der Unternehmungsbasis. Hier ist auf der bestehenden Ressourcenbasis aufbauend über zukünftige Kompetenzinnovationen zu entscheiden.

Auch eine proaktive Kompetenzinnovation muss kundenrelevant und marktfähig sein. Hierzu ist der vertikale Prozess – wie am OTICON-Beispiel sehr deutlich wird – durch einen horizontalen Strom zu ergänzen. In einem bedürfnisorientierten Vorlauf sind die latenten Kundenwünsche einzufangen. Im kompetenzorientierten Rücklauf ist zu prüfen, ob die Unternehmung in der Lage ist, die Bedürfnisse mittels Kompetenzinnovation zu befriedigen.

3.2 Ergänzung: Stärkung der Position durch komplementäre Potentiale

Ergänzung bezeichnet den Umbau der Potentiale zum Erhalt oder zum Ausbau von Positionen am Markt. Diese reaktive Variante des Potentialumbaus kommt immer dann zum Tragen, wenn aufgrund des Auslaufens einzelner Technologiezyklen zum Halten der Marktposition ein Umstieg auf andere Potentiale erforderlich ist.

Die führende Position der SCHÄPER SPORTGERÄTEBAU GMBH auf dem Markt für Fußballtore war auf einen Schlag dahin, als am 3. April 1971 auf dem Gladbacher Bökelberg ein Schäper Holztor auf der Höhe der Grasnabe brach. Der Umsatz mit Holztoren sank dramatisch, fortan wurde in den höheren Ligen auf in Schweden gefertigte Aluminiumtore gespielt.

Aufgrund seiner langjährigen Erfahrung mit Fußballtoren erkannte Tischlermeister Klemens Schäper aber bald den Schwachpunkt an den Schwedentoren: „Die Schweden waren in Europa zwar führend in der Aluminiumverarbeitung, kannten sich aber nicht mit Toren aus. Sie steckten die Ecken nur zusammen, anstatt sie solide zu verschweißen. Dadurch wackelten die Schwedentore ständig.“ Schäper wollte die angestammte Marktposition nicht kampflos aufgeben, stellte einen Aluminiumschweißer ein und stieg um auf neue Materialien, Produkte und Prozesse. „Zum Glück mussten wir keine neuen Geräte anschaffen, denn unsere drei Holzkreissägen schnitten durch das weiche Aluminium wie durch Butter.“

Die Qualität der Schäper Aluminiumtore sprach sich schnell herum und schon bald riefen auch die Bundesligavereine wieder an und orderten stabile Schäper-Tore. Schäpers Marktposition ist seitdem unangefochten, heute stammt die Hälfte aller Bundesligatore aus dem 16-Mann-Betrieb in Münster (vgl. www.sportschaeper.de; Stefanidis, Glücksfall, 2005, S. 124 ff.).

Am Beispiel der Fußballtore wird deutlich, dass die neuen Potentiale (der neu eingestellte Aluminiumschweißer) die bestehenden und für die Marktposition konstituierenden Kompetenzen (Klemens Schäper) nicht ersetzen, sondern ergänzen. Am Anfang dieser strategischen Option sollte deshalb eine genaue Analyse dahingehend erfolgen, welches der angestammten Potentiale konstituierend für die Marktposition ist und welche neuen technologischen Potentiale genutzt werden können, um diese Potentiale auch zukünftig zum Nutzen der Kunden einsetzen zu können.

Während der Mobilfunkmesse Mobile World Congress 2009 in Barcelona verkündet *Olli-Pekka Kallasvuo*, Vorstandsvorsitzender von NOKIA, dass der Umbau des Handyherstellers zum Anbieter von mobilen Onlinediensten weitgehend abgeschlossen sei: „Es könnte sein, dass wir zur Komplettierung unserer Dienstleistungspalette noch kleinere Zukäufe tätigen, größere Bestandteile fehlen uns aber nicht mehr.“

Kern der Neupositionierung von NOKIA ist der Ovi-Store, mit dem NOKIA den Kunden passend zu ihrem Aufenthaltsort spezielle Zusatzdienste anbieten wird. „Das ist eine neue Welt. Erst die Kombination aus Gerät und Service führt beim Kunden zum WOW-Effekt. Allein die Geräte reichen nicht mehr aus. Deshalb ist die tiefe Integration der Dienste in die Handys ein Schlüsselelement unserer Strategie.“

Technologisch nutzt NOKIA die Tatsache, dass viele seiner Mobiltelefone bereits über GPS-Empfänger verfügen und somit den Aufenthaltsort des Kunden ermitteln. Erklärtes Ziel von

NOKIA ist es nun, mehr oder weniger alle im Internet verfügbaren Dienste dem Kunden auch mobil und standortspezifisch zugeschnitten anzubieten. Hierzu ist NOKIA auf die Zusammenarbeit mit Content- und Diensteanbietern angewiesen. Aufgrund seiner starken Kundenbasis waren die bisherigen Verhandlungen und Vertragsabschlüsse jedenfalls sehr erfolgversprechend.

Einen Zielkonflikt mit Netzbetreibern, wie z. B. T-MOBILE, sieht *Kallasvuo* dabei nicht: „Wir haben die ganz klare Entscheidung, mit den Netzbetreibern zu kooperieren. Wir bauen eine globale Service-Plattform auf, die auch die Netzbetreiber nutzen können. Wir integrieren Abrechnung und Inhalte, kommen auf den Markt und können den Umsatz dann mit den Netzbetreibern teilen", erklärt *Kallasvuo*. „Es geht nicht darum, nach den Einnahmen zu greifen, die die Netzbetreiber schon heute machen. Es geht darum, neuen Umsatz zu generieren und diesen dann zu teilen."
(Quelle: FAZ vom 19.02.2009).

Die Variante der *Potentialergänzung zum Ausbau von Positionen* zielt auf eine kontinuierliche Ausweitung des Kerngeschäfts. Ausgehend von bestehenden Geschäften und bereits bekannten Bedürfnissen der Kunden werden Potentiale zum Angebot ergänzender Produkte und Dienstleistungen aufgebaut. Wichtig ist, dass nicht durch unabgestimmte Angebote die Geschäftsposition verwässert, sondern in den Augen der Kunden erhalten und verstärkt wird. Ziel ist es, den Kunden im Sinne eines Systemgeschäfts weitere komplementäre Produkte und Dienstleistungen anzubieten. Diese Denkweise kann bis zum Angebot einer *integrierten Problemlösung* führen, wie das nachfolgende Beispiel der BLG AUTOMOBILE LOGISTICS GMBH zeigt.

Bremerhafen gehört mit 1,4 Mio. Fahrzeugen pro Jahr zu den größten Autohäfen der Welt. Die BLG Logistics Group AG & Co. KG unterhält dort ein Terminal, über das sowohl Produkte europäischer Hersteller ins Ausland exportiert, als auch Importe aus den USA und Japan entladen werden. Insgesamt finden 100.000 Fahrzeuge auf dem Autoterminal der BLG Platz.

Um dem Verdrängungswettbewerb in der Logistikbranche zu entgehen und die Kunden in der Automobilbranche enger an sich zu binden, wurde die BLG Automobile Logistics GmbH gegründet. In dieser Tochtergesellschaft wurden ergänzende Potentiale aufgebaut, um so den Kunden eine integrierte Dienstleistung anbieten zu können. Die Fahrzeuge werden gereinigt und einer Pre-Delivery Inspektion unterzogen, Transportschäden werden repariert, die Umrüstung auf deutsche Zulassungsbestimmungen vorgenommen, es werden aber auch Sonderausstattungen wie Sonnendächer, Klimaanlagen oder Ledersitze eingebaut (vgl. www.blg.de).

3.3 Fokussierung: Stärkung der Kernleistung

Die strategische Option der *Fokussierung* beschreibt den Abbau von Potentialen. Hierbei kann weiter differenziert werden in Potentialabbau mit Erhalt der Positionen (Transfer oder Outsourcing) und eine Variante ohne Erhalt der Positionen (Verkauf).

Ziel eines Potentialabbaus mit Erhalt der Positionen sind Größendegressions- und Spezialisierungseffekte, die durch die Mehrfachnutzung bestehender Potentiale erzielt werden können. Die Möglichkeit eines Transfers von Kernprodukten oder Ressourcen und Fähigkeiten wurde bereits beschrieben. Zur Fokussierung zählen aber auch Konzepte wie die in der Automobilindustrie eingesetzten *Plattformstrategien* zur Effizienzsteigerung in der Fertigung. So fertigt beispielsweise die AUDI AG auf Basis der sog. modularen Längsplattform verschiedenste Modelle und Varianten der Baureihen A4, A6 und A8. Teure Kernprodukte wie Achsen, Motoren, Lenkungen, Klimaanlagen oder die elektronische Steuerung kommen ebenfalls baureihenübergreifend zum Einsatz (vgl. Hillebrand, Interview, 2006, S. 52). Aufgrund der Standardisierung können bisher speziell für einzelne Baureihen vorgehaltene Potentiale abgebaut werden. Darüber hinaus sind Erfahrungskurveneffekte in der Forschung & Entwicklung, der Beschaffung sowie der Fertigung und Montage möglich.

Wettbewerbsvorteile können ebenso entstehen durch den Abbau von Randfunktionen in Form von Outsourcing. Eine richtig getroffene *Outsourcingentscheidung* ermöglicht der schrumpfenden Unternehmung, an möglichen Größen- und Spezialisierungseffekten beim Dienstleister zu partizipieren und diese bei der Positionierung des eigenen Leistungsangebots an die Kunden weiterzugeben. Ein gezieltes Outsourcing bietet daher langfristig Chancen zum Aufbau neuer Stärken. Die Abgabe einzelner Funktionsbereiche sollte zu einer Ressourcenfreisetzung führen, die zur Stärkung der eigenen Kompetenzen genutzt werden kann.

Viele Aufgaben des nichtklinischen Basisbereichs eines Krankenhauses werden in der ASKLEPIOS KLINIKEN GMBH durch zentrale Servicebetriebe und Servicecenter erfüllt. Dazu gehören u. a. Bereiche wie Einkauf, Logistik, DRG-Management, Aus-, Fort- und Weiterbildung. Andere Unterstützungstätigkeiten wie z. B. Buchhaltung, Personalwesen werden regional, u. a. in der ASKLEPIOS KLINIKEN HAMBURG GMBH, in Tochtergesellschaften gebündelt. Somit muss nicht jedes Krankenhaus die notwendige Infrastruktur bereitstellen, der nichtklinische Basisbereich lässt sich wesentlich effizienter organisieren. Die einzelnen Krankenhäuser rufen die benötigten, in Umfang und Qualität genau definierten Leistungen bei den Servicebetrieben oder Servicecentern ab. Diese sind für die Qualität ihrer Leistungen verantwortlich und stellen sie den anfordernden Krankenhäusern in Rechnung. Viele ihrer Dienstleistungen bieten die Servicecenter und Servicebetriebe auch externen Kunden an (vgl. http://www.asklepios.com/Zentrale_Dienste).

Bei einer *Fokussierung* in der Form des Verkaufs werden mit den Potentialen auch die zugehörigen Positionen aufgegeben. Ein solcher Umbau des Produktportfolios wird in der Regel vom Kapitalmarkt positiv beurteilt, wie die Beispiele der BAYER AG (Abbau des Chemiegeschäfts) oder der LINDE AG (Verkauf der Sparten Kältetechnik und Material Handling) belegen.

Checkliste zum Aufbau, Umbau, Abbau von Potentialen

- Welche Kompetenzen, Prozesse und Produkte stehen für den Erfolg unseres Unternehmens?
- Welchen Nutzen stiften wir unseren Kunden mit welchen Produkten?
- Welcher Anteil des Umsatzes entfällt auf Neuprodukte?
- Wann sind die Geschäftsprozesse das letzte Mal grundlegend in Frage gestellt worden?
- Welche neuen Entwicklungen in den Bereichen Technologie, Materialien, Informationen können den angebotenen Kundennutzen verbessern?
- Welche an unser Leistungsangebot angrenzenden Teilprobleme haben unsere Kunden? Besteht die Möglichkeit, eine integrierte Problemlösung anzubieten?
- Welche Teile unserer Wertschöpfung zählen nicht zu unseren von Kernkompetenzen geprägten Kernprozessen? Besteht die Möglichkeit, einzelne Leistungsbestandteile fremd zu beziehen und uns auf die Kernleistung zu fokussieren?

4 Zusammenfassung

- Nachfrage, Potentiale und Produkte unterliegen *Lebenszyklen* unterschiedlicher Dauer. Aus den Wechseln von Positionen und Potentialen innerhalb eines Nachfragezyklus ergeben sich Handlungsoptionen, die gezielt als Basis eines Produktportfoliomanagements eingesetzt werden können. Das Positions-/Potentialportfolio liefert eine methodische Hilfestellung zur Positionierung der Produkte und Potentiale und zur Wahl geeigneter Strategischer Optionen.
- Auf der *Ebene der Produkte* stehen die Lebenszyklen einzelner Produkte und Geschäfte im Mittelpunkt. Durch den Transfer von Potentialen können neue Geschäfte aufgebaut werden, ein Umbau von Positionen durch Präferenzpolitik ermöglicht eine Verlängerung von Produktlebenszyklen, und auch der Rückzug aus einzelnen Geschäften kann eine sinnvolle Option sein.
- Auf der *Ebene der Potentiale* stehen die Optionen der Kompetenzentwicklung, der Ergänzung und der Fokussierung offen. Alle drei Arten potentialorientierter Maßnahmenprogramme ermöglichen es, Positionen im Markt aufzubauen oder zu halten.

Literatur

Ansoff, I. H. (Strategic Management, 1984): Implanting Strategic Management, Englewood Cliffs 1984.

Bach, N. / Homp, C. (Strategische Optionen, 2009): Strategische Optionen der Erneuerung; in: Krüger, W. (Hrsg.), Excellence in Change. Wege zur Strategischen Erneuerung, Wiesbaden 2009, S. 117-142.

Barney, J. B. (Ressourcen, 1991): Firm Resources and Sustained Competitive Advantage, in: Journal of Management, 17. Jg. (1991), Heft 1, S. 99-120.

Berekoven, L. / Eckert, W. / Ellenrieder, P. (Marktforschung, 2004): Marktforschung. Methodische Grundlagen und praktische Anwendung, 10. Aufl., Wiesbaden.

Esch, F.-R. (Markenführung, 2005): Strategie und Technik der Markenführung, 3. Aufl., München 2005.

Esch, F.-R. / Langner, T. (Branding, 2005): Branding als Grundlage zum Markenaufbau, in: Esch, F.-R. (Hrsg.): Moderne Markenführung: Grundlagen, innovative Ansätze, praktische Umsetzungen, 4. Aufl., Wiesbaden 2005, S. 573-586.

Gründler, E. (Zukunft, 2005): Baumeister der Zukunft, in: McWissen, Innovation, Ausgabe 15, 2005, S. 20-27

Hillebrand, W. (Interview, 2006): „Weiter Tempo machen." Interview mit Audi-Chef Martin Winterkorn, in: Capital, Nr. 5/2006, S. 50-52.

Homp, C. (Entwicklung, 2000): Entwicklung und Aufbau von Kernkompetenzen, Wiesbaden 2000.

Kotler, P. / Bliemel, F. (Marketing-Management, 2006): Marketing-Management: Analyse, Planung und Verwirklichung, 10. Aufl., München 2006.

Krüger, W. (2005): Organisation, in: Bea, F./Friedl, B./Schweitzer, M. (Hrsg.): Allgemeine Betriebswirtschaftslehre, Band 2: Führung, 9. Aufl., Stuttgart, S. 140-234.

Krüger, W. / Bach, N. (Vorsprünge, 1999): Vorsprünge im Wettbewerb durch integriertes Management von Wissen und Wandel, in: Industrie Management, 15. Jg. (1999), Heft 6, S. 59-63.

Krüger, W. / Homp, C. (Kernkompetenz-Management, 1997): Kernkompetenz-Management. Steigerung von Flexibilität und Schlagkraft im Wettbewerb, Wiesbaden 1997.

Porter, M. E. (Wettbewerbsvorteile, 2000): Spitzenleistungen erreichen und behaupten, 6. Aufl., Frankfurt/Main 2000.

Scheytt, S. (2005, Alles fließt): Alles fließt, in: McWissen, Innovation, Ausgabe 15, 2005, S. 58-63.

Schlesiger, C. (Erfolg, 2006): Opfer des eigenen Erfolgs, in: Capital, Nr. 6/2006, S. 85-89.

Simon, H. (Wettbewerbsvorteile, 1988): Schaffung und Verteidigung von Wettbewerbsvorteilen, Stuttgart 1988.

Specht, Günter / Beckmann, Christoph / Amelingmeyer, Jenny (F&E-Management, 2002): F&E-Management – Kompetenz im Innovationsmanagement; 2. Aufl., Stuttgart 2002.

Stefanidis, A. (Glücksfall, 2005): Der Glücksfall, in: McWissen, Innovation, Ausgabe 15, 2005, S. 124-127.

Ansatz zur Entwicklung einer Portfolioplanung in der digitalen Ökonomie

Sven Packmohr

Digitale Güter und Dienstleistungen haben in den letzten Jahrzehnten einen Strukturwandel ausgelöst. Dieser Strukturwandel beeinflusst Unternehmen intern und extern. Instrumente, mit denen Manager Unternehmen und Unternehmensumwelt analysieren, sind diesem Strukturwandel anzupassen. Dieser Beitrag betrachtet die konzeptionelle Entwicklung von Portfolio-Analysen. Anhand des Beispiels der digitalen Ökonomie wird ein Vorgehen aufgezeigt, wie Unternehmen Elemente einer Portfolio-Analyse selbständig erheben und so ihre Analyseinstrumente an spezifische Unternehmensgegebenheiten anpassen können.

1 Identifikation und Klassifikation bestehender Portfolioansätze

Untersuchungen bei 500 Großunternehmen in Deutschland haben ergeben, dass drei von vier Unternehmen die Portfolio-Analyse zur Planung und Steuerung ihrer Geschäftseinheiten verwenden.[1] Weitere empirische Studien zeigen eine hohe Korrelation zwischen formalen Prozessen, die mit der Anwendung dieses Instruments verbunden sind, und dem Erfolg einer Unternehmung.[2]

Portfolio-Analysen wurden in verschiedenen Phasen und unter verschiedenen Aspekten entwickelt. Die Entstehung von diversifizierten Unternehmen in globalisierten Märkten sorgte dafür, dass die Idee der Portfolio-Analyse, einen Risikoausgleich zwischen Segmenten zu schaffen, in das Blickfeld von Unternehmen rückte. Technologische Innovationen und veränderte Betrachtungen des Wettbewerbs sorgten für verschiedene Blickwinkel auf diese Analysen. Abb. 1 gibt einen Überblick über die Entwicklungstreiber und Entwicklungsresultate im Hinblick auf eine zeitliche Einordnung.[3]

---

1 Vgl. Al-Laham (Strategieprozesse 1997), S. 159.

2 Vgl. hierzu auch den Beitrag von Geßner in diesem Sammelband.

3 Vgl. Amberg (Portfolio-Konzepte 2007), S. 17.

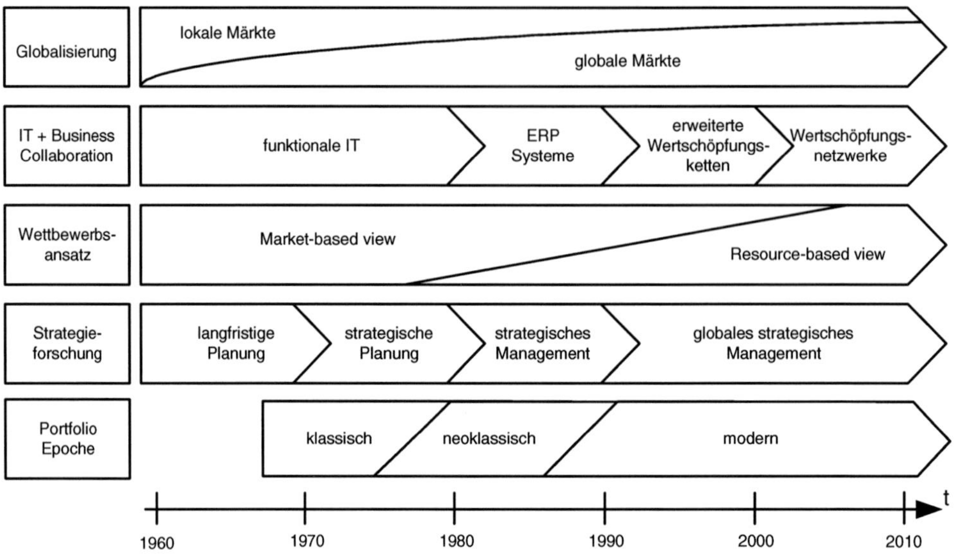

Abb. 1: Entwicklungsphasen der Portfolio-Analysen

Abb. 2 enthält eine systematische Klassifikation von 65 Portfolio-Analysen. Diese werden in die Gruppen Market-, Resource-[4] und Value-based eingeteilt.[5] Schon anhand von Abb. 1 wird der Zusammenhang zwischen zeitlichem Verlauf und Portfolio-Epoche deutlich. So finden sich bspw. klassische Ansätze in Abb. 2 im Bereich des Market-based view wieder.[6] In Tab. 1 findet sich eine Zuordnung der Nummern aus Abb. 2 zu ihren jeweiligen Bezeichnungen.

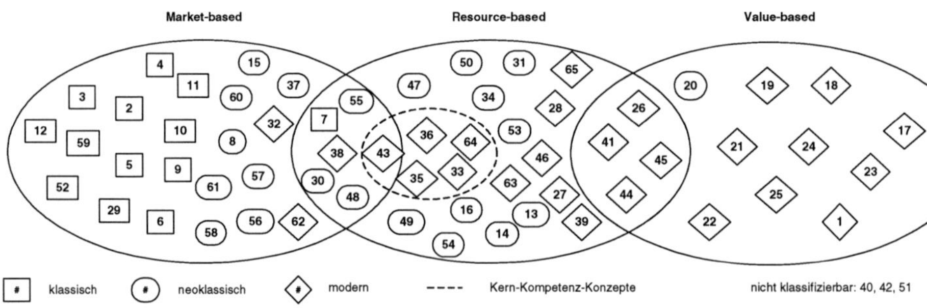

Abb. 2: Klassifikation von Portfolio-Analysen

4 Siehe hierzu auch den Beitrag von Bach in diesem Sammelband. Einige Autoren betrachten die Gruppe Value- als Untergruppe der Ressource-based Ansätze. Zur besseren Übersicht werden sie hier nebeneinander dargestellt.

5 Zur vertiefenden Besprechung ausgewählter Ansätze siehe auch den Beitrag von Harland in diesem Sammelband.

6 Vgl. Amberg (Portfolio-Konzepte 2007), S. 43.

Grundvoraussetzung für die Anwendung einer Portfolio-Analyse ist, dass eine Segmentierung durchgeführt, ein Erfolgsmaß zur Bewertung definiert und ein Kausalmodell formuliert wird, mit dessen Hilfe eine begründete Steuerung der Segmente erfolgt. Zwei Schlüsselelemente des Kausalmodells finden sich dann auf den Achsen der Matrix wieder, die eine Positionierung und Bewertung der Geschäftseinheiten ermöglicht. Die Portfolio-Analyse der Boston Consulting Group (Nr. 2 Marktwachstums-/Marktanteils-Portfolio in Abb. 2 bzw. Tab. 1) segmentiert bspw. nach Märkten, betrachtet den Cash-Flow als Erfolgsgröße und stellt im Kausalmodell Zusammenhänge zwischen Lebenszyklus, Erfahrungskurven, Umsatz, Cash-Flow, relativem Markanteil und Marktwachstum her. Die Schlüsselelemente der Matrix sind Marktwachstum und relativer Marktanteil.[7]

2 Besonderheiten und Anforderungen der digitalen Ökonomie

Der Weg von einer klassischen Industrie- zu einer Informations- und Wissensgesellschaft vollzieht sich stetig. Keine Branche kann sich den Auswirkungen von digitalen Gütern und Dienstleistungen, die mittels elektronischer Netze distribuierbar sind, entziehen.[8] Aufgrund der Neuartigkeit dieser Güter und Dienstleistungen umschreibt die Wissenschaft diese Transformation mittels Thesen und Prinzipien. Eine trennscharfe Begriffsbildung und -abgrenzung zwischen klassischer und neuer Ökonomie durch stetige Vermischung erscheint schwierig.[9]

Thesen, um die Transformation zu erfassen, sind: [10]

- Die Digitalisierung beeinflusst alle Bereiche und erleichtert eine Differenzierung von Produkten und Preisen,
- die Bedeutung der kritischen Masse steigt, womit die Aufmerksamkeit zum Schlüsselfaktor wird,
- traditionelle Wertschöpfungsketten erodieren und werden zu komplexen Wertschöpfungsnetzen, die vermehrt Wettbewerb und Kooperation erfordern,
- Massenmärkte werden durch E-Commerce und Mass-Customization bedient,
- es sind neue Regulierungsmodelle zu schaffen und
- eine Auslese der Internet-Firmen wird durch eine normalisierte Börsenkapitalisierung erfolgen.

---

7 Vgl. hierzu auch die Beiträge von von der Oelsnitz / Nirsberger sowie Harland in diesem Sammelband bzw. Fink (Management Consulting Fieldbook 2000), S. 4 ff.

8 Vgl. Klodt (Wettbewerbsstrategien 2001), S. 31.

9 Vgl. Meyer (New Economy 2002), S. 215 ff.

10 Vgl. Zerdick et al. (Internet-Ökonomie 2001), S. 16-20.

Nr.	*Name(n)*	*Nr.*	*Name(n)*
1	Werterzeugungs-/Cash-Flow-Portfolio	2	Marktwachstum/Marktanteil-Portfolio, BCG-Portfolio, Boston-I-Portfolio, Marktanteil/Marktwachstums-Portfolio
3	Marktattraktivität/Wettbewerbsvorteil-Portfolio, McKinsey-Portfolio, General-Electric-Portfolio, Branchenattraktivität/Geschäftsfeldstärken-Portfolio, Marktattraktivität/Geschäftsfeldstärken-Portfolio	4	Branchenattraktivität/Geschäftsfeldstärken-Portfolio, Branchenattraktivität/Unternehmensposition-Matrix
5	Direction Policy Matrix	6	Lebenszyklus/Wettbewerbsposition-Portfolio, ADL-Portfolio, Marktstadien/Wettbewerbspositions-Matrix, Branchen-Industrielebenszyklus/Wettbewerbsposition-Portfolio
7	Geschäftsfeld-Ressourcen-Portfolio, Ressourcen/Produkt-Portfolio	8	Critical-Mass-Portfolio, Portfolio nach Attiyeh/Wenner
9	Portfolio nach Derkinderen	10	Portfolio nach Ball/Lorange
11	Eintrittsbarrieren/Unternehmensposition-Portfolio	12	Portfolio nach Lorange
13	Beschaffungsmarkt/Unternehmensstärken-Portfolio	14	Portfolio nach Ansoff/Leontiades, Ressourcenportfolio
15	Marktattraktivitäts/Risiko-Portfolio, Portfolio nach Hussey	16	Qualitäts-Portfolio
17	Portfolio/Profitability Matrix, Marakon Associates Portfolio	18	Wertbeitragsportfolio, Boston-II-Portfolio
19	Value Creation Potential, Rappaport-Portfolio	20	Performance-Portfolio, PIMS-Portfolio, Actual Versus Par ROI, PAR-ROI-Portfolio
21	Value Creation Matrix	22	Planwert-Portfolio
23	Performance Matrix nach Günther	24	Multifaktorielle-Wertportfolio, Wertportfolio Roland Berger
25	Wertgenese-Portfolio	26	Wissensorientiertes/Wertorientiertes Geschäftsfeld-Portfolio
27	Normwissenstrategie-Matrix	28	Portfolio strategischer Wissenskomponenten und idealtypischer Wissenslebenszyklus
29	erweitertes Marktwachstum/Marktanteil-Portfolio, erweitertes BCG-Portfolio	30	Technologie/Markt-Portfolio, Technologie-Portfolio, Technologie-Portfolio nach McKinsey, Integriertes Technologie-Portfolio

Nr.	*Name(n)*	*Nr.*	*Name(n)*
31	Personal-Portfolio	32	erweitertes Marktwachstum/Marktanteil-Portfolio nach Fröhling
33	Prozessvorteil/Marktwachstums-Portfolio	34	Wettbewerbsposition/IT-Ressourcen-Portfolio
35	Kundenwertorientiertes Kompetenz-portfolio, Portfolio der Kernkompetenzen	36	Internet Portfolio
37	Markteintrittsbarrieren/Wettbewerbs-vorteil-Portfolio	38	Technologie-Portfolio II nach Pfeiffer
39	Ökologie-Portfolio	40	Länder-Portfolio
41	Parenting-Advantage-Portfolio	42	Dynamisches Markt/Technologie/Ökologie-Portfolio
43	Markt/Kompetenz-Portfolio	44	Total-Value-Management-Portfolio, Shareholder-Value Analysis Matrix, Shareholder-Value-Portfolio
45	Total-Value-Management-II-Portfolio	46	Umwelt-Portfolio I
47	Technologie-Portfolio I nach Pfeiffer	48	Technologie-Portfolio nach ADL
49	Technologie-Portfolio nach Booz/Allen/ Hamilton	50	Innovationspotential-Portfolio
51	Risiko-Portfolio nach Roventa	52	Produklebenszyklus-Portfolio
53	Technologie-Portfolio nach Brose/ Corsten	54	Technologie-Portfolio nach Harris/Shaw/ Sommers/Pappas
55	Technologie-Portfolio nach Henzler, F&E-Portfolio	56	Multifaktor-Matrix
57	Marktrisikoattraktivitäts/ Wettbewerbsvorteils-Matrix	58	Kunden-Portfolio I
59	Gewinn/Lebenszyklus-Portfolio	60	Image/Ertragskraft-Portfolio
61	Wachstums/Risiko/Konkurrenz-relations-Portfolio	62	Kunden-Portfolio II
63	Umwelt-Portfolio II	64	Portfolio der Kernkompetenzen
65	Informationsintensitäts-Portfolio		

Tab. 1: Zuordnung der Nummern aus Abb. 2 zu den Portfolio-Bezeichnungen

Digitale Güter unterliegen veränderten Marktmodellen. Bspw. berechnet sich der Wert eines Produktes nicht mehr unbedingt danach, wie knapp es ist, sondern nach der Größe des Netzes, das durch die Nutzer eines Produktes gebildet wird.[11]

Aus technischen Innovationen wie Digitalisierung, Leistungssteigerungen, Miniaturisierung und Standardisierung resultiert ein technologischer Druck. Dieser Druck erzeugt Marktanforderungen wie erhöhte Interaktivität sowie Individualisierung, unmittelbarer Zugriff auf Daten, Senkung von Transaktionskosten und neue multimediale Angebotsformen, die wiederum technische Innovationen nach sich ziehen.[12]

Prinzipien, die auch schon in der Industriegesellschaft ihre Bedeutung hatten, werden in der digitalen Ökonomie neu kombiniert oder verstärkt akzentuiert.[13] Zu diesen Prinzipien gehören:

- Kostensenkung durch Digitalisierung,
- Wissen sowie Spezialisierung und Arbeitsteilung,
- Kooperation und vernetzte Zusammenarbeit,
- Economies of Scale and Scope,
- Netzwerkeffekte und Standards,
- Preis- und Erlösmodelle,
- Rolle des Kunden und Individualisierung von Kundenbeziehungen,
- Unternehmertum sowie Finanzierungsformen.

Eine digitalisierte Welt lässt bspw. tendenziell höhere bzw. neue Formen der Spezialisierung und Arbeitsteilung zu, da Informationen prinzipiell einfacher zwischen Menschen ausgetauscht werden können.

Bei digitalen Gütern wird von einem Marktversagen ausgegangen. Digitale Güter unterliegen keiner Knappheit, da sie unbegrenzt vervielfältigt werden können. Daher erscheint es schwierig, Individuen von einer unentgeltlichen Nutzung auszuschließen. Dennoch werden Wettbewerbsstrategien für Informations-, Netzwerk- und Erfahrungsgüter formuliert, die dafür sorgen, dass dieses Marktversagen überwunden wird.[14]

Durch digitale Güter und Dienstleistungen verändern sich Produktionskosten und -strukturen. In der Regel sind die Kosten der ersten Einheit, die sog. First-Copy-Costs immens hoch, wohingegen die Reproduktion dieser ersten Einheit mit sehr geringen Kosten verbunden ist.[15]

---

[11] Vgl. Zerdick et al. (Internet-Ökonomie 2001), S. 157 ff.
[12] Vgl. Zerdick et al. (Internet-Ökonomie 2001), S. 151-157.
[13] Vgl. Picot/Neuburger (Prinzipien 2002), S. 93.
[14] Vgl. Klodt (Wettbewerbsstrategien 2001), S. 31 ff.
[15] Vgl. Klodt (Neue Ökonomie 2003), S. 4-60.

In „traditionellen" Strategie-Ansätzen wird eine Dichotomie von Kostenführerschaft und Differenzierung unterstellt, so dass Unternehmen gezwungen sind, eine Entscheidung zu treffen. Mit Hilfe der Digitalisierung lassen sich diese beiden strategischen Ziele aber gleichzeitig verfolgen.[16]

Verändern sich diverse Grundannahmen des Wirtschaftens beim Übergang von der klassischen Industrie- zur Informations- und Wissensgesellschaft, so hat das Auswirkungen auf die Unternehmensumwelt und unternehmensinterne Entscheidungen. Bisherige Methoden zur Analyse und Empfehlungen der strategischen Unternehmensplanung müssen sich daran messen lassen, ob sie unter Berücksichtigung neuer Einflussfaktoren weiterhin Bestand haben, oder angepasst werden müssen.[17]

3 Portfolio-Planung in der digitalen Ökonomie

Die Übernahme eines bereits vorhandenen Portfolio-Konzeptes kann unter Umständen nicht angemessen sein, da so Eigenheiten einer Unternehmung oder der Unternehmensumwelt nicht ausreichend Beachtung finden.

Um zu einem unternehmenseigenen Portfolio-Konzept zu gelangen, bietet sich eine Mitarbeiterbefragung an. Generell ist es möglich, solch eine Befragung quantitativ oder qualitativ durchzuführen. Quantitative Methoden haben den Nachteil, dass sie vorab ein genaues Bild über den Untersuchungsgegenstand erfordern, um Hypothesen für einen Fragebogen generieren zu können. Qualitative Methoden erheben den Anspruch offen an Fragestellungen heranzugehen, mit dem Ziel, möglichst viele Eindrücke, Meinungen und Erfahrungen sammeln zu können.[18] Unternehmen, die eine eigene Portfolio-Konzeption entwickeln wollen, können den Untersuchungsgegenstand nicht vollständig beschreiben. Daher wird ein qualitatives Vorgehen mittels Experteninterviews favorisiert.

Den Experten sind somit Fragen zur Erfolgsmessung, Segmentierung und zum Kausalmodell zu stellen. Geeignete Experten zur Erfolgsmessung sind Teilnehmer aus dem Controlling oder Rechnungswesen. Experten zu Fragen der Segmentierung rekrutieren sich aus Organisationsabteilungen. General Manager einer Unternehmung erscheinen geeignet, Kausalmodelle zu skizzieren.

Fragen zur Erfolgsmessung und Segmentierung lassen sich relativ einfach mit Hilfe der Experten beantworten. In Unternehmen werden i. d. R. Kennzahlen erhoben und das Unternehmen wird in einer bestimmten Art und Weise strukturiert. Mit Hilfe der Experten sind die zweckmäßigsten Kennzahlen und Segmentierungen zu erheben. Hierbei sind Aussagen zu alternativen Kennzahlen und Segmentierungsarten erwünscht.

16 Vgl. Fritz (Markteintrittsstrategien 1999), S. 12.
17 Vgl. Heuskel (Wettbewerb 1999), S. 16.
18 Vgl. Bortz/Döring (Forschungsmethoden 2003), S. 298.

Kausalmodelle enthalten Elemente und gerichtete Beziehungen.[19] Diese sind individuell verschieden und beruhen auf unterschiedlichen kognitiven Strukturen. Für jedes Individuum hat das Wissen um das eigene Kausalmodell eine Gültigkeit, so dass sie auch als subjektive Theorien bezeichnet werden. Subjektive Theorien werden mittels der Dialog-Konsens-Methode erhoben. Der Interviewte legt seine kognitiven Strukturen mit Hilfe von Abbildungen im Dialog offen, so dass die individuellen Strukturen nachvollziehbar und erklärbar werden.[20]

Zur Bearbeitung von Daten aus Dialog-Konsens-Interviews steht bspw. die Software MaNET (Mannheimer Netzwerk Elaborations Technik) zur Verfügung. Mit Hilfe von MaNET-TE lassen sich die individuellen kognitiven Netze erheben und danach durch MaNET auswerten.[21]

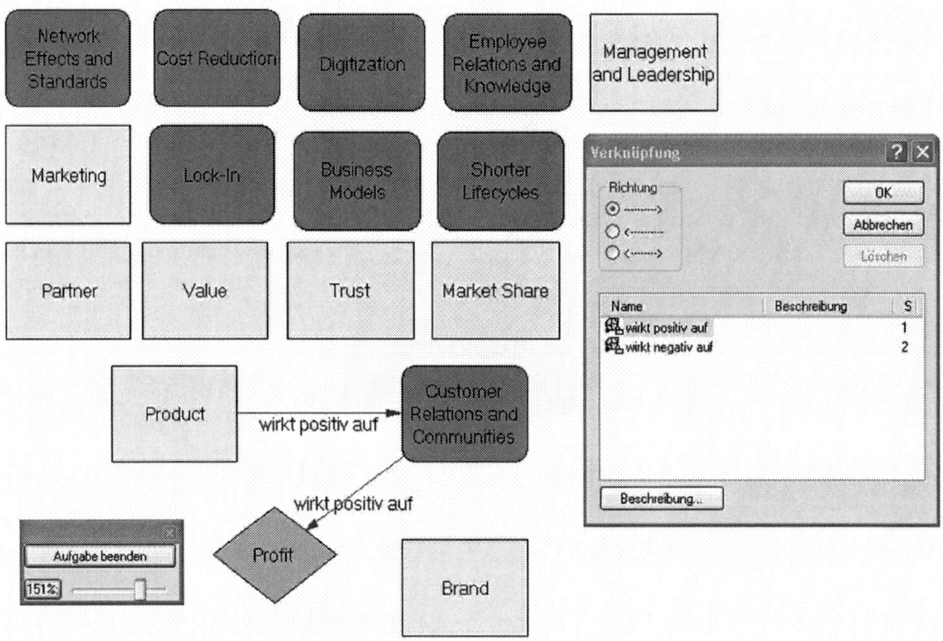

Abb. 3: Screenshot einer Netzkonstruktion in MaNET–TE

19 Vgl. Bortz/Döring (Forschungsmethoden 2003), S. 14 ff.

20 Vgl. Groeben/Scheele (Dialog-Konsens-Methodik 2000), Absatz 4.

21 Vgl. Eckert (Netzwerk-Elaborierungs-Technik 2000), S. 137 ff. und o.V. (MaNET 2009).

Software zur Auswertung qualitativer Daten benötigt eine gemeinsame Begriffsbasis.[22] In diesem Fall bildet die Begriffsbasis die Elemente des Kausalmodells ab. Diese Elemente sind in einzelnen Interviews oder in einem Workshop zu erheben. Eine Erhebung in einem Workshop bietet den Vorteil, dass die Daten hinterher nicht aus verschiedenen Interviews zu konsolidieren sind. Eine Konsolidierung aus verschiedenen Interviews ist mit erheblichem Aufwand verbunden.

Abb. 3 zeigt eine Netzkonstruktion mit MaNET-TE inkl. einer Begriffsbasis, die aus verschiedenen Interviews konsolidiert wurde. Ein Interviewpartner bildet sein subjektives Kausalmodell ab, indem er relevante Begriffe selektiert und diese miteinander verknüpft. In einem Dialog wird abgefragt, welche Art der Verknüpfung bspw. zwischen *Brand* und *Customer Relations and Communities* besteht.

4 Ergebnisse und Statements

Eine qualitative Studie wurde unter 15 schwedischen Unternehmensexperten durchgeführt. Schweden wurde als Zielland ausgewählt, da es kulturell zu den Ländern mit hoher Konsensfähigkeit gehört,[23] die eine Voraussetzung für eine erfolgreiche Anwendung der Dialog-Konsens-Methode ist. Technisch gehört es zu den Ländern, die eine hohe Position in Rankings bzgl. der Verbreitung und Nutzung digitaler Güter und Dienstleistungen besitzen.[24] Die Interview-Experten sind als Geschäftsführer, Abteilungsleiter oder Berater von Unternehmen tätig, die digitale Güter oder Dienstleistungen herstellen.[25]

Die Ergebnisse werden in den Kapiteln 4.1 – 4.3 dargestellt. Die Statements in den Tabellen 2 und 3 wurden als Beispiele ausgewählt und bilden lediglich einen kleinen Ausschnitt der Interviews ab.[26]

---

22 Vgl. Lewins/Silver (Software 2007), S. 81 ff.

23 Vgl. Hofstede (Culture 2001), S. 279 ff.

24 Vgl. bspw. o.V. (ISI 2004) bzw. o.V. (E-readiness 2006).

25 Vgl. Packmohr (Portfolio-Analysis 2009), o. S.

26 Aufgrund von Zeitmangel wurden Fragen zur Segmentierung und Erfolgsmessung von IP 10 nicht beantwortet.

4.1 Segmentierung

Zur Segmentierung wurde häufig ein markt- bzw. produktorientiertes Kriterium definiert. Durch die offene Interviewmethode wird deutlich, dass Fragen teilweise erwartete Antworten generieren, teilweise aber auch unerwartete. So lehnt bspw. Interviewpartner (IP) 09 eine Bildung von Segmenten generell ab.

Interview-partner (IP)	*Statement*
01	‚It's a little bit on deciding what's the main driver. How you group things.'
02	‚Although we have the same ground system [...] we act very differently towards these segments.'
03	‚How specific do you want to be and by that not realising the economies of scale etc.?'
04	‚If there were any advantages to gain from dividing this it might be a good idea as a spin-off, as a separate company.'
05	'It quickly grew into different, many, many countries and also many different products.'
06	'That's very, very important to have a customer relating segmentation.'
07	'Based on products, that's the main cleavage.'
08	'They have projects and they are the result units or the Business Units.'
09	'[...] business units [...] are building walls between knowledge, technology, competence and so on.'
11	'It's really something which is better done on a case to case basis.'
12	'[...] that divided part has a real value or real possibilities to focus people so they actually understand it.'
13	'Minimize the risk for your core business.'
14	'Have your partners behind you.'
15	'It has to be the market and the customers.'

Tab. 2: Statements einzelner Interviewpartner zu Fragen der Segmentierung

4.2 Erfolgsmessung

Als Indikatoren für eine Erfolgsmessung wurden häufig monetäre Kennzahlen wie Cash-Flow oder Return-On-Investment genannt.[27] Vereinzelt werden auch nicht monetäre Größen wie Kundenzufriedenheit, Markenname, Anzahl an Clicks, der Kontext der angebotenen Leistung, Kunden- und Partnernetzwerke, Wahrnehmung der Unternehmung in der Öffentlichkeit oder Anzahl der Kanäle zu den Kunden genannt. In Tabelle 3 wird deutlich, dass Antworten unterschiedlich ausfallen. IP 13 bspw. erachtet die Querverbindungen zu anderen Geschäftseinheiten als wichtig, obwohl Geschäftseinheiten prinzipiell unabhängig voneinander sind.[28]

Interview-partner (IP)	*Statement*
01	'We usually use some type of profitability measure.'
02	'I think that it doesn't differ from any other type of business, really'
03	'I would have the basic matrix, such as revenue targets, such as profit contribution targets, etc. With all those you are able to make your cash flow analysis.'
04	'I calculate success in revenue minus costs.'
05	'The ultimate goal is profit leading to shareholder dividend'
06	'We have earned our money by ourselfs.'
07	'Measuring the success [...] it's certainly easier with products.'
08	'Old boring version is of course result'
09	'You have to have measurements that are understandable for the whole company but that drives your BUs to your goals and not the whole company'
11	'I think that they used Cash Flow Analyses and so on.'
12	'We need to have to measure the value.'
13	'One measurement we use is that how many of my customers are also customers within [...].'
14	'Measure it in pure profit, of course, on the last line.'
15	'Figures. Yes, the cold figures.'

Tab. 3: Statements einzelner Interviewpartner zu Fragen der Erfolgsmessung

[27] Siehe hierzu auch die Beiträge von Geßner, Geuppert sowie Meyer et al. in diesem Sammelband.

[28] Vgl. Welge/Al-Laham (Strategisches Management 2008), S. 463.

4.3 Kausalmodell

MaNET bietet die Möglichkeit, aus verschiedenen Individualnetzen sog. modale Netze zu aggregieren. Die Software analysiert alle Einzelverbindungen und berechnet die häufigsten. Abb. 4 zeigt solch ein modales Netz der schwedischen Interviewpartner. So beeinflussen sich hier bspw. Marktanteil und Kundenbeziehungen in hohem Maße. Lock-In-Effekte[29] spielen ebenfalls eine Rolle, wohingegen der Einfluss von Markt- bzw. Produkt-Lebenszyklen[30] aufgrund ihrer Schnelllebigkeit als eher gering eingeschätzt wird.

Durch die Aggregation der Netze gehen die Richtungen der Beziehungen verloren, die in MaNET-TE angegeben wurden. Über Kennzahlen wie Abbildungsleistung oder Korrelationen lassen sich die Netze identifizieren, die einen hohen Einfluss auf das modale Netz haben. So kann auf Netze bzw. Einzelverknüpfungen einzelner Interviewpartner zurückgegriffen werden.[31]

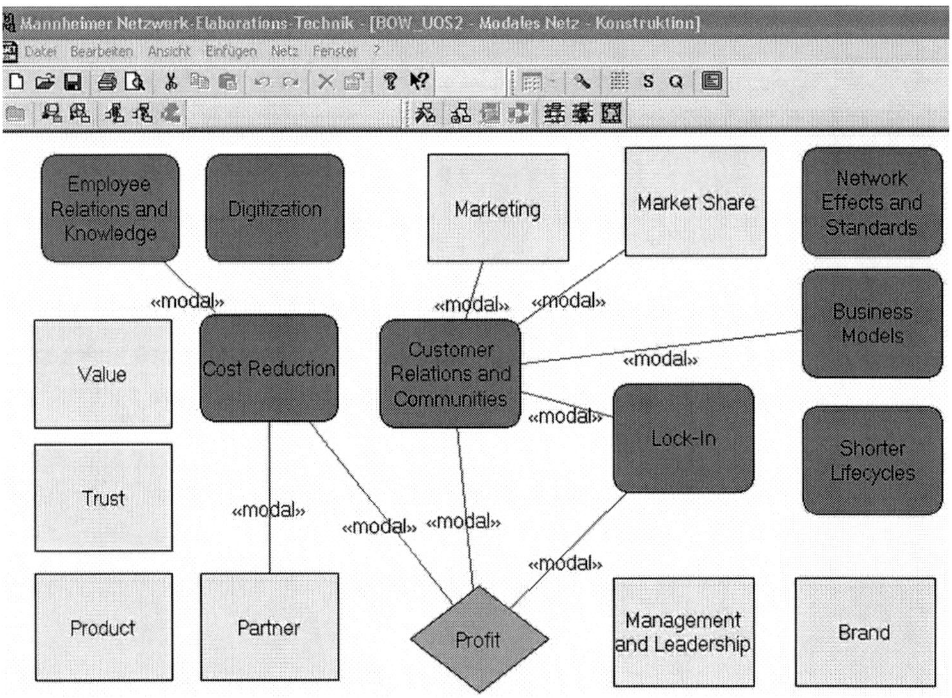

Abb. 4: Screenshot eines modalen Netzes aus MaNET

29 Vgl. hierzu auch den Beitrag von von der Oelsnitz / Nirsberger in diesem Sammelband.
30 Vgl. hierzu auch den Beitrag von Bach in diesem Sammelband.
31 Vgl. o.V. (MaNET-Hilfe 2009), o. S.

4.4 Matrix

Die Zwischenergebnisse aus den Kapiteln 4.1 bis 4.3 sind in eine Portfolio-Matrix zu überführen, damit sie für eine Unternehmenssteuerung anwendbar sind. Ein geeignetes Kriterium zur Segmentierung und ein Maß der Erfolgsmessung sind mit Hilfe der Interviewdaten zu definieren. Ferner sind mindestens zwei Schlüsselkriterien des aggregierten Kausalmodells auszuwählen, die die Achsen der Portfolio-Matrix beschreiben.

Beispielhaft werden aus Abb. 4 die Elemente *Market Share* und *Employee Relations and Knowledge* in die Matrix in Abb. 5 übernommen. Die Segmente für diese Analyse werden unter marktlichen Gesichtspunkten gebildet. Das Kriterium der Erfolgsmessung ist der Cash-Flow. Da er aber negativ sein kann, repräsentiert der Durchmesser des Kreises die Höhe des Umsatzes.[32]

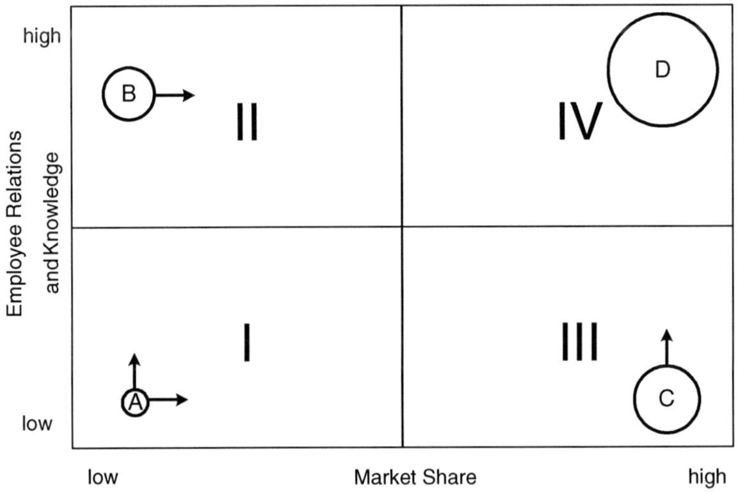

Abb. 5: Beispielhafte Portfolio-Matrix

Abb. 5 weist vier Quadranten auf, die die Kombinationen der Ausprägungen von Marktanteil sowie Mitarbeiterbeziehungen und -wissen repräsentieren. So befindet sich bspw. Geschäftseinheit A in Abb. 5 in einer schwachen Position mit niedrigem Umsatz bzw. Cash-Flow. Um diese Position zu verändern, ist der Marktanteil und/oder die Beziehungen zu und das Wissen der Mitarbeiter auszubauen. Diese Positionsveränderung ist durch eine Umschichtung von Ressourcen bspw. von D zu A zu realisieren.

32 Vgl. Fink (Management Consulting Fieldbook 2000), S. 40. Es bestehen verschiedene Möglichkeiten, die Kreise der Geschäftseinheiten als dritte Dimension der Matrix zu benutzen. Bspw. repräsentiert die Kreisfläche das gesamte Marktvolumen. Ein Ausschnitt stellt dann den Marktanteil der jeweiligen Geschäftseinheit dar.

Anhand des Kausalmodells aus Abb. 4 lassen sich die Folgen argumentativ ableiten: Werden die Mitarbeiter mehr motiviert und ihr Wissen erhöht, so wirkt sich dies auf die Fähigkeit einer Geschäftseinheit aus, Kosten zu senken. Dies wiederum hat Einfluss auf die Höhe des Profits bzw. des Cash-Flow. Gelingt es der Geschäftseinheit, ihren Marktanteil zu erhöhen, so beeinflusst dies die Kundenbeziehungen und somit auch den Cash-Flow.

5 Zusammenfassung

Dieser Beitrag zeigt anhand des Beispiels der digitalen Ökonomie ein Vorgehen auf, wie Unternehmen Elemente einer Portfolio-Analyse selbstständig erheben und nutzen können. Ferner werden Ergebnisse einer beispielhaften Studie dargestellt, die mit schwedischen Unternehmensexperten durchgeführt wurde.

Die Zwischenergebnisse der Studie sind in eine Portfolio-Matrix zu überführen. D.h., ein geeignetes Kriterium zur Segmentierung und ein Maß der Erfolgsmessung sind mit Hilfe der Interviewdaten zu definieren. Ferner sind Schlüsselkriterien des aggregierten Kausalmodells auszuwählen, die die Achsen der Portfolio-Matrix beschreiben. Mit Hilfe des Kausalmodells lässt sich eine Positionsveränderung von Geschäftseinheiten begründen.

Literatur

Al-Laham, A. (Strategieprozesse 1997): Strategieprozesse in deutschen Unternehmungen, Wiesbaden 1997.

Amberg, C., (Portfolio-Konzepte 2007): Darstellung verschiedener Portfolio-Konzepte des strategischen Managements und exemplarische Ausarbeitung ihrer kausaltheoretischen Fundierung, Masterarbeit am Fachgebiet für BWL/Organisation und Wirtschaftsinformatik der Universität Osnabrück, Osnabrück 2007.

Bortz, J. / Döring, N. (Forschungsmethoden 2003): Forschungsmethoden und Evaluation: für Human- und Sozialwissenschaftler, 3., überarb. Aufl., Berlin 2003.

Eckert, A. (Netzwerk-Elaborierungs-Technik 2000): Die Netzwerk-Elaborierungs-Technik (NET) - Ein computerunterstütztes Verfahren zur Diagnose komplexer Wissensstrukturen; in: Mandl, H. / Fischer F. (Hrsg), Wissen sichtbar machen: Wissensmanagement mit Mapping Techniken, Göttingen 2000, S. 137-157.

Fritz, W. (Markteintrittsstrategien 1999): Markteintrittsstrategien in der Internet-Ökonomie, Arbeitsbericht des Instituts für Wirtschaftswissenschaften der TU Braunschweig, Braunschweig 1999.

Fink, D. (Management Consulting Fieldbook 2000): Management Consulting Fieldbook: Die Ansätze der großen Unternehmensberater, München, 2000.

Groeben, N. / Scheele, B. (Dialog-Konsens-Methodik 2000): Dialog-Konsens-Methodik im Forschungsprogramm Subjektive Theorien; in: Forum Qualitative Sozialforschung, Volume 1 (2000), No. 2, Art. 10, Online im Internet unter URL: http://www.qualitative-research.net/fqs-texte/2-00/2-00groebenscheele-d.htm (3.2.2009).

Heuskel, D. (Wettbewerb 1999): Wettbewerb jenseits von Industriegrenzen: Aufbruch zu neuen Wachstumsstrategien, Frankfurt/Main 1999.

Hofstede, G. (Culture 2001): Culture's consequences: comparing values, behaviors, institutions and organizations across nations, 2nd edition, Thousand Oaks 2001.

Klodt, H. / Buch, C / Christensen, B. / Gundlach, E. / Heinrich, R. P. / Kleinert, J. / Piazolo, D. / Sailer, K. / Stehn, J. (Neue Ökonomie 2003): Die neue Ökonomie: Erscheinungsformen, Ursachen und Auswirkungen; eine Heinz-Nixdorf-Studie, Berlin 2003.

Klodt, H. (Wettbewerbsstrategien 2001): Und sie fliegen doch: Wettbewerbsstrategien für die Neue Ökonomik; in: Donges, J. B. / Mai, S. (Hrsg.), E-Commerce und Wirtschaftspolitik, Stuttgart 2001, S. 31-48.

Lewins, A. / Silver, C. (Software 2007): Using Software for Qualitative Data Analysis: A step-by-step Guide, London 2007.

Meyer, A. J. (New Economy 2002): 'New Economy' - Anmerkungen zu Sinn und Unsinn eines Forschungssubjektes; in: Füglistaller, U. / Pleitner, H. J. / Volery, T. / Weber, W. (Hrsg.), Umbruch der Welt - KMU vor Höhenflug oder Absturz?, St.Gallen 2002, S. 215–222.

o.V. (E-readiness 2006): The 2006 e-readiness rankings, Online im Internet unter URL: http://graphics.eiu.com/files/ad_pdfs/2006Ereadiness_Ranking_WP.pdf (19.10.06).

o.V. (ISI 2004): The WorldPaper: Global Economy: The Information Society Index: 2004 ISI, Online im Internet unter URL: http://www.worldpaper.com/2005/june/1a.html (01.03.06).

o.V. (MaNET 2009): MaNET | MaResCom, Online im Internet unter URL: http://www.marescom.net/produkte/manet (06.2.2009).

o.V. (MaNET-Hilfe 2009): Hilfe zur MaNET Software, Stichwort Modale Netze (13.02.2009).

Packmohr, S. (Portfolio-Analysis 2009): Using the Portfolio-Analysis in Strategic Planning for the Digital Economy, Ottawa 2009, in review for the 6. Annual Sprott Doctoral Symposium.

Picot, A. / Neuburger, R. (Prinzipien 2002): Prinzipien der Internet-Ökonomie; in: Schögel, M. / Tomczak, T. / Belz, C. (Hrsg.), Roadm@p to EBusiness -Wie Unternehmen das Internet erfolgreich nutzen, St.Gallen 2002, S. 92–107.

Szyperski, N. / Winand, U. (Portfolio-Management 1978): Strategisches Portfolio-Management: Konzept und Instrumentarium; in: zfbf-Kontaktstudium, Bd. 30 (1988), S. 123–132.

Welge, M. K. / Al-Laham, A. (Strategisches Management 2008): Strategisches Management: Grundlagen – Prozess – Implementierung, 5., vollst. überarb. Auflage, Wiesbaden 2008.

Zerdick, A. / Picot, A. / Schrape, K. / Artopé, A. / Goldhammer, K. / Heger, D. K. / Lange, U. T. / Vierkant, E. / López-Escobar, E. / Silverstone, R. (Internet-Ökonomie 2001): Die Internet-Ökonomie: Strategien für die digitale Wirtschaft, 3., erw. und überarb. Aufl., Berlin 2001.

Marktaustrittsentscheidung im Rahmen des Produktportfoliomanagements

Dietrich von der Oelsnitz und Ina Nirsberger

Im Fokus der wissenschaftlichen Forschung stehen seit Jahrzehnten gezielte Markteintritte und ihre Herausforderungen an die Unternehmensführung. Marktaustritte hingegen werden oftmals nicht als echte strategische Option angesehen, sondern als letzter Ausweg aus einer nicht mehr abzuwendenden Unternehmenskrise. Marktaustritte können jedoch Teil regulärer Portfoliomanagementstrategien sein und Unternehmen schlagkräftiger und damit erfolgreicher machen. Dabei ist allerdings das Phänomen des Lock-In am Markt zu beachten. In diesem Beitrag wird der Einfluss des Lock-In-Effekts auf das strategische Portfoliomanagement im weiteren und auf Marktaustrittsentscheidungen im engeren Sinne beschrieben. Wir zeigen zudem Möglichkeiten der Beeinflussung des Lock-In auf.

1 Marktaustritt als Teil des Portfoliomanagements

Die Globalisierung steigert das Veränderungstempo und verschärft damit auch den Wettbewerb auf den Märkten. Zusätzlich müssen in Zeiten der Finanz- und Wirtschaftskrise die Unternehmen neue Herausforderungen bewältigen. Die Frage der Strukturierung des Unternehmensportfolios rückt daher noch stärker in den Mittelpunkt. Welche Produkte bzw. Geschäftsfelder sind im Portfolio? Welche Produkte sind die Werttreiber und welche verschlucken die Investitionen? Von welchen Produkten oder Geschäftsfeldern sollte man sich trennen? Soll sich das Unternehmen eher auf wenige Produkte und Märkte fokussieren oder besser durch eine breitere Streuung Risiken verteilen?

Die Portfolio-Methode bietet dem Management eine Gruppierung und Bewertung des Unternehmensportfolios an. Mit ihrer Hilfe können die finanzielle Ausgewogenheit des Produktportfolios überprüft und grundlegende Empfehlungen zur Investition in einen Bereich und Desinvestition in einem anderen gegeben werden. Ein Portfolio beschreibt somit die Summe aller Strategischen Geschäftsfelder eines Unternehmens. Ein Strategisches Geschäftsfeld wiederum ist eine spezielle Produkt-Markt-Kombination, für die eine eigenständige Entwicklungs- oder Vermarktungsstrategie entwickelt werden kann (vgl. Simanek (1998), S. 7). Im klassischen Portfolio erfolgt die Zuordnung der diversen Geschäftsfelder anhand von zwei Schlüsselkriterien: Marktattraktivität (oder Marktwachstum) und relativer Marktanteil.

Dies kann grafisch durch eine Matrix veranschaulicht werden, in der dann auch die ersten groben Handlungsempfehlungen erscheinen (Abb. 1).

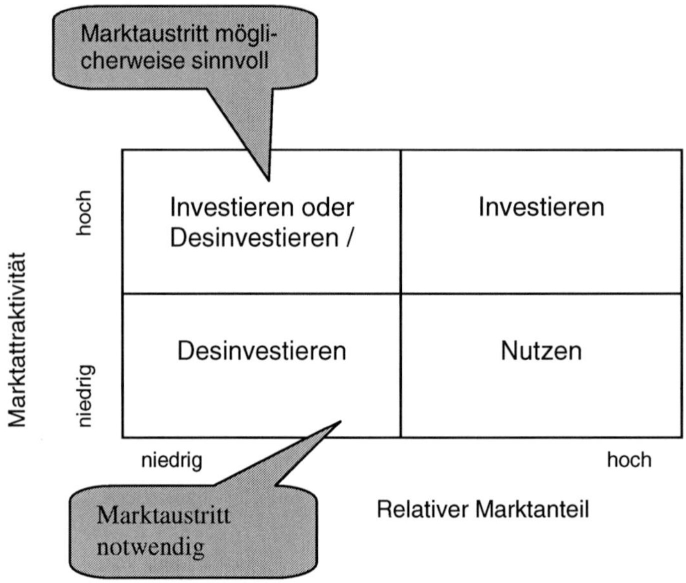

Abb. 1: Marktattraktivitäts-Marktwachstums-Portfolio (in Anlehnung an Strothe 2006, S. 102)

Der Fokus dieses Beitrags liegt im Marktaustritt und damit bei der Frage, welche Produkte die Position am Markt schwächen? Gleichzeitig: In welche Bereiche des Portfolios sollte desinvestiert werden? „Sometimes firms eliminate products immediately to cut down on their losses. This form of exit is probably the easiest way to exit a market. (Karakaya (2000), S. 655)."

Der Marktaustrittsbegriff ist in der Literatur nicht eindeutig. In der Regel spricht man von Desinvestition (vgl. Bartsch/ Börner (2007), S. 3), von der Eliminierung eines Produktes (vgl. Karakaya (2000), S. 661) oder auch von De-Internationalisierung (vgl. Reiljan (2006), S. 229). In unserem Verständnis ist der Marktaustrittsbegriff enger zu fassen und als „die bewusste Entscheidung einer Unternehmung, die Beziehungen zu Nachfragern, die einen Markt oder Teilmarkt repräsentieren und die zu einem früheren Zeitpunkt explizit oder implizit als Zielgruppe der Marktbearbeitung gewählt wurden, aufzugeben (Schmidt (1994), S. 20)." Damit wird betont, dass nur Unternehmensaustritte (= anbieterseitiger Rückzug) gemeint sind und das betreffende Unternehmen nach dem Austritt nicht mehr in dem Markt als Anbieter tätig ist.

Als Siemens im Juni 2005 seine Handy-Sparte an den taiwanesischen Konkurrenten BenQ abgab, zog sich das Unternehmen mit dieser Entscheidung komplett und vermutlich auch dauerhaft aus dem Mobilfunkmarkt zurück. Somit entspricht der Verkauf der Handy-Sparte von Siemens an BenQ einem Marktaustritt im Sinne dieser Definition.

Damals waren weltweit ca. 6000 Beschäftigte betroffen und Siemens zahlte dafür noch rund 350 Millionen Euro an BenQ, damit das Geschäft überhaupt zustande kam. Grund für den Rückzug aus dem Mobilfunkmarkt waren die enormen Verluste in der Vergangenheit, u. a. aufgrund der verpassten Trends bei Farbdisplays, Geräten mit Kamera und MP3-Spielern. Der damalige Siemens-Chef Kleinfeld lobte die Entscheidung noch als „Glück für die Mitarbeiter, ein Gewinn für die Investoren und Segen für die Kundschaft" (Hennersdorf/ Schumacher (2006), S. 86). Ein Jahr später, im Frühherbst 2006, meldete BenQ-Deutschland Konkurs an, und fast 3000 Arbeitsplätze gingen verloren. Die Münchner entschieden allein ökonomisch: den folgenden Imageschaden hatte Siemens sträflich unterschätzt.

2 Marktaustritt als Teil der Unternehmensstrategie

Nicht nur in der Literatur, auch in der Praxis werden Markteintritte als proaktives und positives strategisches Verhalten bewertet, während Marktaustritte als zweite, eher dunkle Seite der Medaille nicht selten als Versagen der Unternehmensführung ausgelegt werden (vgl. Karakaya (2000), S. 652; Kück (2004), S. 144; Strothe (2006), S. 98). Diese zweite Seite gilt vielen als reaktiv, als „letzter Ausweg". Wachstum geht eben vor Schrumpfung und Investition vor Desinvestition; Erfolge werden am Markt und an den Börsen prämiert, vermutete oder tatsächliche Misserfolge bestraft. Nicht jede vernünftige, sachlich gebotene Konsolidierung kann der Außenwelt glaubhaft als solche vermittelt werden. Dabei ist ein gezielter Marktaustritt eine legitime strategische Option und kann durchaus auch als proaktives Handeln begriffen werden (siehe hierzu auch den Beitrag von Bach im vorliegenden Sammelband). Ist ein Markt nicht mehr attraktiv für ein Unternehmen, kann es durchaus sinnvoll sein, diesen rechtzeitig zu verlassen. Es ist nachgewiesen, dass zu langes Verharren am Markt einzelwirtschaftlich ineffizient ist und letztlich allen Wettbewerbern und Kunden in diesem Markt schadet (vgl. Karakaya (2000), S. 652; Schoder (2000), S. 190; Fritsch/ Wein/Ewers (2005), S. 346).

3 Prozess der Marktaustrittsentscheidung

Es gibt eine Reihe von empirischen Studien, die in nationalen und internationalen Unternehmen untersucht haben, wie sie bei der Entscheidungsfindung zur freiwilligen Desinvestition vorgegangen sind (Brüggerhoff (1992), S. 27-47 stellt einige dieser Studien vor).

Gemeinsam haben die Entscheidungsprozesse den Impuls, die Diskrepanz zwischen Ist-Situation und erwarteter Soll-Situation aufzuzeigen (*Initiierung*). Grundlage für diese Identifizierung waren unzureichende Gewinne und/oder Cashflow-Werte und der zukünftig benötigte Kapitalbedarf. Wird diese Diskrepanz so hoch eingeschätzt, dass ein Marktaustritt gerechtfertigt scheint, werden nähere Informationen eingeholt und eine vertiefte *Ursachenanalyse* durchgeführt. Daran anschließend folgt die Suche nach *Alternativen*, d. h. es werden Möglichkeiten der Sanierung oder Quersubventionierung zum Erhalt des Geschäftsfeldes der Möglichkeit der Marktaufgabe bzw. sogenannten Mischstrategie gegenübergestellt. Nach *Wahl der Grundsatzstrategie* „Marktaustritt" wird der Rückzug vorbereitet, es werden gegebenenfalls Käufer für das aufgegebene Geschäftsfeld gesucht sowie Konzepte für das betroffene Personal erarbeitet. Danach schließt sich die *Implementierungsphase* an. Der Change Management-Prozess im Unternehmen startet, die neue Portfoliozusammensetzung wird konsolidiert, Restabwicklungen und strukturelle Anpassungsmaßnahmen werden vorgenommen. Abb. 2 zeigt die beschriebenen Phasen.

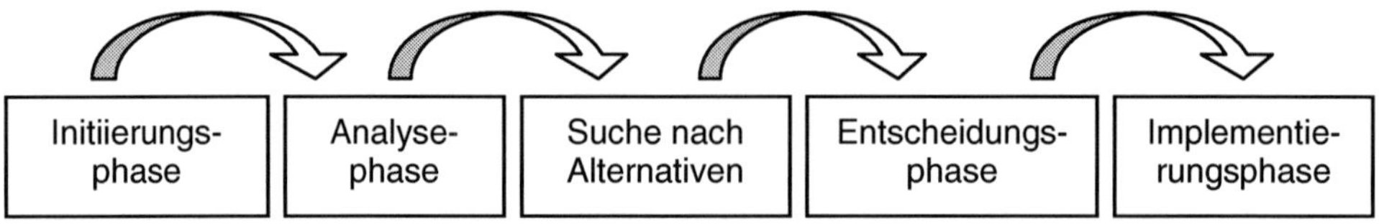

Abb. 2: Phasen des Entscheidungsprozesses

Um sich jedoch entscheiden zu können, muss genau feststehen, was genau analysiert werden soll und welche Faktoren die Produkteliminierung oder gar die Marktaustrittsentscheidung konkret beeinflussen.

4 Motive und Barrieren des Marktaustritts

Der Entscheidung für einen Marktaustritt liegen verschiedene Motive zugrunde, die u. a. abhängig sind von der jeweiligen Unternehmensstrategie, den Zielen des Unternehmens und den bisherigen marktlichen Erfahrungen. Im o. g. Siemens-Beispiel wurden Trends verschlafen oder Kundenbedarfe falsch interpretiert. Aber auch konjunkturelle Bedingungen können einen Marktaustritt nahelegen: Bei negativer Wirtschaftslage verringert sich tendenziell die Nachfrage. Dauert diese Entwicklung an, kann das Unternehmen die intern gesetzten Ziele hinsichtlich Gewinnen, Renditen und Marktanteilen oft nicht mehr erreichen; die Marktattraktivität sinkt. Der Verbleib am Markt hätte Verluste zur Folge, während andere Geschäftsbereiche eventuell erfolgversprechender sind und eher der Aufmerksamkeit des Unternehmens bedürfen. In derartigen Fällen sollte das Unternehmen einen Marktaustritt erwägen.

Trotz teilweise erheblicher Wettbewerbsnachteile und Schädigungen des Unternehmens bei Marktverbleib können sich jedoch viele Manager nicht zu einem Marktaustritt entschließen oder zögern diese Entscheidung lange hinaus. Dieses Verhalten beschreibt Porter als „characteristic of businesses which make it in the companies` best interest to stay in them even though they are earning an unacceptably low rate of return or a rate that is below the cost of capital" (Porter 1976, S. 22). Dieses Phänomen kann u. a. durch die Existenz von Marktaustrittsbarrieren erklärt werden. Marktaustrittsbarrieren stellen Faktoren dar, die den Rückzug aus einem Markt hemmen oder im schlimmsten Fall sogar verhindern.

Ein bekanntes Indiz dafür sind sog. sunk costs (vgl. Shapiro/Varian (1999), S. 21; Wirtz (2001), S. 156). Die Markterschließung und das anschließende Agieren im Markt verursachen viele Kosten – Kunden müssen akquiriert und gebunden, Geschäftspartner gewonnen und Vertriebskanäle aufgetan werden. Ein Austritt würde diese getätigten Investitionen als unwiederbringlich verloren erscheinen lassen (vgl. Karakaya (2000), S. 653). Darüber hinaus entstehen direkt mit dem Austritt verbundene Kosten, wenn z. B. noch Verpflichtungen aus laufenden Lieferantenverträgen bestehen oder Garantieleistungen erbracht werden müssen. Kündigungen können nicht immer verhindert werden und Abfindungen sind teuer. Das Beispiel der Siemens-Handy-Sparte zeigt, dass das Unternehmen bei einem Austritt überdies die Konsequenzen für die betroffenen Mitarbeiter und deren mögliche Unzufriedenheit beachten muss, die heutzutage in Web-Blogs und anderen Internetforen schnell öffentlich wird. Hinzu kommt das von Außen wahrgenommene oder befürchtete Stigma des Versagens (vgl. Bea/ Haas (2001), S. 175; eine ausführliche Behandlung von Marktaustrittsbarrieren bei von der Oelsnitz / Nirsberger (2007)).

Aufgrund dieser vielfältigen Austrittshindernisse verharren Unternehmen in einem Markt, aus dem sie ohne deren Existenz austreten würden. Damit sind sie nachhaltig an den Markt gebunden. Diesen Zustand beschreibt man allgemein als Lock-In-Effekt. Das *Management des Lock-In-Effekts* ist demnach eine der größten Herausforderungen im Portfolio-Management.

5 Begriff und Ursachen des Lock-In

Der Begriff des Lock-In beschreibt die Situation des Eingeschlossenseins oder festen Gebundenseins an etwas – eine zielgerechte Veränderung der gegebenen Situation ist hier nahezu unmöglich oder verursacht zumindest einen enormen Aufwand. Der Begriff selbst wurde geprägt in den 1980er Jahren von David und Arthur (vgl. David (1985), S. 332; Arthur (1989), S. 117 und Arthur (1990), S. 92 f.). Die Autoren beschreiben, wie Technologien trotz ihrer Unausgereiftheit und schweren Funktionalitätsmängel zu Standards werden. Dies ist häufig bei Systemgütern zu beobachten. Hier kauft der Kunde ein Produkt, das seinen Nutzen nur in Verbindung mit weiteren Gütern steigert. Beispielsweise ist ein Computer nur mit einem lauffähigen Betriebssystem nutzbar. Die Einsetzbarkeit des Computers erhöht sich, indem zusätzliche Software installiert wird (Officeprogramm, E-Mail-Programm etc.). Ebenso verhält es sich mit hinzu gekaufter Hardware, wie Druckern, CD-ROMs oder USB-Sticks. Jedes weitere Produkt, das der Kunde für sein Systemprodukt „Computer" kauft, muss auf die bereits investierten Systembestandteile abgestimmt sein, damit eine optimale Nutzung erreicht wird. Damit entsteht letztlich eine Abhängigkeitssituation in Höhe der getätigten Investitionen für die anfängliche Beschaffung und spätere Integration des (System-)Gutes. Will nun der Kunde das System wechseln, sich also einen neuen Computer oder ein anwenderfreundlicheres Betriebssystem kaufen, gehen ihm einerseits diese Investitionen verloren, und andererseits muss er neu investieren. Diese Kosten werden als Wechselkosten („switching costs") bezeichnet. Wechselkosten sind ein Indikator für den Lock-In, d. h. der Lock-In ist umso größer, je höher die Wechselkosten sind (vgl. Schoder (2000), S. 190; Wirtz (2001), S. 168). Der Nachfrager ist daher bei seinen Folgekaufentscheidungen nicht mehr frei in der Alternativenwahl (vgl. auch Meffert (2000), S. 1215).

Wechselkosten setzen sich vor allem aus Investitions- und Opportunitätskosten zusammen (vgl. Stelzer (2000), S. 840). Investitionskosten sind die Kosten der Beschaffung für das neue Gut sowie dessen Einbindung und Anpassung in den Alltag des Kunden oder seiner Geschäftsprozesse. Unter Investitionen sind aber auch Aufwendungen für die Suche eines neuen Anbieters und für alle vertraglichen Regelungen zu verstehen (vgl. Thum (1995), S. 85-87; Hofmann (2001), S. 85; Janger/ Zarl/ Zeiner 2001, S. 50; Wirtz/ Matthieu (2002), S. 224). Die Opportunitätskosten werden markiert durch den Nutzen, der dem Anwender dadurch verlorengeht, dass er das ursprüngliche System nicht mehr nutzt (oder auch durch den Nutzen, der ihm bei der Verwendung eines an sich besseren Produkts entstünde, würde ihn der Lock-In nicht an diesem Umstieg hindern). Diese Kosten bzw. Nutzenverluste werden als sunk costs bezeichnet. Dazu zählen ferner ausbildungsbezogene Kosten, wie produktspezifisches Training der Mitarbeiter, Lerneffekte und Erfahrungen, welche aus der Verwendung des ursprünglichen Systems hervorgehen, sowie psychologische Kosten, wie die emotionale Bindung an eine Marke oder ein Unternehmen. Sunk costs beruhen letztendlich darauf, „dass bestimmte Aufwendungen – einmal getätigt – den Charakter der Irreversibilität annehmen. Von Irreversibilität spricht man dann, wenn die Ressourcen für eine bestimmte Nutzung festgelegt sind und ein Transfer (...) in andere Nutzungen bzw. ein Verkauf mit Produktivitäts- bzw. Wertverlusten verbunden wäre" (Fritzsch/ Wein/ Ewers (2005), S. 144). *Je höher die versunkenen Kosten sind, desto höher ist c.p. der Lock-In.*

Versunkene Kosten und Wechselkosten werden in der Literatur mit einem weiteren Begriff in Verbindung gebracht, nämlich dem der Pfadabhängigkeit.

> *„The notion of path dependencies goes even further than notions of irreversibilities employed in transaction cost economics. It recognizes that 'history matters'. Thus a firm's previous investments and its repertoire of routines (its "history") constraints its future behaviour. This follows because learning tends to be local. That is, opportunities for successful new developments will be "close in" to previous activities (...) Where it [the firm] can go will be a function of where it has been (Teece/ Rumelt/ Dosi/ Winter (1994), S. 17)."*

Historizität und das Verbleiben auf den Pfaden führen zu hohem Beharrungsvermögen (vgl. Schreyögg/Sydow/Koch (2003), S. 271 ff.). Die Pfadabhängigkeit behindert ebenfalls einen Strategiewechsel (vgl. Burmann (2002), S. 137 f.). Deshalb gilt weiter: *Je höher die Pfadabhängigkeit, desto höher der Lock-In.*

Die vorstehend beschriebenen Konzepte stellen keine Synonyme dar, besitzen jedoch wichtige Gemeinsamkeiten (Abb. 3). Sie sind entscheidende Faktoren bei strategischen Entscheidungen, sie be- oder verhindern einen Strategiewechsel bzw. eine Abweichung vom bislang beschrittenen Pfad und beeinträchtigen demnach die unternehmerische Flexibilität. Die Pfadabhängigkeit, die versunkenen Kosten sowie die Wechselkosten verstärken diesen Zustand des Lock-In.

<table>
<tr><td colspan="5">LOCK-IN</td></tr>
<tr><td rowspan="3">. . .</td><td colspan="4">Wechselkosten</td></tr>
<tr><td colspan="2">Investitionskosten</td><td colspan="2">Opportunitätskosten =
Versunkene Kosten</td></tr>
<tr><td>Beschaffung von Leistungen</td><td>Integration von Leistungen</td><td>Eher extern orientiert (Marktzugang, Kunden, Lieferanten)</td><td>Eher intern orientiert = Pfadabhängigkeit (Erfahrungs- und Lerneffekte)</td></tr>
</table>

Abb. 3: Elemente des Lock-In

Setzt man den Lock-In mit der Thematik des Marktaustritts in Bezug, so kommt eine Vielzahl an Einflussfaktoren auf den Lock-In hinzu. Dieser Tatbestand ist in Abb. 3 durch die drei Punkte in der ersten Spalte angedeutet.

6 Zur Beziehung zwischen Lock-In und Marktaustritt

Die Ausführungen des vorangegangenen Kapitels zeigen, dass sich das Phänomen des Lock-In häufig auf Kunden (Privatkunden oder Unternehmen als Anwender) bezieht, die an ein bestimmtes Produkt oder einen speziellen Hersteller gebunden sind. Die Pfadabhängigkeit illustriert, dass sich der Zustand der Inflexibilität auch noch auf andere Aspekte ausweitet; im Kontext des Kooperationsmanagements wird diese Situation ebenfalls erkannt, wenn ein Netzwerkpartner zum Beispiel trotz größerer Nachteile im Netzwerkverbund verbleiben muss. Wenngleich der Begriff des Lock-In hier nicht verwendet wird, so warnt man fallweise doch vor diesem Abhängigkeitsrisiko zwischen kooperierenden Unternehmen (vgl. z. B. Camuppo/Furlan/Rettore (2005), S. 3) oder verweist auf anfallende Partnerwechselkosten bei der Umstrukturierung von Kooperationen (Siebert (1999), S. 11 f.). Im Zusammenhang mit Marktaustritten wurde der Lock-In bislang jedoch noch nicht ausreichend erörtert. In diesem Abschnitt soll diesem Defizit ansatzweise abgeholfen werden.

Ist ein Unternehmen an ein Produkt oder einen Markt fest gebunden, so befindet es sich in einer Lock-In-Situation, d. h. ein Marktaustritt ist nicht vollkommen ausgeschlossen, aber die zu erwartenden Konsequenzen und mit dem Austritt verbundenen Aufwendungen werden als zu hoch eingeschätzt. Die im Kapitel 4 dargelegten Barrieren wiegen für das Top-Management mithin stärker als die Summe der Austrittsmotive. Die Führung entscheidet sich also für den Verbleib am Markt, würde aber unter anderen Umständen (bei Nichtexistenz der Barrieren) austreten. Sie behält den einmal eingeschlagenen Pfad bei. Ursächlich hierfür sind vor allem die bereits angesprochenen Wechselkosten. Beim Marktaustritt entstehen Wechselkosten durch alle Kosten der Markterschließung bzw. des Markteintritts (Infrastruktur des Marktes, Aufbau von Kunden- und Lieferantenbeziehungen, Werbung, etc.) sowie die Kosten für die anschließende Marktbearbeitung (Produktions-, Absatz-, Distributionskosten, Aufwendungen zur Betreuung der Kunden usw.).

Opportunitätskosten beschreiben hingegen den entgangenen Nutzen aus dem bisher genutzten Produkt. Beim Marktaustritt sind das beispielsweise der verlorene Marktzugang, nicht mehr nutzbare Vertriebskanäle, Kunden, Lieferanten und/oder Geschäftspartner, die nach dem Austritt nicht mehr mit dem Unternehmen zusammenarbeiten. Durch die versunkenen Kosten wird in der Literatur bereits indirekt ein Zusammenhang zwischen Lock-In und Marktaustritt hergestellt (vgl. Kessides (1986), S. 87; Rosenbaum/Lamort (1992), S. 297; Ruiz-Aliseda (2003), S. 2; Luther/Felsner/Huang (2004), S. 21; Fritsch/ Wein/ Ewers (2005), S. 204; Hölzl (2005), S. 2429). Dabei wird erkannt, dass die Höhe der versunkenen Kosten einen bedeutenden Einfluss auf die strategische Entscheidungsfindung beim Marktaustritt hat, weil sie eben zugleich eine Marktaustrittsbarriere darstellt (vgl. Posselt (1993), S. 100 f.; Wieandt (1994), S. 1027 f.; Melachroinos/Spence (1999), S. 844; Guy (1999), S. 237; Strothe (2006), S. 98 f.). Besonders eindrucksvoll wirkt sich das bei hochspezialisierten Anlagevermögen bzw. Fertigungsapparaturen aus, die speziell für diesen Markt angeschafft wurden – wie die Werkhalle der Cargolifter AG, die zur Herstellung des Luftschiffes in Brandenburg errichtet wurde und nach der Zerstörung des Luftschiffes im Sommer 2002 in der Form nicht weiter verwendet werden konnte. Ein Verkauf ist meist sehr schwierig, da die Verwendung als Werkhalle zu speziell ist. In einem solchen Fall kommt das Unternehmen aus dem Lock-In nicht heraus und muss eine Ersatzlösung finden, um mit einer anderen Verwendungslösung die Kosten der Halle zu decken. Diese Lösung ist meist im Vergleich zur Ursprungsverwendung der Ressource suboptimal (second-best-solution). Dieser Umstand berührt auch das bereits eingeführte Konzept der Pfadabhängigkeit.

Mit dem Eintritt in einen Markt und der anschließenden Marktbearbeitung sind für das Unternehmen zahlreiche Erfahrungen verbunden. Die durch die Marktaktivität erzielten Erfahrungen können die (kurzfristig) negativen Ergebnisse des marktlichen Agierens auf längere Sicht überkompensieren. Technologische Pfadabhängigkeiten zwingen nicht selten dazu, die zur technologischen Reifung der Produkte notwendigen Schritte und Prozessphasen – wenn auch ökonomisch schmerzhaft – zu durchlaufen. Man kann hierbei nicht „abkürzen". Wer Technologieführer werden oder seine Kompetenzen perfektionieren will, dem bleibt in der Regel keine andere Wahl, als trotz diverser Rückschläge in einer Technologie oder einem entsprechenden Markt zu verbleiben. Indem sich Unternehmen auf bestimmte Geschäftsfelder festlegen, determinieren sie zumeist auch die Kompetenzpfade, die im Laufe der Zeit beschritten werden müssen.

Diese Zusammenhänge münden in einen zyklischen Verlauf; der Lock-In wird verstärkt, je öfter der Zyklus durchlaufen wird und je länger das Unternehmen sich weigert, den eingeschlagenen Pfad zu verlassen (Abb. 4).

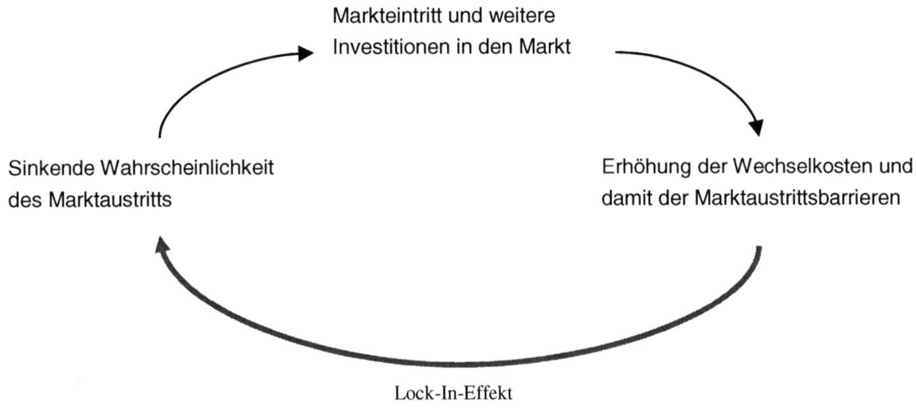

Abb. 4: Lock-In und Marktaustritt

Marktaustritte können nur dann als reguläre Unternehmensstrategie erwogen und genutzt werden, wenn das strategische Management aktiv Handlungsspielräume zur Beeinflussung des Lock-In erarbeitet.

7 Gestaltungsansätze für das Management

Aus den bisher beschriebenen Zusammenhängen ergeben sich im Rahmen des Portfolio-Managements zwei Perspektiven für die Betrachtung des Lock-In-Effekts, die für die Identifizierung der wichtigsten Handlungsbedarfe relevant sind:

1. Portfolioverteidigung/ -stabilisierung
2. Portfolioneustrukturierung durch Marktaustritt

Bei der Ausrichtung auf die Stabilisierung des gegebenen Portfolios müssen Handlungsmöglichkeiten gefunden werden, die das Portfolio des Unternehmens so aufstellen, dass ein Marktaustritt gar nicht erst notwendig wird. Das bedeutet eine Erhöhung des Lock-In gegenüber den Kunden. Gleichfalls sollte der Lock-In-Effekt bei Unternehmen, die komplementäre Produkte anbieten, so stark wie möglich wirken.

In diesem Beitrag propagieren wir den Marktaustritt als proaktive und legitime Unternehmensstrategie. Deshalb wird im zweiten Unterabschnitt beschrieben, welche Beeinflussungsmöglichkeiten Unternehmen haben, um den Marktaustritt zu erleichtern und somit den Weg für ein flexibles Portfolio-Management zu ebnen.

7.1 Strategien zur Portfolio-Verteidigung

7.1.1 Beeinflussungsmöglichkeiten des Lock-In gegenüber Kunden

Prinzipiell sind Unternehmen an einer erhöhten *Kundenbindung* interessiert, da die Loyalität der Abnehmer gegenüber einem bestimmten Unternehmen eine geringere Preiselastizität zur Folge hat und sich deshalb Preiserhöhungsspielräume ergeben. Darüber hinaus stellt die höhere Kundenbindung eine Markteintrittsbarriere für neue Konkurrenten dar sowie eine Wechselbarriere gegenüber bereits existierenden Wettbewerbern (vgl. u.a. Meffert (2000), S. 367).

Zieht ein Unternehmen einen Marktaustritt in Betracht, kann eine gefestigte Kundenbindung dazu beitragen, dass keine oder nur wenige Kunden verlorengehen. Dies ist allerdings nur dann der Fall, wenn die Kunden durch andere Geschäftsfelder (die nicht aufgegeben werden) weiterhin bedient werden. Im beschriebenen Beispiel Siemens hat das Management gehofft, trotz der negativen Presse und des damit verbundenen Imageschadens die ehemaligen Handy-Kunden nach wie vor in den anderen Sparten (Haushaltsgeräte etc.) bedienen zu können. Dies kann gelingen, wenn das Unternehmen genug Vertrauen – als Grundvoraussetzung jeder langfristigen Beziehung – zum Kunden aufbauen konnte oder durch Funktionalität, Qualität oder Preis auch in Zukunft zu überzeugen vermag. Das erfordert u. a. eine entsprechende Verkaufsförderung und Kommunikation für diese Bereiche, um den Nutzen der verbliebenen Angebote zu erläutern. Das Unternehmen bleibt dadurch trotz Marktaustritt beim Kunden präsent und die Kunden fühlen sich weiterhin betreut und beraten.

Eine erhöhte Kundenbindung erreicht man gemeinhin durch eine starke *Marke*. Dabei ist die Unternehmensmarke im Allgemeinen ebenso wichtig, wie die Marke des Produktes (oder der Produkte) im Speziellen. Durch die starke Loyalität des Kunden zu einer Marke kann Absatzvolumen gesichert werden. Hinzu kommt, dass loyale, markentreue Kunden oftmals bereit sind, einen höheren Preis zu zahlen. Aber gerade in schwierigen wirtschaftlichen Zeiten, wie im Moment in der Situation der Finanzkrise, tragen oftmals diese Kunden entscheidend dazu bei, das Unternehmen mehr oder weniger ohne Blessuren durch diese Zeiten zu „führen".

Das Markenmanagement wird auch als *Produktmanagement* bezeichnet. Ein Produktmanager kümmert sich um „alle Entwicklungs-, Finanzierungs- und Promotionsaktivitäten, die im Zusammenhang mit einem bestimmten Produkt oder einer bestimmten Marke des Unternehmens stehen" (von der Oelsnitz (2000b), S. 64). Der große Vorteil eines Produktmanagers besteht in seiner Fachkenntnis über den betreffenden Markt und der intensiven Zusammenarbeit mit den einzelnen Spezialisten für dieses Produkt. Daher empfiehlt sich das Produktmanagement insbesondere für stark diversifizierte Unternehmen, deren Vielzahl der Produkte und Vielseitigkeit des Portfolios sich durch eine konkrete Steuerung der einzelnen Geschäftsfelder besser bewältigen lässt.

7.1.2 Beeinflussungsstrategien des Lock-In gegenüber Komplementäranbietern

Darüber hinaus sollte das Unternehmen versuchen, den Lock-In der Anbieter komplementärer Produkte zu erhöhen, damit diese nicht so leicht aus dem Markt austreten können; denn Anbieter, deren Leistungsangebot zu dem eigenen komplementär ist, steigern den Nutzen des eigenen Produktes für den Anwender. Dies trifft – wie erwähnt - verstärkt auf Systemprodukte zu, deren Nutzen nur in Verbindung mit anderen Produkten oder Produktkomponenten zu Tage kommt und sich gerade durch die Kombination mit anderen Produkten noch verstärkt. Treten die Komplementäranbieter aus dem Markt aus, gehen den eigenen Kunden Nutzen oder Mehrwert verloren, den das Unternehmen kompensieren muss, wenn es diese Kunden nicht an die Konkurrenz verlieren will.

Ein Gegenmittel bei austrittswilligen Komplementäranbieter ist die verstärkte (horizontale und vertikale) Integration, durch die eine erhöhte Bindung erreicht wird (vgl. Bamberger/Wrona (2004), S. 187 f.). Verschiedene Arten der Integration erreichen eine unterschiedliche Intensität des Lock-In. Der geringste Lock-In-Effekt besteht durch vertragliche Regelungen zwischen den Unternehmen. Mit einer Kapitalbeteiligung an Komplementärunternehmen wird die Bindung mit der Höhe der Beteiligung gesteigert. Bei der Form der vollkommenen Integration, bei der alle Wertschöpfungsaktivitäten integriert und unter einheitlichem Eigentum koordiniert werden (Bsp. Mutter-Tochtergesellschaften), besteht die größte Abhängigkeit.

Noch stärker wird der Komplementäranbieter an das eigene Unternehmen gebunden, wenn es gelingt, die Zusammenarbeit mit ihm auf mehrere Geschäftsfelder auszudehnen. So geht die Bindung nicht verloren, wenn man aus einem Geschäftsfeld austritt. Dementsprechend strebt Amazon zum Vertrieb des „Kindle" – ein Gerät, das ca. 200 digitale Bücher speichern kann –

eine Kooperation mit Vodafone an (vgl. Stölzel (2007), S. 16). Der Lock-In zwischen dem Buchhändler und dem Mobilfunkanbieter könnte noch erhöht werden, indem die Zusammenarbeit zum Beispiel auf den Telekommunikationssektor von Amazon ausgeweitet wird.

7.1.3 Beeinflussungsstrategien des Lock-In gegenüber der Konkurrenz

Zur Stabilisierung des eigenen Portfolios kann auch beitragen, Einfluss auf die Konkurrenz zu nehmen.

Konkurrenten des eigenen Unternehmens sollten möglichst leicht den Markt verlassen können. Damit verringert sich die Anzahl der Wettbewerber, die Konzentration in der Branche nimmt ab und der eigene Marktanteil kann leichter gesteigert werden. Deshalb sind Möglichkeiten, die zur Senkung des Lock-In der Konkurrenz beitragen bzw. dazu dienen, ihn nicht unnötig zu erhöhen, von strategischer Bedeutung. Das läuft darauf hinaus, soweit möglich, die Marktaustrittsbarrieren (vgl. Kapitel 4) der Wettbewerber zu reduzieren.

- Befindet sich das eigene Unternehmen auf Expansionskurs, kann es sinnvoll sein, dem austrittswilligen Konkurrenzunternehmen anzubieten, einen Teil seiner Mitarbeiter zu übernehmen. Damit werden vor allem personalwirtschaftliche Austrittsbarrieren überwunden. Gleichzeitig sendet man damit ein positives Signal an die Öffentlichkeit, welches das Zutrauen in die Wettbewerbskraft des eigenen Unternehmens verbessert. Vor diesem Hintergrund werden z. B. die Avancen einiger Postzusteller verständlich, die gern Belegschaftsteile der angeschlagenen und austrittswilligen PIN-Gruppe übernehmen möchten. Der Konkurrent erzielt seinerseits eine geräuschlose Trennung von Teilen seiner Belegschaft und vermeidet einen etwaigen Imageverlust.
- Neben der Beeinflussung der „fremden“ Austrittsbarrieren kann ein Unternehmen den Austritt des Konkurrenten auch dadurch forcieren, dass es den Druck auf den eh schon angeschlagenen Wettbewerber weiter erhöht. Besitzt das Unternehmen eine entsprechend hohe Marktmacht, kann es z. B. durch Preiskämpfe oder einen verstärkten Qualitätswettbewerb Marktanteile des Wettbewerbers abschöpfen und diesen damit weiter schwächen.

Man beachte aber: Die Konzentration auf die Schwächung der Position der Wettbewerber sowie die Beeinflussung der Marktaustrittssituation für diese Unternehmen birgt die Gefahr einer zu starken Fokussierung auf die Konkurrenz. Das kann zur Folge haben, dass Maßnahmen zur Optimierung der eigenen Unternehmenstätigkeit vernachlässigt werden. Um den Marktaustritt als proaktive strategische Option nutzen zu können, erscheint es daher häufig sinnvoller, Handlungsmöglichkeiten zur Senkung des *eigenen* Lock-In am Markt zu identifizieren. Dies erlaubt es dem eigenen Unternehmen, sich bei dauerhaft sinkender Attraktivität des Marktes auf profitablere Geschäftsfelder zu konzentrieren und strategisch nicht von den Entscheidungen der Wettbewerber abhängig zu sein.

Aus diesem Grund werden im Anschluss Ansätze zur Beeinflussung des eigenen Lock-In-Effekts beschrieben.

7.2 Strategien zur Portfolio-Neustrukturierung

Heutige Wettbewerbsbedingungen sind zunehmend von kontinuierlichen Veränderungen und entsprechend kurzfristigen Wettbewerbsvorteilen geprägt. Nicht wenige Managementforscher sehen nicht mehr in Stabilität und Gleichgewicht die wesentlichen Ziele. Vielmehr liegt oft im schnellen Aufbau und dann auch wieder raschen Zerstörung der eigenen Wettbewerbsvorteile der Schlüssel zum Erfolg (vgl. z. B. D'Aveni (1995), S. 54). Gemäß einer derartigen *hit-and-run-Strategie* bietet es sich an, in einen Markt einzutreten, bestehende Wettbewerbsvorteile rasch abzuschöpfen und rechtzeitig wieder auszutreten. Discounter wie Aldi und Lidl verfolgen z. B. eine saisonal-laterale Diversifikation. Sie bieten temporär Produkte an, die wenig oder gar nichts mit ihrer regulären Produktpalette gemein haben. So kann man ab und zu bei Aldi Computer oder bei Lidl eine Last Minute-Reise in den europäischen Süden kaufen. Das Angebot ist mengenmäßig limitiert, wird nur in einer bestimmten Woche angeboten und nicht nachbestellt. Damit treten die Discounter für wenige Tage in einen für sie sonst unbekannten Markt ein, erwirtschaften Gewinne und sind danach wieder aus der entsprechenden Branche verschwunden. Ihre Markterschließungskosten sind minimal; durch das mengenmäßig beschränkte Angebot entstehen kaum Lagerkosten, da meist schon in den ersten Tagen 100 % des Angebots abgesetzt werden. Ähnlich hält es der Kaffeeröster Tchibo, der jede Woche ein wechselndes Angebot an Kleidung, Haushaltsgeräten, Sportartikeln u. ä. in eigenen Läden, an Ständen in Supermärkten sowie online zur Verfügung stellt.

Derart diversifizierte Unternehmen, d. h. Unternehmen, die in verschiedenen Geschäftsfeldern tätig sind, sind naturgemäß nicht so stark an einen Markt gebunden, da das Unternehmen *mehrere Standbeine* hat. Treten sie aus, können sie ihre Tätigkeiten in den verbleibenden Bereichen fortführen. Unternehmen, die hingegen nur ein Geschäftsfeld bedienen, würden nach einem Marktaustritt logischerweise nicht mehr weiter existieren können. In diesem Falle muss das Management natürlich länger an einem nicht mehr profitablen Bereich festhalten, als dies bei Unternehmen mit mehreren Standbeinen der Fall ist. Das Multi-Technologieunternehmen 3M bedient viele unterschiedliche Geschäftsfelder (Display and Graphics, Health Care, Electro and Communications, Transportation, Security). Durch diese Heterogenität des Portfolios erreicht es nicht nur eine Risikostreuung, sondern auch strategische Flexibilität, d. h. tendenziell niedrigere Marktaustrittsbarrieren und damit die Möglichkeit, einen Geschäftsbereich aufzugeben, ohne gleich massive Ertragseinbußen befürchten zu müssen.

Die strategische Flexibilität von Unternehmen wird darüber hinaus bewahrt, wenn auf möglichst *lose Integration* bzw. flexible Verträge mit Zulieferern und anderen Geschäftspartnern geachtet wird. Vertikal integrierte Unternehmen sind in hohem Maße an den (internen) Lieferanten oder Kunden gebunden (vgl. Bamberger/Wrona (2004), S. 190). Bei einem Marktaustritt ist ein enges Korsett aus langfristigen Vertragsverpflichtungen indes hinderlich und schränkt die Flexibilität ein. Hier sind konfliktäre Zielbeziehungen zu beachten, wenn ein Unternehmen zunächst die Integration von Geschäftspartnern forciert, um diese an sich zu binden (siehe 7.1.2); und dann aber gleichzeitig den eigenen Lock-In nicht erhöhen möchte, um einen evtl. späteren eigenen Austritt nicht zu gefährden.

Marktaustritt als proaktive Strategie erfordert neben der organisatorischen Gestaltung des Unternehmens zugleich eine bestimmte *emotionale und soziale Einstellung bei den Entscheidungsträgern* sowie den Mitarbeitern. Will man gemäß der hit-and-run-Strategie vorgehen, ist von vornherein klar, dass man sich nicht dauerhaft auf einen Markt einlässt. Dies verlangt auch eine entsprechende offene, risikofreundliche, innovative *Unternehmenskultur.*

Bei diesen Ausführungen wird klar, dass auch die *Wahl der Timingstrategie* spätere Lock-In-Effekte vorprägt. Die größten Chancen auf einen niedrigen Lock-In weist der Frühe Folger auf (vgl. von der Oelsnitz (2000a), S. 139 ff.). Der Pionier, also das erste Unternehmen, das einem Markt erschließt oder betritt, hat hohe Marktaufbaukosten. Bleibt der erwartete Erfolg aus, ist der Anteil der versunkenen Kosten meist sehr hoch; der Marktaustritt fällt dann schwer. Manager halten womöglich in der Hoffnung am Markt fest, die Anfangsinvestitionen „irgendwann" doch noch zu erwirtschaften. Der frühe Folger kann hingegen erst einmal abwarten, welche Erfahrungen der Pionier macht. Stellt sich der erschlossene Markt als erfolgversprechend heraus, wagt er den Eintritt und spart die teilweise hohen anfänglichen Kosten, partizipiert aber noch vom Marktwachstum. Seine versunkenen Kosten halten sich in Grenzen und damit auch der Lock-In. Darüber hinaus kann er im Vergleich zum späten Folger noch wichtige Lerneffekte erzielen.

Bezüglich des *Marktstadiums* bergen Wachstumsmärkte den geringsten Lock-In, da sie die meisten Gewinne versprechen und damit Investitionen rasch amortisiert werden können. Kommt ein Markt in die Reifephase, sollte eventuell schon über einen Austritt nachgedacht werden (hit-and-run). Spätestens aber in der Zyklusphase der Stagnation und des Rückgangs ist der Austritt sinnvollerweise genau zu prüfen, um spätere Verluste zu vermeiden. Eventuell gelingt es, in rückläufigen Märkten spezifische Bedürfnisse zu wecken oder dem Angebot einen Zusatznutzen zu geben, um den Markt wiederzubeleben. Auch innovative Technologiesprünge können den Absatz noch einmal aufflackern lassen. Trotz allem aber steigt in reifen Märkten die Gefahr eines wachsenden Lock-In, weil Kunden in späten Produktlebensphasen oft nur durch zusätzliche Garantien und herstellereigene Selbstverpflichtungen zu einem Kauf bewogen werden können.

Alles in allem könnten viele Insolvenzen einst erfolgreicher Unternehmen vermieden werden, wenn sie die Austrittsalternative frühzeitiger vorurteilsfrei geprüft hätten. Dies erfordert aber eben eine gewisse auch *psychologische Flexibilität*, mit der dann bewährte Strategien und Konzepte hinterfragt und gegebenenfalls zugunsten einer Neuorientierung aufgeben werden (vgl. von der Oelsnitz (2007), S. 161).

Die Bedeutsamkeit unterstreicht ein aktuelles Beispiel: So bezeichnet das „manager magazin" die Geschäftsidee des Universalhandels beim Otto-Konzern als Auslaufmodell. Es schreibt:

> „[...] der umwelt- und kulturbewegte Eigentümer [versäumte], ein striktes Kostendenken zu installieren. Unangenehme Entscheidungen, wie die Schließung defizitärer Tochtergesellschaften oder Entlassungen, schob er oft so lange vor sich her, bis der Leidensdruck übermächtig wurde. Ergebnis: Die Firma mit ihren knapp 53 000 Mitarbeitern ist zu langsam, zu unflexibel, zu wenig kreativ (Jensen/Schwarzer (2009), S. 26)."

Dass es durchaus erfolgreich sein kann, sich von seinem bisherigen Kerngeschäft zu lösen und eine völlig neue Richtung einzuschlagen, zeigt das Beispiel Nokia. Der heute weltgrößte Produzent von Mobiltelefonen stellte zu Beginn seiner Unternehmenstätigkeit Papier her. Anfang des 20. Jh. erfolgte die erste strategische Neuausrichtung hin zur Herstellung von Gummistiefeln und Rollstuhlreifen. Heute hat Nokia mit beiden Branchen nichts mehr zu tun. Ähnlich schaffte es Intel in den 1980er Jahren, sich vom Produzenten von Speichermedien (DRAM) zu einem der erfolgreichsten Anbieter von Microprozessoren zu wandeln. Die Transformation war nicht so einschneidend wie bei Nokia, erforderte jedoch eine genaue Refokussierung des Kerngeschäfts. Die Umstellung gelang, weil Intel in der Lage war, seine Kernkompetenzen im Bereich der Herstellung von Speichermedien weitgehend auf die Produktion von Microprozessoren zu übertragen. Durch eine intensive Analyse stellte man fest, dass der Prozess der Definition von Produktanforderungen, das Produktdesign, die Herstellung sowie Verkauf und Marketing in beiden Branchen nahezu identisch ist (vgl. Burgelman (1994), S. 38 ff.). Die Mitarbeiter konnten somit im Unternehmen bleiben und ihre Expertise auf den neuen Bereich übertragen. Die Fähigkeit, *Kernkompetenzen auf neue Bereiche übertragen* zu können und damit ihre Weiterverwendung zu ermöglichen, trägt ebenfalls erheblich zur Senkung des Lock-In bei.

7.3 Strategisches Marktaustrittsmanagement

Die aktive Beeinflussung des Lock-In durch die aufgezeigten Maßnahmen ist letztlich Teil eines umfassenden Marktaustrittsmanagements. Um den unternehmerischen Marktaustritt als proaktive Strategie einsetzen zu können, muss der Markt anhand der im Kapitel 4 identifizierten Determinanten kontinuierlich beobachtet und die Entwicklung des Lock-In genauestens verfolgt werden. Fundierte Marktanalysen dienen dazu, einen sich verstärkenden Lock-In rechtzeitig zu erkennen und Gegenmaßnahmen einleiten zu können.

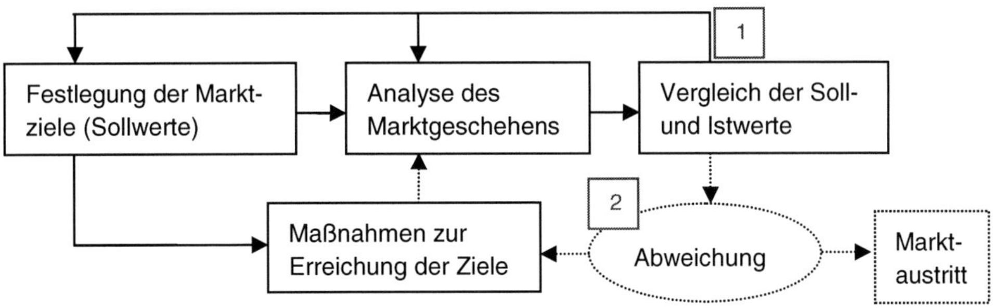

Abb. 5: Phasenkonzept zur Beobachtung des Lock-In

Dazu sind zunächst intern klare Marktziele bezüglich Gewinn, Marktanteil etc. festzulegen sowie die Maßnahmen und Instrumente zur Erreichung dieser Ziele auf allen Unternehmensebenen klar zu definieren. Anhand dieser Sollwerte erfolgt dann eine kontinuierliche Überprüfung der Unternehmensentwicklung (Abb. 5).

Durch stetiges Beobachten der Situation kann verhindert werden, dass das Unternehmen in einen Lock-In gerät, der das gebotene Austreten aus einem Geschäftsfeld behindert. Der Zyklus 1 (durchgezogene Pfeile) in Abb. 5 repräsentiert Phasen, wenn der Vergleich zwischen den Zielgrößen und den real erreichten Werten positiv (oder zumindest nicht negativ) ausfällt. Der Zyklus 2 (gestrichelte Pfeile) zeigt die beiden Möglichkeiten bei einem (andauernden) negativen Vergleich. Zum einen können bei negativen Abweichungen Sanierungsmaßnahmen ergriffen werden, um die Wettbewerbsfähigkeit wieder zu steigern. Die zweite Variante ist der endgültige Austritt. Dieser kann entweder sofort erfolgen oder erst nach erfolglosem Sanierungskonzept. Ergänzend zur Marktsicht muss allerdings immer auch aus der Technologieperspektive nach dem Know-how-Verlust gefragt werden, der mit der Aufgabe eines Geschäftsfeldes verbunden ist. Dauerhaft eliminierter Produkte bedeuten nicht selten zukünftige Kompetenzlücken.

Zu einem ganzheitlichen Marktaustrittsmanagement gehört schlussendlich auch, den eigentlichen Austrittsprozess effektiv zu organisieren. Die in Kapitel 3 angesprochenen Phasenmodelle, die von Brüggerhoff (1992) zusammengestellt wurden, beenden allerdings ihre Darlegungen mit der Entschlussphase, d. h. es werden keinerlei Empfehlungen gegeben, wie konkret vorgegangen werden soll, wenn die Marktaustrittsentscheidung einmal getroffen wurde. Es gibt zu wenig Klarheit darüber, wie der Austrittsprozess – also die Implementierungsphase – selbst gestaltet werden sollte.

Ein Marktaustritt und die anschließende Orientierung auf andere oder gar neue Geschäftsfelder ziehen schließlich immer auch einen organisationalen Wandel nach sich. Der Marktaustritt ist in die handlungsorientierte Perspektive des organisationalen Wandels einzuordnen, da sich im Management des Austrittprozesses die Frage stellt, wie die Veränderungen zu gestalten und zu führen sind (vgl. Bamberger/Wrona (2004), S. 422). Beispielsweise ist die Entscheidung zu treffen, ob das Geschäftsfeld endgültig geschlossen oder verkauft werden soll (und damit bei einem anderen Unternehmen weiterläuft). Daraufhin sind die vertraglichen Regelungen mit Geschäftspartnern und Kunden zu prüfen und Vereinbarungen zur Abwicklung der daraus noch entstehenden Verpflichtungen zu treffen. Bei Veränderungen kann die Unternehmensleitung auf Widerstand der Mitarbeiter stoßen, die verunsichert sind oder Angst vor einem Arbeitsplatzverlust haben. In dem Falle ist eine aufklärende Kommunikation notwendig. Die Gründe des Marktaustritts müssen transparent und nachvollziehbar dargestellt werden. Ein entsprechendes Krisen- und Konfliktmanagement ist also unerlässlich. Im Kontext eines immer volatileren Wettbewerbs gehört diese Kompetenz zum Rüstzeug eines geistig flexiblen Managers.

Literatur

Arthur, B. W. (Competing Technologies, 1989): Competing Technologies, Increasing Returns, and Lock-in by Historical Events, in: The Economic Journal, Oxford: Blackwell, Jg. 99, 1989, S. 116-131.

Arthur, B. W. (Positive Feedbacks, 1990): Positive Feedbacks in the Economy, in: Scientific American, 262, 1990, S. 92-99.

Bamberger, I./ Wrona, T. (Strategische Unternehmensführung, 2004): Strategische Unternehmensführung. München 2004.

Bartsch, D./ Börner, C. J. (Werteffekte strategischer Desinvestitionen, 2007): Werteffekte strategischer Desinvestitionen - Eine empirische Untersuchung am deutschen Kapitalmarkt, in: Zeitschrift für betriebswirtschaftliche Forschung, Jg. 59, Februar 2007, S. 2-34.

Bea, F. X./ Haas, J. (Strategisches Management, 2001): Strategisches Management, 3. Aufl., UTB, Stuttgart 2001.

Brüggerhoff, J. (Management von Desinvestitionen, 1992): Management von Desinvestitionen. Gabler, Wiesbaden 1992.

Burgelman, R. A. (Fading Memories, 1994): Fading Memories: A Process Theory of Strategic Business Exit in Dynamic Environments, in: Administrative Science Quarterly, 39 (1994), S. 24-56.

Burmann, C. (Strategische Flexibilität, 2002): Strategische Flexibilität und Strategiewechsel als Determinanten des Unternehmenswertes, Habilitationsschrift UNI Münster 2001, Gabler DUV, Wiesbaden 2002.

Camuppo, A./ Furlan, A./ Rettore, E. (Risk Sharing, 2005): Risk Sharing in Supplier Relations: an agency model for the Italian air conditioning industry, in: MIT Industrial Performance Center, IPC Working Paper Series 05-003, June 2005; http://web.mit.edu/ipc/publications/pdf/05-003.pdf; Abruf: 13.12.2007.

D'Aveni, R. (Neue Märktedynamik, 1995): Neue Märktedynamik. Strategien im Hyperwettbewerb, in: Absatzwirtschaft, Nr. 9, 1995, S. 54-59.

David, P. (Clio and the Economics, 1985): Clio and the Economics of QWERTY, in: American Economic Review, Papers and Proceedings 75, 1985, S. 332-337.

Fritsch, M. / Wein, T. / Ewers, H.-J. (Marktversagen und Wirtschaftspolitik, 2005): Marktversagen und Wirtschaftspolitik, 6. Aufl., München 2005.

Guy, C. (Exit strategies, 1999): Exit strategies and sunk costs: the implications for multiple retailers, in: International journal or retail & distribution Management, Vol. 27, Nr. 6, 1999, S. 237-245.

Hennersdorf, A. / Schumacher, H. (Hungrige Löwen, 2006): Hungrige Löwen, in: Wirtschaftswoche vom 9.10.2006, Nr. 41, S. 84-88.

Hofmann, U. (Netzwerk-Ökonomie, 2001): Netzwerk-Ökonomie. Heidelberg 2001.

Hölzl, W. (Tangible and intangible sunk costs, 2005): Tangible and intangible sunk costs and the entry and exit of firms in a small open economy: the case of Austria, in: Applied Economics, 2005, 37, S. 2429-2443.

Janger, J. / Zarl, R. / Zeiner, H. (Österreichs Unternehmen, 2001): Österreichs Unternehmen vor der Herausforderung elektronischer Marktplätze. Kapitel 1 Elektronische Marktplätze – eine Bestandsaufnahme. Online im Internet unter: http://wko.at/wp/extra/b2b/B2B_eMP_1.htm, Wien 2001, Abruf: 2005-05-30.

Jensen, S. / Schwarzer, U. (Auslaufmodell, 2009): Auslaufmodell, in: manager magazin, Nr. 2, 39. Jahrgang, 2009, S. 26-31.

Karakaya, F. (Market Exit, 2000): Market Exit and Barriers to Exit: Theory and Practice, in: Psychology & Marketing, Special Issue: Market exit, Band 17 (8), 2000, S. 651-668.

Kessides, I. (Advertising, sunk costs, 1986): Advertising, sunk costs and barriers to entry, in: Review of Economics and Statistics, 1986, 68, S. 84-95.

Kück, M. (Bankenkrise, 2004): Bankenkrise und Marktaustrittsprozess, in: Kück, M. (Hrsg.): Die Krise im Bankensektor. Berliner Wissenschaftsverlag, Berlin 2004, S. 135-159.

Luther, F./ Felsner, J./ Huang, Y. (Google, 2004): Google. Eine ökonomische Analyse, 2004. Online im Internet unter: http://www.ig.cs.tu-berlin.de/oldstatic/w2003/ir1/uebref/LutherEtAl-Referat-G9-012004.pdf; Abruf: 30.01.2009.

March, J./ Olsen J. (Rediscovering Institutions, 1989): Rediscovering Institutions: The Organizational Basis of Politics. Free Press, New York. Medical World, 1989.

Meffert, H. (Marketing, 2000): Marketing. Grundlagen marktorientierter Unternehmensführung. Konzepte - Instrumente - Praxisbeispiele. 9. Aufl., Wiesbaden 2000.

Melachroinos, K. A./ Spence, N. (Regional Economic Performance, 1999): Regional Economic Performance and sunk costs, in: Regional studies, Vol. 33.9, 1999, S. 843-855.

North, D. C. (Institutions, 1991): Institutions, in: Journal of Economic Perspectives, 5 (1), 1991, S. 97-112.

Pedell, B. (Sunk Costs, 2000): Sunk Costs, Commitment, and Strategy, Münchener Betriebswirtschaftliche Beiträge, München 2000; http://www.intranet-lehrstuhl.bwl.uni-muenchen.de/dispatch/Publikation/Volltexte/621.pdf; Abruf: 07.11.2006.

Pierson, P. (Increasing Returns, 2000): Increasing Returns, Path dependence, and the study of Politics, in: American Political Science Review 94, 2, 2000, S. 251-267.

Porter, M. E. (Please note location of nearest exit, 1976): Please note location of nearest exit: exit barriers and planning, in: California Management Review 19, 1976, Nr. 2, S. 21-33.

Posselt, T. (Mobilitätsverhalten, 1993): Mobilitätsverhalten von Unternehmen, Eine industrieökonomische Analyse, Dissertation an der Universität Frankfurt am Main, Wiesbaden 1993.

Reiljan, E. (Reasons for de-internationalization, 2006): Reasons for de-internationalization. An anlysis of Estonian manufacturing companies, in: Hannula, H. / Radosevic, S. / von Tunzelmann, N. (Hrsg.): Estonia, the new EU economy: building a Baltic miracle? Aldershot: Ashgate 2006, S. 229-257.

Rosenbaum, D. I. / Lamort, F. (Entry, 1992): Entry, barriers, exit, and sunk costs : an analysis, in: Applied economics, ISSN 0003-6846, Bd. 24 (1992), 3, S.297-304.

Ruiz-Aliseda, F. (Strategic Commitment, 2003): Strategic Commitment versus Flexibility in a Duopoly with Entry and Exit, Discussion Paper #1379, Oktober 2003, Northwestern University USA.

Schmidt, G. (Marktaustrittsstrategien, 1994): Marktaustrittsstrategien, Frankfurt am Main 1994.

Schoder, D. (Forecasting the success, 2000): Forecasting the success of telecommunication services in the presence of network effects, in: Information Economics and Policy, 12 (2000), S. 181-200.

Schreyögg, G./ Sydow, J./ Koch, J. (Organisatorische Pfade, 2003): Organisatorische Pfade - von der Pfadabhängigkeit zur Pfadkreation? In: Schreyögg, G., Sydow, J.: Managementforschung 13 (2003), Gabler, S. 257-294.

Shapiro, C./ Varian, H. R. (Information Rules, 1999): Information Rules. A Strategic Guide to the Network Economy. Harvard Business School Press, Boston 1999.

Siebert, H. (Ökonomische Analyse, 1999): Ökonomische Analyse von Unternehmensnetzwerken, in: Sydow, J. (Hrsg.): Management von Netzwerkorganisationen. Beiträge aus der "Managementforschung". Wiesbaden 1999, S. 7-27.

Simanek, A. (Geschäftsfeldplanung, 1998): Markt- und kompetenzorientierte Geschäftsfeldplanung. Wettbewerbs- und Integrationsstrategien in divisional organisierten Unternehmen. Wiesbaden 1998.

Stelzer, D. (Digitale Güter, 2000): Digitale Güter und ihre Bedeutung in der Internet-Ökonomie. In: WISU - Das Wirtschaftsstudium. Nr. 6, 2000, S. 835-842.

Stölzel, T. (Papierlos, 2007): Papierlos, in: Wirtschaftswoche vom 10.12.2007, Nr. 50, 2007.

Strothe, D. (Identifikation und Bewertung, 2006): Identifikation und Bewertung der Konfigurationen internationaler Marktein- und Marktaustrittsstrategien junger Technologieunternehmen, Gabler DUV, Frankfurt am Main u. a. 2006.

Teece, D.J./ Rumelt, R./ Dosi, G./ Winter, S. (Understanding corporate coherence, 1994): Understanding corporate coherence. Theory and evidence, in: Journal of Economic Behavior and Organization, Vol 23, 1994, S. 1-30.

Thum, M. (Netzwerkeffekte, 1995): Netzwerkeffekte, Standardisierung und staatlicher Regulierungsbedarf. Mohr Verlag Tübingen, München 1995.

von der Oelsnitz, D. (Strategische Interaktionen, 2000a): Strategische Interaktionen zwischen Eintrittszeitpunkt und Eintrittsbarrieren, in: Oelsnitz, D. von der (Hrsg.): Markteintritts-management. Probleme, Strategien, Erfahrungen, Schäffer-Poeschel, Stuttgart 2000, S. 138-157.

von der Oelsnitz, D. (Marktorientierte Organisationsgestaltung, 2000b): Marktorientierte Organisationsgestaltung. Eine Einführung. Stuttgart-Berlin-Köln, 2000.

von der Oelsnitz, D. (Von der Kunst des Loslassen-Könnens, 2007): Von der Kunst des Loslassen-Könnens. Warum viele Manager die Wissensschöpfung vernachlässigen, in: Zeitschrift Führung und Organisation (ZfO), 76. Jg., Nr. 3, 2007, S. 161-166.

von der Oelsnitz, D./ Nirsberger, I. (Marktaustritt, 2007): Marktaustritt – Gründe und Barrieren, in WISU – Das Wirtschaftsstudium, Jg. 36, Nr. 10, 2007, S. 1288-1296.

Wieandt, A. (Versunkene Kosten, 1994): Versunkene Kosten und strategische Unternehmensführung, in: Zeitschrift für Betriebswirtschaft 64, 1994, S. 1027-1044.

Wirtz, B. W. (Electronic Business, 2001): Electronic Business. 2. Aufl., Wiesbaden 2001.

Wirtz, B. W./ Matthieu, A. (Erfolgsfaktoren und Perspektiven, 2002): Erfolgsfaktoren und Perspektiven von B2B-Marktplätzen. In: WISU - Das Wirtschaftsstudium. Jg. 31, Nr. 2, 2002, S. 223-228.

Das Portfolio als Momentaufnahme: Analyse und Visualisierung komplexer Entscheidungssituationen

Peter E. Harland

Portfolios sind die Schnittstelle zwischen abstrakten, strategischen Konzepten und komplexen, operativen Prozessen, indem sie in einer „Momentaufnahme“ ein vereinfachtes Bild der Wirklichkeit bieten. Sie ermöglichen damit gleichzeitig die strategische Analyse, strategisch fundierte Entscheidungen und die Kontrolle der Umsetzung strategischer Konzepte. Die Portfoliomatrix ist dabei ein attraktives Instrument zur Darstellung komplexer (mehrdimensionaler) strategischer Sachverhalte. Die strategische Entscheidung, welche Produkte angeboten werden sollen, ist nicht nur marktgetrieben. Berücksichtigt werden sollen sowohl Technology Push als auch Market Pull. Innovative Ansätze berücksichtigen daher beide Perspektiven. Dieser Beitrag untersucht, welche (graphischen) Möglichkeiten die Portfoliomatrix bietet, inwieweit bekannte Portfoliokonzepte sowohl Technologie- als auch Marktaspekte berücksichtigen und welche strategischen Optionen bei der Anwendung des (Produkt-) Portfoliomanagements bestehen.[1]

1 Einleitung

„US-Autobauer – Opfer des Größenwahns.“[2] „Ein entscheidendes Kriterium für den Erfolg liegt im breiten Produktportfolio. Denn Swatch bietet Uhren für jeden Geldbeutel, von der klassischen Swatch-Armbanduhr über die gehobene Kategorie (Tissot) bis hin zu exklusiven Marken wie Omega.“[3] „O2 wächst dank Kooperation mit Tchibo.“[4] „Wegen Problemen bei

---

[1] Dieser Beitrag basiert in Teilen auf den Überlegungen in: Harland, Peter E.: Portfolio-Analyse: Segmentierung strategischer Innovationsfelder unter Berücksichtigung von Technologie- und Marktaspekten; in: Amelingmeyer, Jenny / Harland, Peter E.; Technologiemanagement & Marketing – Herausforderungen eines integrierten Innovationsmanagements, Wiesbaden 2005, S. 245-266 und wurde mit Blick auf die hier diskutierte Fragestellung des Produktportfoliomanagements grundlegend überarbeitet.

[2] Spiller (US-Autobauer, 2009).

[3] Ingerl (Portfolio, 2009).

[4] Financial Times Deutschland (Kooperation, 2005).

der Umstellung auf die Digitalfotografie hat Eastman Kodak die Streichung von 22.500 bis 25.000 Stellen angekündigt."[5]

Diese Beispiele zeigen, dass die große Dynamik der technologischen Entwicklungen und der Marktveränderungen in der globalisierten Welt die Unternehmen in ihren Grundfesten berührt. Neue Technologien wälzen ganze Branchen um. Strategische Allianzen beeinflussen die Ausrichtung von Geschäftsbereichen, durch Kooperationen werden z.B. bei der Vermarktung ganz neue Zielgruppen erreicht. Unternehmenskäufe oder die Veräußerung von Unternehmensteilen führen zu raschen Umstrukturierungen von Unternehmen oder Unternehmensbereichen, die zu einer doppelten Abdeckung ganzer Produktbereiche führen. Veraltete Produkte werden nicht abgelöst, weil der Vertrieb immer Gründe für die Fortführung des Angebotes findet und auch einzelne Kunden bewährte Produkte weiter verlangen. Gleichzeitig werden interne Prozesse komplexer. Die Folge ist in vielen Unternehmen eine unüberschaubare Vielfalt an Produkten und Dienstleistungen – mit allen Komplexitätskosten wie Produktpflege, Lagerhaltung von Komponenten und Erzeugnissen, Marketingmaßnahmen etc.

In immer kürzeren Abständen stellt sich für Unternehmen die Frage, mit welchen Produkten sie im globalen Wettbewerb heute und morgen bestehen können. Häufig gehen damit Fragestellungen einher, die eine Abwägung kurz- und langfristiger Interessen erfordern. Die Entwicklung einer neuen Technologie ist i.d.R. eine langfristige Investition, die möglicherweise kurzfristigen Maßnahmen wie z.B. Produktoptimierungen oder -diversifikationen Ressourcen streitig macht. Es besteht einerseits große Unsicherheit, in welche Richtung die Kompetenzen weiter ausgebaut werden sollen. Viele Unternehmen haben andererseits keinen Überblick über das Anwendungspotenzial der bereits beherrschten Technologien.

Das Management ist regelmäßig zur Neupositionierung oder zumindest zur Überprüfung der aktuellen Positionierung des Unternehmens, der Geschäftsbereiche oder einzelner Produkte gezwungen. Für eine derartige Positionsbestimmung ist eine systematische Analyse des Handlungsraums erforderlich. Dafür wird ein Instrumentarium zur Situationsbestimmung benötigt, das das Management u.a. bei der Beantwortung folgender Fragen unterstützt:

- Wie ist die derzeitige Situation zu bewerten? Sind die Unternehmensbereiche und Produkte richtig positioniert? In welchen Bereichen soll zukünftig verstärkt investiert werden?
- Welche alternative Positionierung des Unternehmens, der Geschäftsbereiche oder einzelner Produkte ist sinnvoll?
- Sind alle relevanten strategischen Optionen berücksichtigt? Andere Märkte, andere Technologien, andere Anwendungen?
- Werden potenzielle Synergien in F&E, Produktion und Logistik genutzt?
- Werden die vorhandenen Ressourcen optimal eingesetzt?

---

[5] Spiegel (Kahlschlag, 2005).

2 Portfolios als Instrument des strategischen Managements

2.1 Die Schnittstelle zwischen Strategie und operativen Prozessen

Mit der Lösung der in der Einleitung aufgeworfenen Fragen beschäftigt sich das strategische Management. Aufgabe des strategischen Managements ist der langfristige Aufbau von Erfolgspotenzialen und damit die Sicherstellung der langfristigen Überlebensfähigkeit des Unternehmens.

In vielen Unternehmen sind die operativen Aktivitäten in definierten Prozessen wie z.B. Supply Chain, Produktentwicklung, Marketing und Vertrieb formalisiert beschrieben. In der Praxis läuft eine Vielzahl dieser Prozesse gleichzeitig mit unterschiedlichem Zeitrahmen, unterschiedlichen Startzeiten und unterschiedlichen Ausprägungen ab. Viele reale Vorgänge lassen sich nur noch mit entsprechend komplexen, kybernetischen Modellen abbilden – Modelle also, die nur noch von Spezialisten vollständig durchschaut werden können und damit die normale Kommunikation überfordern.

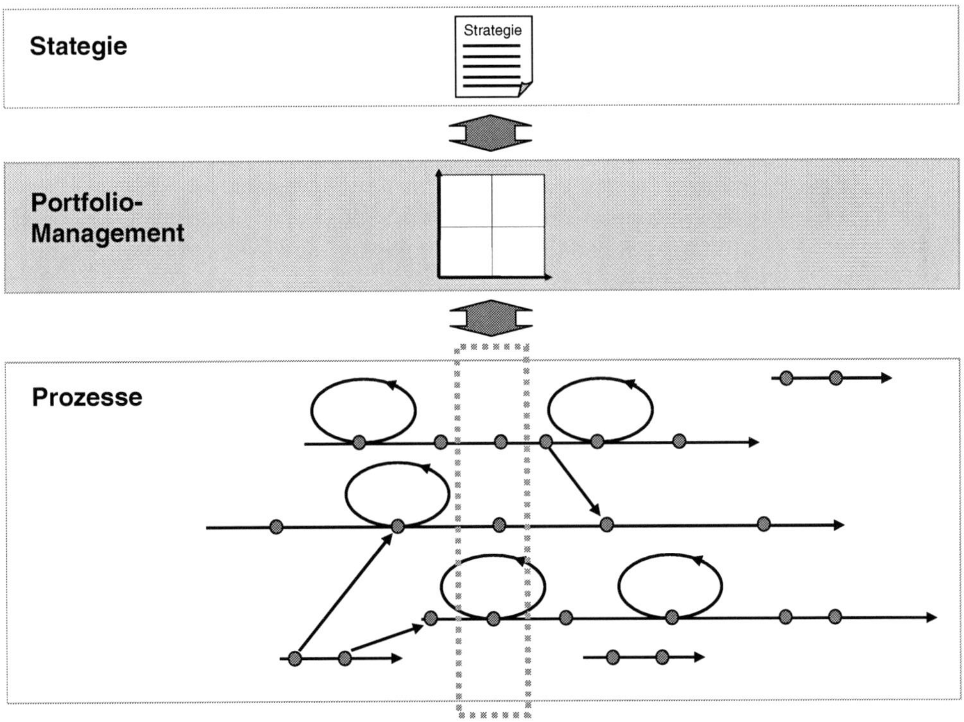

Abb. 1: Portfolio-Management als Bindeglied zwischen Strategie und Prozessen

Portfolios sind statische Blicke[6] auf dynamische Prozesse, die mit unterschiedlichen Startzeitpunkten anfangen, unterschiedlich lange dauern und unterschiedlich intensiv bearbeitet werden. Portfolios sind also (in Listenform oder in graphischer Darstellung) das Bindeglied zwischen komplexen, operativen Prozessen und abstrakten, strategischen Konzepten, indem sie in einer „Momentaufnahme" ein vereinfachtes Bild der komplexen Wirklichkeit bieten. Sie ermöglichen damit gleichzeitig die strategische Analyse, strategische fundierte Entscheidungen und die Kontrolle der Umsetzung strategischer Konzepte (s. Abb. 1).

Der Begriff Portfolio stammt ursprünglich aus dem Bereich der Finanzwirtschaft. In seinem Aufsatz „Portfolio Selection" stellte Markowitz 1952 seine Überlegungen zum Auswahlprozess eines Wertpapierbündels („Portfolio" nach dem französischen Wort „portefeuille" – Brieftasche) dar.[7] Den Gedanken einer Bewertung und Auswahl von Wertpapieren haben Anfang der 1970er Jahre Unternehmensberatungen auf die Bewertung und Auswahl von Geschäftsfeldern eines Unternehmens übertragen. Der Begriff „Portfolio" bezeichnet dabei eigentlich eine Menge von Objekten (z.B. von Produkten), wird aber im Allgemeinen auch synonym für die graphische Darstellung in Form einer so genannten „Portfoliomatrix" verwendet. Viele Überlegungen, die neuerdings unter dem Begriff „Portfolio" angestellt werden, findet man in der älteren Literatur unter dem Stichwort „Programm" (z.B. Produktprogramm[8], Projektprogramm).

2.2 Einzelne Entscheidung vs. Portfolio-Betrachtung

Es kann grundsätzlich die Frage gestellt werden, warum verschiedene Objekte verglichen oder auch nur gemeinsam betrachtet werden. Grundsätzlich könnten Entscheidungen auch aus Einzelfallbetrachtungen heraus getroffen werden (z.B. aufgrund der Bewertung der Wirtschaftlichkeit einer Produkteinführung). Eine solche Einzelfallentscheidung kann i.d.R. schneller getroffen werden, da sie keinen Koordinierungsaufwand erfordert.

Es gibt jedoch gute Gründe, die für eine ganzheitliche Portfolio-Betrachtung sprechen:

- Bei Einzelfallentscheidungen werden in der Regel die Opportunitätskosten nicht beachtet.
- Bei Einzelfallentscheidungen werden häufig Synergieeffekte vernachlässigt.
- Bei Einzelfallentscheidungen besteht die Gefahr, dass zu viele Objekte (Projekte, Produkte etc.) ausgewählt werden.
- Bei Einzelfallentscheidungen besteht die Gefahr, dass es bei der Auswahl von Objekten (Projekten, Produkten etc.) zu Überschneidungen kommt (z.B. zwei Produkte für die gleiche Zielgruppe).

Nur in einer Gesamtbetrachtung der Entscheidungssituation kann diesen Gefahren begegnet werden.

---

6 Es gibt zwar auch Portfolios mit dynamischen Objekten oder Vergleiche von mehreren Objektdaten in Portfoliolisten. Diese sind aber häufig unübersichtlich (s. Abschnitt 2.4).

7 Vgl. Markowitz (Portfolio Selection, 1952), S. 77-91.

8 S. z.B. Gabler (Wirtschaftslexikon, 1993), Sp. 2680.

2.3 Objekte der Portfoliobetrachtung

Das Bedürfnis, sich ein vereinfachtes Abbild der Wirklichkeit zu verschaffen, besteht in vielen Unternehmensbereichen (s. Abb. 2).[9] Auf Unternehmens- oder Konzernebene werden Beteiligungsportfolios oder Unternehmensportfolios betrachtet. Innerhalb des Unternehmens dienen Geschäftsfeldportfolios der strategischen Analyse. Technische Kompetenzen werden im Technologie-Portfolio analysiert, Entwicklungsprojekte im Projekt-Portfolio gesteuert und Produkt-Portfolios zeigen die Marktchancen auf. Auch auf der Ebene der Schutzrechte werden Portfolioüberlegungen angestellt, um die entsprechende Ausrichtung des Unternehmens zu untersuchen.

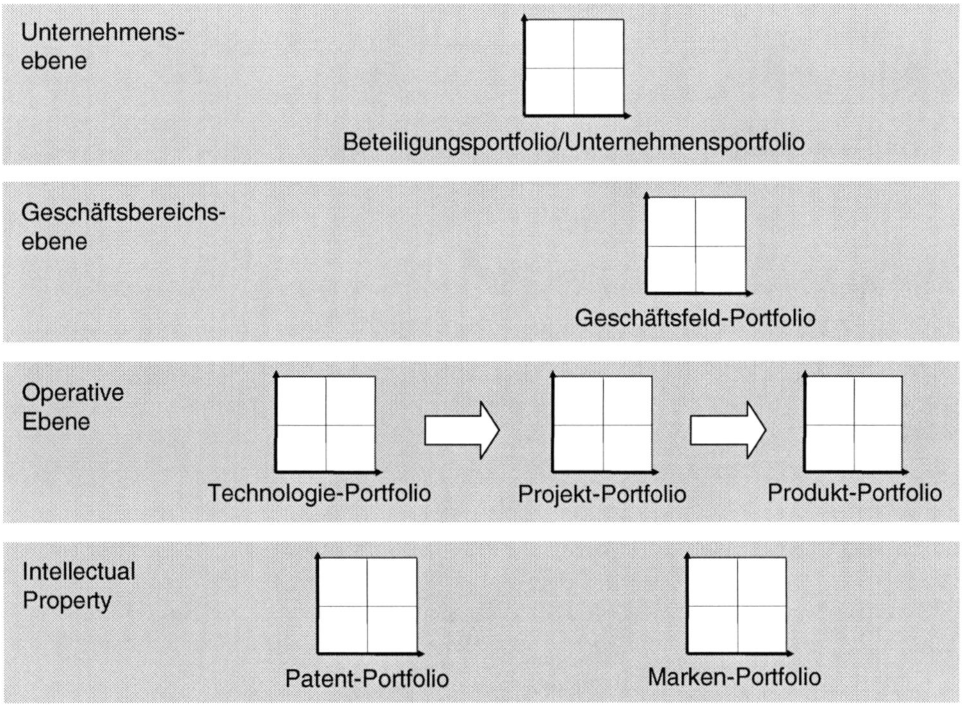

Abb. 2: Anwendung von Portfolios in unterschiedlichen Unternehmensbereichen

9 Siehe auch den Beitrag von Geßner in diesem Sammelband.

2.4 Graphische Darstellung von Portfolios

„Ein Bild sagt mehr als tausend Worte."

Portfolios können in Listen und Tabellen mit verschiedenen Merkmalen dargestellt werden. Bekannt geworden sind sie aber durch die einfach verständliche graphische Darstellung in Form einer Matrix (s. die „Boston Consulting Group Portfoliomatrix"[10] in Abbildung 3-a). Diese Form der Portfoliomatrix ist eine heute weit verbreitete Darstellung, um einzelne Analyseobjekte (graphisch) zu vergleichen.

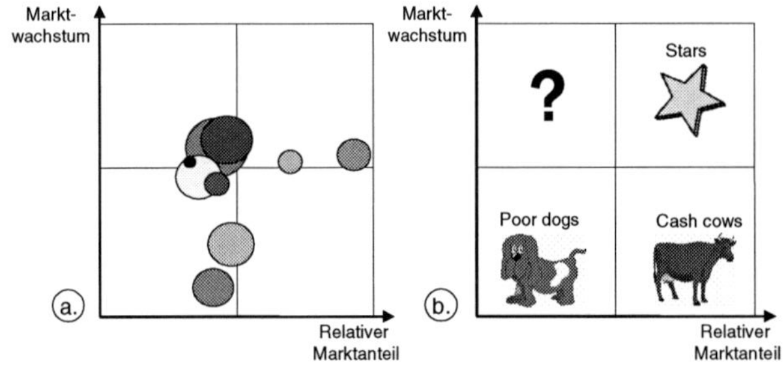

Abb. 3: Boston Consulting Group Portfoliomatrix
Quelle: Hedley (1977), S. 10 und 12.

Für die Analyse werden die einzelnen Geschäftsbereiche des Unternehmens in die Matrix eingetragen, indem auf der einen Achse die gegenwärtige Wettbewerbssituation (relativer Marktanteil) und auf der anderen Achse die zukünftigen Gewinnchancen (Marktwachstum) abgetragen werden. Eine anschließende Auswertung schlägt abhängig von der Positionierung Normstrategien vor (s. Abbildung 3-b).

Der Vorteil einer solchen Matrix-Darstellung liegt darin, dass ihre hohe Informationsdichte dem Management leicht einen Überblick über komplexe Situationen vermittelt. Mit einem Blick kann es die Situation verschiedenster Unternehmensbereiche erfassen. Dies vereinfacht die Kommunikation zwischen Managern verschiedener Bereiche und Hierarchiestufen.[11]

Wesentlicher Nachteil der Matrix-Darstellung ist die bei Erstellung der Matrix notwendige Verdichtung von Informationen, die u.U. wichtige Details vernachlässigt. Relevante schwache Signale werden so möglicherweise unterdrückt.[12]

Die graphischen Möglichkeiten der Portfoliomatrix sind vielfältig (s. Abbildung 4). Neben den bereits im BCG-Beispiel dargestellten Dimensionen „horizontale Achse", „vertikale

---

[10] Vgl. BCG (Portfolio-Matrix, 2005); Henderson (Portfolio, 1993), S. 286-287.
[11] Vgl. Hahn (Portfolio-Konzepte, 1999), S. 430.
[12] Vgl. Specht/Beckmann/Amelingmeyer (F&E-Management, 2002), S. 103.

Achse" und „Objektgröße" können weitere Dimensionen eingetragen werden. Abbildung 4-a stellt Beispiele für den Eintrag weiterer Dimensionen dar: Variation der Objektfarbe, der Objektform, der Objektschraffierung, der Stärke der Randlinie sowie das Anzeigen von Anteilen durch Kreisdiagramme und weitere Markierungen z.B. durch Fähnchen.[13]

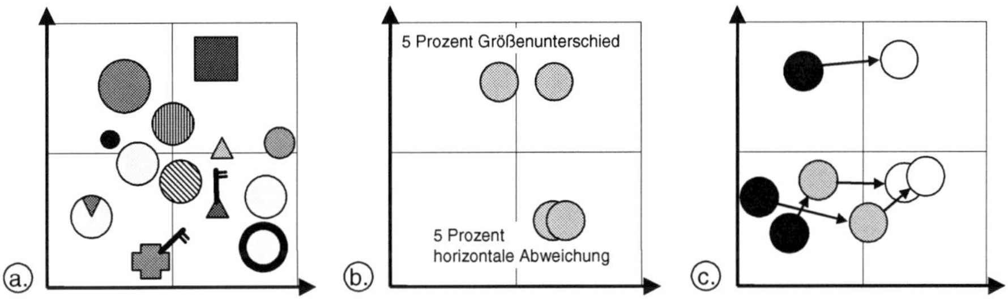

Abb. 4: Informationsverdichtung durch zusätzliche Dimensionen

Während das Anbringen von Fähnchen eine eher verspielte Variante ist, werden sechs wesentliche Dimensionen häufig angewendet: horizontale Achse, vertikale Achse, Objektgröße, Objektfarbe, Objektschraffierung und Objektform. Es stellt sich bei der Gestaltung von Portfolio-Ansätzen die Frage, welche Analyse-Größen diesen graphischen Dimensionen zugeordnet werden können. Wesentliche Kriterien bei der Zuordnung sind

- die Zielsetzung der Analyse,
- die Bedeutung der jeweiligen Größe und
- das Differenzierungsvermögen des Betrachters

Positionierung auf horizontaler und vertikaler Achse

Die Achsen sind prädestiniert für die Zuordnung metrischer Größen (kontinuierlich oder diskret), denkbar ist auch eine ordinale Skalierung. Da die spätere Auswertung i.d.R. über die räumliche Abgrenzung einzelner Bereiche der Portfoliomatrix erfolgt, haben die beiden Dimensionen eine herausragende Bedeutung. Ähnlich wie in mathematischen Koordinatensystemen werden auf der horizontalen Achse üblicherweise beeinflussbare Größen (im BCG-Beispiel der Marktanteil) und auf der vertikalen Achse nicht (oder nur sehr eingeschränkt) beeinflussbare Größen (im BCG-Beispiel das Marktwachstum) dargestellt.

[13] Meteorologen und Musiker haben Möglichkeiten entwickelt, Objekte mit weiteren Dimensionen auszustatten: Wetterkarten enthalten an Messpunkten Kreisdiagramme, deren Schwarzanteil den Grad der Bewölkung anzeigt. Ausrichtung eines Balkens und Anzahl der Fähnchen geben Windrichtung und Windstärke an, vgl. Bark (SKS, 2001), S. 164. Noten geben in der senkrechten Dimension die Tonhöhe und in der waagerechten Dimension die zeitliche Reihenfolge der Noten an. Das Spieltempo ergibt sich aus der Farbe (schwarz oder weiß ausgefüllt), aus dem Vorhandensein eines Notenhalses (ja oder nein) und gegebenenfalls aus der Anzahl der Fähnchen. Ein Musiker kann so leicht bei hoher Informationsfülle wesentliche Informationen über das Musikstück ablesen.

Objektgröße

Die Objektgröße kann ordinal oder metrisch skaliert werden. Abbildung 4-b verdeutlicht, dass die optische Differenzierung bei der Objektgröße wesentlich schlechter als bei der Positionierung ist. Für eine Abgrenzung von Analyseergebnissen kann die Objektgröße nicht direkt hinzugezogen werden, weil sie in der Fläche graphisch nicht abgrenzbar ist. Sie wird daher häufig für wichtige Zusatzinformationen verwendet (z. B. Umsatz, Investitionsvolumen etc.).

Objektfarbe, Objektform und Objektschraffierung

Objektfarbe, Objektform (Kreise, Dreiecke, Rechtecke etc.) und Objektschraffierung sind i.d.R. nominal skaliert und dienen z.B. der Unterscheidung von Produkt- und Prozesstechnologie. Bei der Objektfarbe ist auch eine ordinale oder metrisch-klassifizierte Skalierung mit Hilfe von Grauabstufungen möglich. Für Objektform und -schraffierung ist dies zwar auch denkbar, allerdings ist die Abstufung dann nicht mehr intuitiv erfassbar.

Abschließend sei angemerkt, dass Portfolios i.d.R. statische Momentaufnahmen sind. Vergleiche zwischen zwei oder mehr Zeitpunkten sind darstellbar (s. Abb. 4-c obere Hälfte). Zeitliche Verläufe, wie in der unteren Hälfte in Abbildung 4-c dargestellt, sind zwar möglich, werden aber bei einer größeren Anzahl von Objekten und mehr als zwei Zeitpunkten in einem Diagramm schnell unübersichtlich.

2.5 Strategische Optionen der Portfoliobetrachtung

Die Datensammlung und -aufbereitung für eine Portfoliobetrachtung ist aufwendig. Dem muss ein entsprechender Nutzen des Portfoliomanagements gegenüberstehen. Dieser Nutzen ist in vier Bereichen zu sehen:

- Das Portfolio verschafft einen Überblick über eine komplexe Situation und hilft, die Situation zu erkennen und zu verstehen.
- Das Portfolio ermöglicht es, Strategien aus dem Status quo abzuleiten.
- Das Portfolio hilft Entscheidungen bezüglich vorhandener oder fehlender Objekte (z.B. Produkte) zu treffen
- Mit Hilfe des angepassten Portfolios können die definierten Strategien überprüft werden.

Die strategischen Optionen sind dabei vielfältig:

Reduzierung der Anzahl der Objekte

Die Erkenntnis, dass die Anzahl der Projekte, Produkte etc. zu groß ist, ist nach Erfahrung des Autors die häufigste Motivation für das Thema Portfoliomanagement. Durch eine systematische Auswertung sollen die Objekte des Portfolios priorisiert und teilweise aussortiert werden.

Mit Hilfe von Produktportfolios sollen so z.B. die Komplexitätskosten des Produktangebotes gesenkt werden, mit Hilfe von Projektportfolios die Anzahl der Projekte reduziert werden, um eine Überlastung der Mitarbeiter zu vermeiden und damit eine erfolgreiche Durchführung zu gewährleisten.

Änderung der Schwerpunktsetzung

Häufig wird auch untersucht, ob die Schwerpunkte richtig gesetzt sind. Gibt es nur risikoarme Projekte und damit auch zu geringe Chancen? Ist das Produktportfolio an den Marktbedürfnissen ausgerichtet?

Identifizierung und Besetzen von Lücken

Die systematische Suche nach neuen Chancen ist eine weitere Motivation. Mit der Wahl geeigneter Kriterien besteht die Chance, z.B. Ideen für Marktnischen zu finden.

Suche nach Synergien

Synergien können auf verschiedene Art und Weise ausgenutzt werden. Denkbar ist die Zusammenführung von Produkten. Werden z.B. Produkte identifiziert, die zwei unterschiedlichen Zielgruppen einen ähnlichen Nutzen bringen, kann überlegt werden, ob ein Produkt so gestaltet werden kann, dass es die beiden Vorläufer ersetzt.

Gleichfalls wird mit Hilfe von Portfoliobetrachtungen nach Ansätzen für die Anwendung von Plattform- und Gleichteilkonzepten gesucht. So wird die Wirtschaftlichkeit ganzer Produktgruppen gestärkt. Im einfacheren Fall kann auch die Vereinheitlichung von Verpackung und/oder Design angestrebt werden.

Betrachtung des strategischen Gesamtbildes

Nicht zuletzt soll das Portfolio einen Überblick über die Situation geben. Für die Einschätzung ist das strategische Gesamtbild entscheidend: Dies betrifft z.B. die Ausgewogenheit oder Verteilung nach bestimmten Kriterien. Passt z.B. die Breite des Produktspektrums zur Markenstrategie? Ist die Risikoverteilung im Projektmix ausgewogen?

Bei derartigen Überlegungen zeigt sich, dass einige Unternehmen bewusst von der Strategie abweichen, alle Produkte, die gesetzte Gewinn- oder Deckungsbeitragsziele nicht erreichen, zu streichen. Gerade im Ersatzteil- oder Verbrauchsgütermarkt ist es eine herausragende Stärke, ein Vollsortiment bieten zu können, auch wenn sich einzelne Produkte nicht rechnen.

Einige Unternehmen spezialisieren sich gerade auf Produkte mit niedrigen Stückzahlen, weil hier in der Regel der Wettbewerbsdruck niedriger ist und sich in der Summe gute Renditen erzielen lassen (Long-Tail-Prinzip[14]).

[14] Vgl. Anderson (Long Tail, 2009).

Optimierung des Portfoliowertes

Bei allen Portfoliovarianten werden Objekte betrachtet, die für das Unternehmen von Bedeutung sind. Die exemplarischen strategischen Optionen dieses Abschnitts dienen dazu, den Wert des jeweils betrachteten Portfolios für das Unternehmen zu optimieren und damit den Nutzen für das Unternehmen zu maximieren.[15]

3 Klassifizierung bekannter Portfolio-Ansätze

3.1 Vorgehensweise / Struktur

Durch den Erfolg der BCG-Portfoliomatrix wurde diese Darstellungsform von anderen Unternehmensberatungen und von Wissenschaftlern auch auf ähnlich gelagerte Problemstellungen übertragen. Dies erweiterte ihren Anwendungsbereich.

Die folgenden Abschnitte untersuchen bekannte Portfolio-Ansätze[16] nach einem einheitlichen Schema mit vier Kriterien:

1. Abgrenzung des Bewertungsobjektes
   Welches Objekt wird betrachtet? Geschäftsbereiche? Produkte? Projekte? Unternehmen einer Branche?
2. Graphische Darstellung
   Wie werden die Objekte in die Matrix eingetragen? Welche Größen sind den Achsen zugeordnet?
3. Bewertung des Objektes
   Wie werden die Objekte bewertet? Kennziffern? Scoring-Modelle?
4. Auswertung und Auswahl bevorzugter Objekte
   Wie werden Präferenzen ermittelt? Welche Schlussfolgerungen werden daraus gezogen? Welche Normstrategien werden daraus abgeleitet?

---

15 Cooper/Edgett/Kleinschmidt (Product Portfolio Management, 2001), S. 29-72. Siehe auch die Beiträge von Geßner und Bach in diesem Sammelband.

16 Auswahlkriterien sind Bekanntheitsgrad und Ansatz einer Integration von Markt- und Technologieaspekten.

3.2 Portfoliomatrix der Boston Consulting Group (BCG)

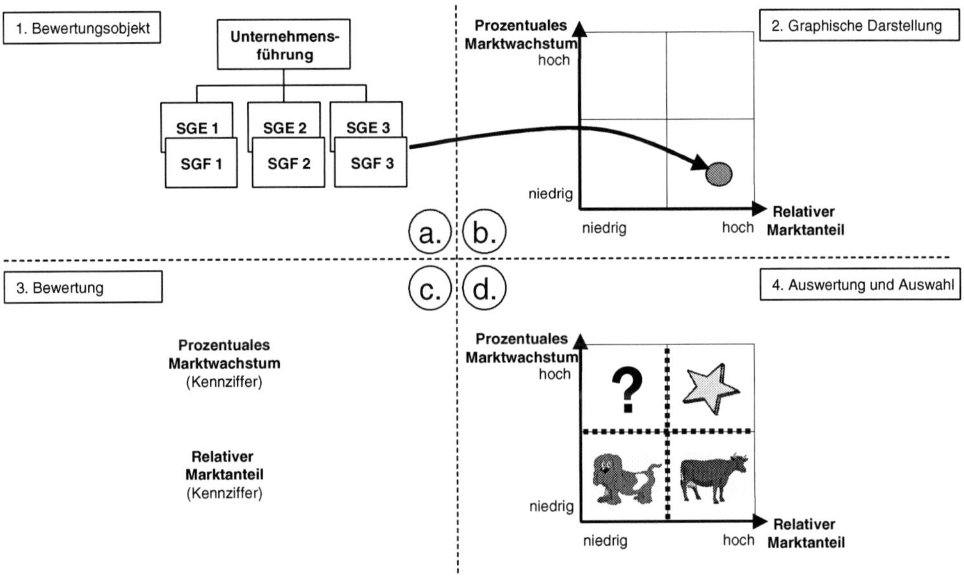

Abb. 5: BCG-Portfoliomatrix

Das Bewertungsobjekt der BCG-Portfoliomatrix ist im ursprünglichen Artikel von Henderson[17] von 1973 nicht eindeutig beschrieben. Zunächst wird von „businesses" gesprochen, später von „products". Die Literatur geht in der Regel von Geschäftsfeldern aus, wobei offen bleibt, ob lediglich die bestehenden Geschäftsfelder oder auch potentielle Geschäftsfelder betrachtet werden.[18] Häufig werden Strategische Geschäftsfelder (SGF) bewertet, die bereits von Strategischen Geschäftseinheiten (SGE) des Unternehmens besetzt sind (s. Abbildung 5-a). Henderson schlägt vor, die Bewertungsobjekte als Kreise in die Portfoliomatrix einzutragen. Die Art der Skalierung bleibt in der Originalquelle unklar.[19] Eine Skalierung nach der Größe des investierten Kapitals, wie in der deutschen Übersetzung vorgeschlagen, würde jedoch bedeuten, dass potenzielle Geschäftsfelder in dieser Skalierung nicht darstellbar sind.

17 Vgl. Henderson (Portfolio, 1993), S. 290.

18 Vgl. z.B. Dunst (Portfolio Management1983), S. 94-100; Welge/Al-Laham (Strategisches Management, 1999), S. 338-343.

19 „The size of the product can be indicated by a circle in proportional scale.", Henderson (product portfolio, 2005), S. 2. Der Übersetzer dieser Quelle war sich vermutlich dieses Problems bewusst, als er den obigen Satz recht frei ins Deutsche übersetzte: „Die Kreisgröße entspricht der Größe des investierten Kapitals.", Henderson (Portfolio, 1993), S. 290.

Konzeptioneller Hintergrund der Kennziffern für die Achsenskalierung sind empirische Befunde über den Erfahrungskurveneffekt und über den Produktlebenszyklus.

Der Erfahrungskurveneffekt beschreibt die empirische Erkenntnis, dass bei doppelt so großem relativem Marktanteil (im Verhältnis zum größten Wettbewerber in einem Geschäftsfeld) die relativen Kosten potenziell um etwa 20 Prozent niedriger als bei diesem Wettbewerber sind.[20] Die Wahrscheinlichkeit einer attraktiven Rendite steigt dabei nicht nur über Skaleneffekte, sondern auch über die mit zunehmender Erfahrung steigende Produktivität.

Die andere Achse stellt das Marktwachstum dar. Ein wachsender Markt erhöht die Chance für zukünftige profitable Geschäfte. Beide Kriterien zeigen sich im PIMS-Modell (Profit Impact of Market Strategy) stark positiv korreliert zur Rentabilität und lassen sich relativ leicht quantitativ abschätzen.[21] Kritisch ist jedoch anzumerken, dass die Bewertung nur auf diese zwei (allerdings wichtigen) Größen beschränkt ist.

Ausgehend von der Einordnung in die Matrix nahm BCG eine Einteilung in vier Quadranten vor, aus denen sie Empfehlungen für Investitionsstrategien (Ressourcen-Allokation) ableitet (s. Abbildung 5-d): Die „Stars“ sind für weitere Investitionen attraktiv, weil sie eigene Stärken mit attraktiven Marktaussichten verbinden. Das genaue Gegenteil stellen die „Poor Dogs” dar, die Geschäftsfelder beschreiben, in denen das eigene Unternehmen schwach positioniert ist, und die zudem keine attraktiven Aussichten bieten. Von Investitionen wird abgeraten. In den „Cash Cows”-Geschäftsfeldern ist das eigene Unternehmen zwar gut positioniert, die Aussichten für die Zukunft sind wegen des geringen Marktwachstums jedoch schlecht. Von umfangreichen Investitionen wird dementsprechend abgeraten. Die „Question Marks“ sind zwar möglicherweise attraktiv, der geringe Marktanteil stellt jedoch ein Risiko dar.

Unterstützung bei der Entwicklung einer Technologiestrategie bietet die BCG-Portfoliomatrix in keiner Weise.

[20] Vgl. Henderson (Portfolio, 1993), S. 288-289.

[21] Vgl. Welge/Al-Laham (Strategisches Management, 1999), S. 344.

3.3 McKinsey-Portfoliomatrix / General-Electric-Modell

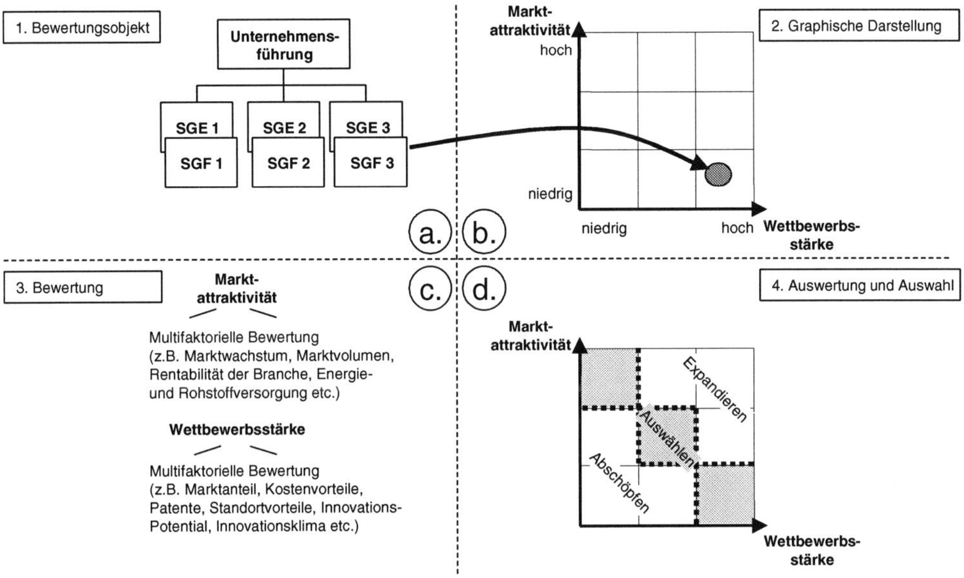

Abb. 6: McKinsey-Portfoliomatrix

Die sogenannte McKinsey-Matrix[22] ist der BCG-Matrix sehr ähnlich. Sie bewertet ebenfalls Strategische Geschäftsfelder. Der wesentliche Unterschied zur BCG-Portfoliomatrix liegt in der Art und Weise der Bewertung der Geschäftsfelder. Die Marktattraktivität und die Wettbewerbsstärke sind Kennziffern, die mit Hilfe eines Scoring-Modells ermittelt werden. In diese multifaktoriellen Bewertungen gehen sowohl quantitative als auch qualitative Einflussgrößen ein.[23] Die aus der Analyse resultierende Investitionsentscheidung steht damit im Vergleich zum BCG-Portfolio auf einer wesentlich breiteren Basis. Kritisch ist jedoch der subjektive Einfluss bei der Bewertung qualitativer Einflussgrößen zu sehen.

Ein zweiter wesentlicher Unterschied liegt in der Auswertung: Dabei wird die Matrix in neun Felder mit drei Normstrategiebereichen eingeteilt (s. Abbildung 6-d).

Technologische Aspekte werden zwar in den Bewertungskriterien des Scoring-Modells verwendet, diese betreffen jedoch lediglich eine allgemeine Einschätzung der technologischen Position aus Geschäftsfeldsicht. Erkenntnisse über die strategische Bedeutung einzelner Technologien lassen sich aus der Auswertung nicht gewinnen.

---

22 Vgl. Clifford/Bridgewater/Hardy (game changed, 1975), S. 2-21; Baum/Coenenberg/Günther (Strategisches Controlling, 2004), S. 187-192.

23 Vgl. Trux/Müller/Kirsch (Management Strategischer Programme I, 1984), S. 119.

3.4 Technologie-Portfolio von Pfeiffer

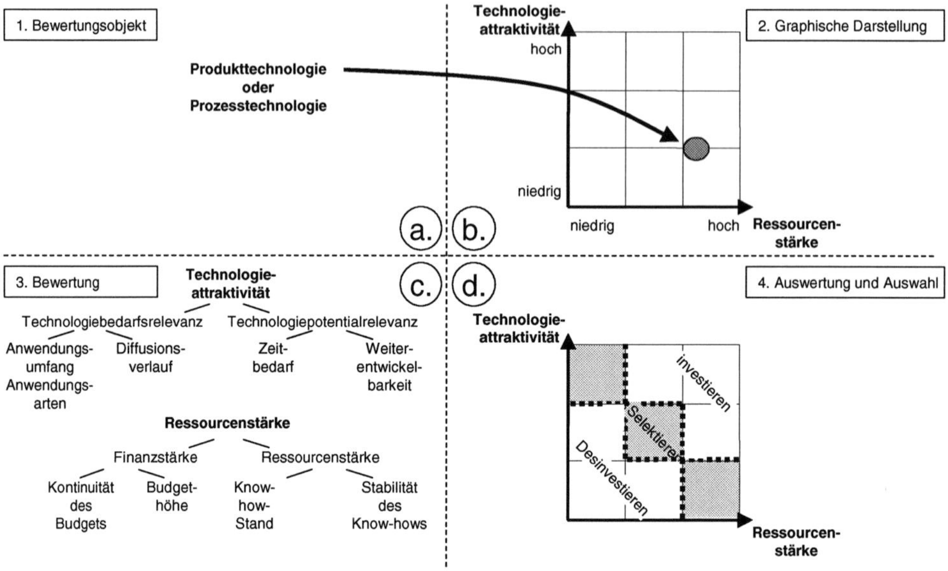

Abb. 7: Technologie-Portfolio von Pfeiffer

Pfeiffer[24] fokussiert in seinem Portfolio-Ansatz auf die Technologiestrategie eines Unternehmens oder eines Geschäftsbereichs. Bewertungsobjekte beim Portfolio-Ansatz von Pfeiffer sind Produkt- und Prozesstechnologien eines Geschäftsbereiches oder einer Produktgruppe (s. Abbildung 7-a).

Ähnlich wie beim McKinsey-Ansatz werden mit einem Scoring-Modell die Hauptdimensionen Technologieattraktivität (externe Sicht) und Ressourcenstärke (interne Sicht) ermittelt (s. Abbildung 7-c).

Pfeiffer hat mit seinem Portfolio-Ansatz einen wesentlichen Beitrag dazu geleistet, Technologien als Objekte des strategischen Managements zu erkennen und als wesentlichen Teil in die Unternehmensstrategie zu integrieren. Die Bewertung der Technologien erfolgt jedoch weitgehend ohne Berücksichtigung der Marktaspekte.[25]

24 Vgl. Pfeiffer (Technologie-Portfolio1987), S. 80-103; Pfeiffer/Dögl (Technologie-Portfolio, 1999), S. 440-468.
25 Vgl. Specht (Demand-Pull und Technology-Push, 2002), S. 492.

3.5 Erweiterte McKinsey-Matrix von Krubasik

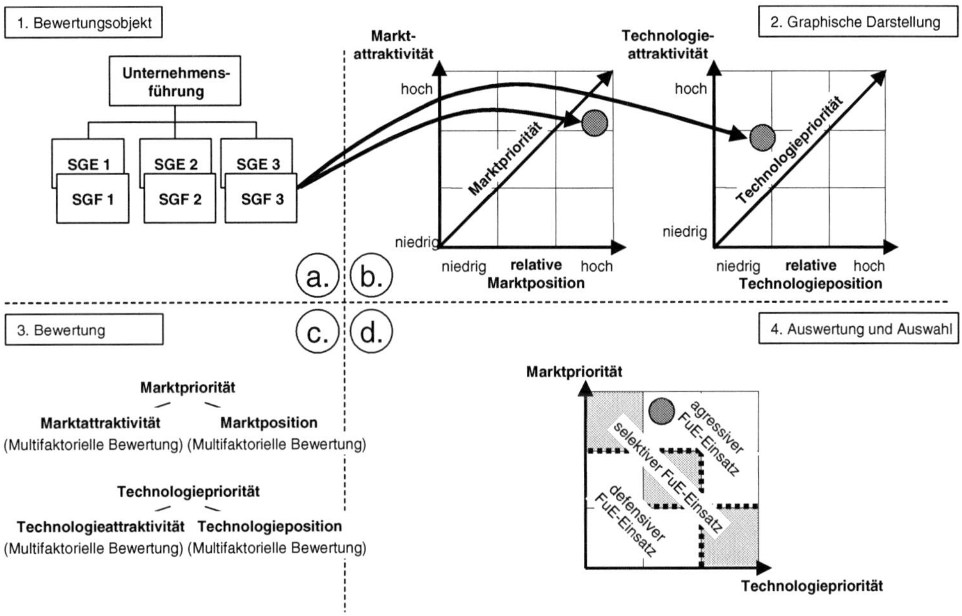

Abb. 8: Erweiterte McKinsey-Matrix von Krubasik

Krubasik[26] hat die Struktur der (Markt-)McKinsey-Matrix auf eine Technologie-Matrix (s. Abbildung 8-b) übertragen. Er trägt die Positionierungen in der Markt- und der Technologiematrix jeweils auf den Diagonalen dieser beiden Matrizen ab und bildet mit diesen Werten (Markt- und Technologiepriorität) ein neues Portfolio (s. Abbildung 8-d).

Diese Vorgehensweise ist grundsätzlich zu begrüßen, da sie mit einer gleichgewichtigen Berücksichtigung von „Marktpriorität" und „Technologiepriorität" den Stellenwert einer langfristigen Technologiestrategie unterstreicht. Da in allen Matrizen das gleiche Objekt eingetragen wird, ergibt sich daraus eine 1:1-Zuweisung von Markt und Technologie. Dies führt zu Schwierigkeiten bei der Darstellung, wenn in einem Geschäftsfeld mehr als eine Technologie oder eine Technologie in mehr als einem Geschäftsfeld angewendet wird.[27]

Ein weiteres Problem dieses Ansatzes liegt in der starken Aggregation von Einflussfaktoren. Sie kann dazu führen, dass wichtige Erkenntnisse durch Nivellierung der Einflussfaktoren nicht deutlich werden.

26 Vgl. Krubasik (Strategische Waffe, 1982), S. 30.

27 Diese Kritik gilt auch entsprechend für die hier nicht näher betrachtete Marktpositions-Technologieposition-Portfoliomatrix von Arthur D. Little, ADL (erfolgreiche Produkte, 1994), S. 84.

3.6 Dynamisches Markt-, Technologie- und Ökologie-Portfolio von Hahn

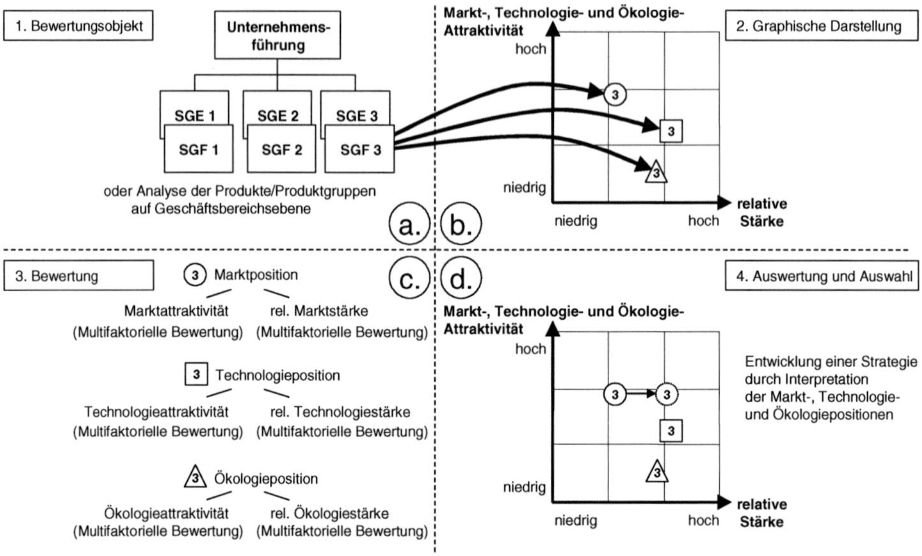

Abb. 9: Dynamisches Markt-, Technologie- und Ökologie-Portfolio von Hahn

Auch Hahn zielt auf eine ganzheitliche Portfolio-Analyse ab.[28] Er bewertet auf Unternehmensebene Geschäftsfelder oder auf Geschäftsbereichsebene Produkte oder Produktgruppen in drei verschiedenen Matrizen (Markt-, Technologie- und Ökologieportfolio), die auch mit verschiedenen Symbolen in dieselbe Matrix eingetragen werden können (s. Abbildung 9-b). Grundsätzlich entspricht der Aufbau dieser Matrizen mit entsprechend angepassten Scoring-Modellen der Struktur der McKinsey-Matrix.

Die gleichzeitige Positionierung eines Geschäftsfeldes aus verschiedenen Blickwinkeln ermöglicht interessante strategische Schlussfolgerungen. Im Beispiel in Abbildung 9-d hat der Geschäftsbereich eine hohe Technologie- und Ökologieposition, aber eine relativ schwache Marktposition. Eine Strategie könnte z.B. sein, dass die günstige Ökologieposition ausgenutzt werden sollte, um durch entsprechende Werbemaßnahmen die Marktposition zu stärken (Bewegung des Kreises in Abbildung 9-d nach rechts).

Technologien werden de facto den Strategischen Geschäftsfeldern (SGF) gebündelt zugeordnet. Es lassen sich daher auch bei Hahn keine Strategien für einzelne Technologien ableiten.

[28] Vgl. Hahn (Portfolio-Konzepte, 1999), S. 430-434.

3.7 Modifizierter[29] Darmstädter Ansatz

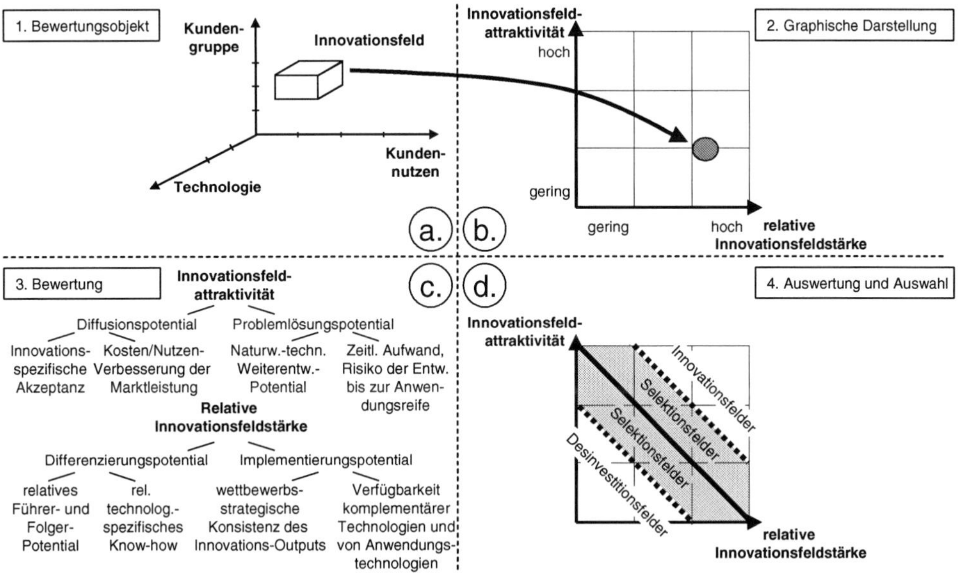

Abb. 10: Modifizierter Darmstädter Ansatz

Specht/Michel[30] hatten die richtungweisende Idee, die Markt- und Technologieintegration nicht nur in der Bewertung, sondern auch bei der Definition des Bewertungsobjektes zu berücksichtigen. Sie griffen bei der Festlegung des Bewertungsobjektes auf eine Definition von Abell[31] zurück, der zur Abgrenzung eines „Innovationsfeldes" die beiden klassischen Geschäftsfeld-Dimensionen Kundengruppe und Kundennutzen um eine Technologiedimension erweitert (s. Abbildung 10-a). Dieser Schritt ermöglicht eine echte multidimensionale Analyse von Technologie- und Marktaspekten. Die klare und systematische Definition der Bewertungsobjekte umgeht das Problem der sich nivellierenden Einflussgrößen der Bewertungsdimensionen. Darüber hinaus werden durch die systematische Generierung der Innovationsfelder alle Kombinationen der in Abschnitt 2.1 angesprochenen n:m-Relation abgebildet (eine Technologie geht in ein oder mehrere Strategische Geschäftsfelder (SGF) ein, und ein SGF verwendet eine oder mehrere Technologien). Eine solche offene Definition umfasst gleichzeitig eine Bewertung des Status quo der bereits durch das Unternehmen besetzten Innovationsfelder und die Suche nach neuen Innovationsfeldern.

---

29 Hier wird eine vom Autor gegenüber Specht/Michel (Innovationsportfolios, 1988) modifizierte Darstellungsform des Darmstädter Ansatzes verwendet. Siehe auch Weiterentwicklungen von Schlegelmilch (strategische Innovationsfelder, 1999) und Ewald (Organisation, 1989).

30 Vgl. Specht/Michel (Innovationsportfolios, 1988), S. 502-520; Michel (Portfolio-Ansatz, 1987), S. 196-199.

31 Vgl. Abell (Defining the Business,1980), S. 29-31.

Für Innovationsfelder werden einzeln nach dem in Abbildung 10-c dargestellten Scoring-Modell die Innovationsfeldattraktivität und die relative Innovationsfeldstärke bestimmt. Die Bewertung erfolgt in einem Team von Technologie- und Marktverantwortlichen. Dies stellt sicher, dass notwendige intensive Diskussionen die Anwendung dieses Portfolio-Ansatzes begleiten.

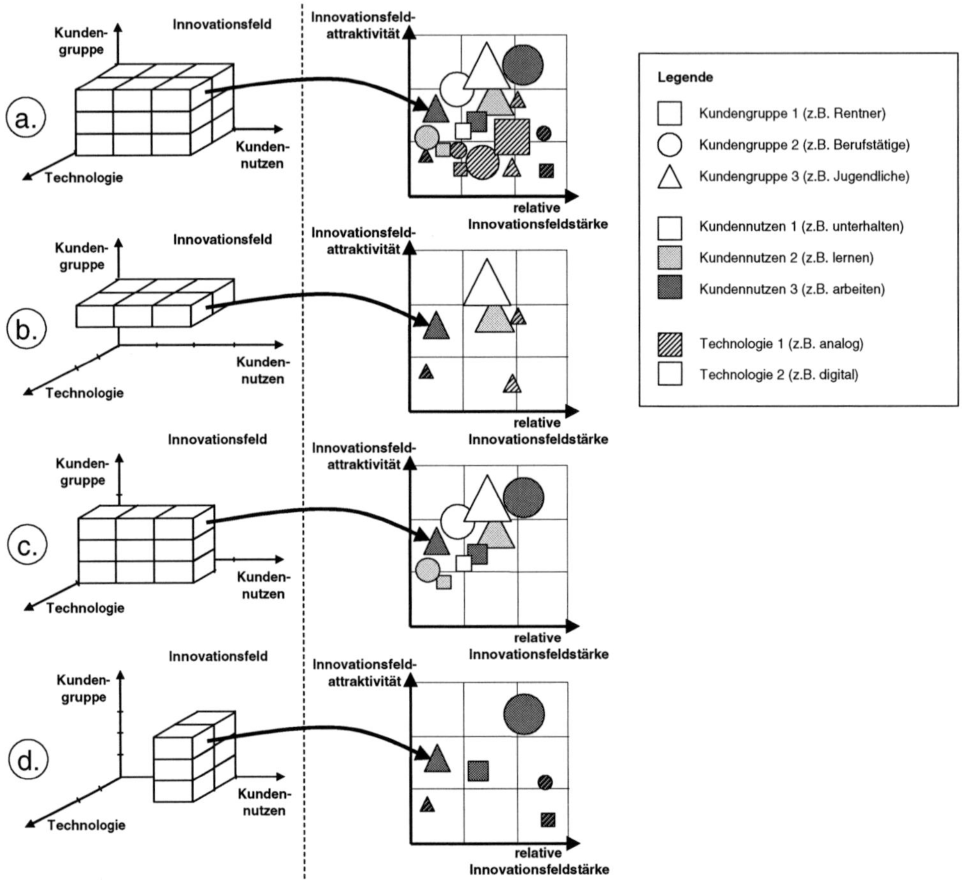

Abb. 11: Selektive Betrachtungen des Innovationsfeldportfolios

Die Bewertungsphase ist bei einer großen Anzahl von Innovationsfeldern zwar recht aufwendig[32], aber die dadurch gewonnene Datenbasis lässt vielfältige Analysen zu. Abbildung 11 verdeutlicht, dass die differenzierte Abgrenzung des Untersuchungsobjektes differenzierte

32 Vgl. Kritik von Wolfrum (Strategisches Technologiemanagement,1991), S. 202.

Auswertungen des Ergebnisses leicht ermöglicht. Das fiktive Beispiel zeigt eine stark vereinfachte Darstellung des Multimedia-Marktes. In Abbildung 11-a sind die nach Abell definierten Innovationsfelder mit zwei Technologien („analog“ und „digital“), drei Kundengruppen („Jugendliche“, „Berufstätige“, „Rentner“) und drei Kundennutzen („unterhalten“, „lernen“ und „arbeiten“) dargestellt und in ein Innovationsfeldportfolio eingetragen.

In den Abbildungen 11-b, 11-c und 11-d wurde dieses Portfolio nach verschiedenen Kriterien gefiltert. So werden in Abbildung 11-b nur die Innovationsfelder ins Portfolio eingetragen, die zur Kundengruppe „Jugendliche“ gehören. Der verantwortliche Geschäftsfeldmanager bekommt so einen guten Überblick, welche Technologie-Kundennutzen-Kombination attraktiv ist. In diesem fiktiven Beispiel lässt sich die Schlussfolgerung ziehen, dass bei der Gestaltung von Produkten für die Zielgruppe „Jugendliche“ auf die Kundennutzen „unterhalten“ und „lernen“ bei Verwendung der „digitalen“ Technologie zu fokussieren ist.

Der Entwicklungsleiter für die „digitale“ Technologie kann der Abbildung 11-c entnehmen, in welchen Geschäftsfeldern die von ihm entwickelte Technologie möglicherweise eingesetzt wird und in welchen voraussichtlich nicht. Die Positionierung der Innovationsfelder gibt ihm einen guten Überblick, für welche Zielgruppen (Kundengruppen) und welche Anwendungen (Kundennutzen) die Technologie entwickelt werden soll. Der Vergleich zweier derartiger Technologieportfolios liefert wichtige Erkenntnisse für die Entwicklung der Technologiestrategie.

Das Portfolio in Abbildung 11-d liefert wertvolle Hinweise für die Produktgestaltung. Es beantwortet die Fragen, mit welchen Technologien der Kundennutzen erzeugt werden kann und welche Kundengruppen dabei besonders berücksichtigt werden müssen.

Bei einer geringen Anzahl von Technologien, Kundengruppen und Kundennutzen ist die Zuordnung leicht überschaubar. In Beratungsprojekten kam der Ansatz bei Analysen zum Einsatz, bei denen Dimensionen mit bis zu 20 Ausprägungen zu bearbeiten waren. Bei der sich ergebenden großen Anzahl von Innovationsfeldern sind gefilterte Innovationsfeldportfolios für die Definition von Produkten eine große Unterstützung.

4 Bewertung der Portfolio-Ansätze im Überblick

4.1 Graphische Darstellung der Portfoliomatrix

Die graphische Darstellung der Portfolios orientiert sich bei allen betrachteten Portfolios eng am ursprünglichen BCG-Portfolio. Durchgesetzt hat sich allerdings die Neun-Felder-Darstellung des McKinsey-Ansatzes.

4.2 Produkte als Objekte der Portfolio-Analyse

Die Auswahl des Bewertungsobjektes ist wesentlich mit den strategischen Fragestellungen der Untersuchung verknüpft. Die meisten der betrachteten Portofolioansätze bewerten Geschäftsfelder eines Unternehmens und tragen sie in die Portfoliomatrix ein. Eine entsprechende Anwendung auf Produkte eines Geschäftsbereiches ist i.d.R. möglich. Im Pfeiffer-Portfolio hingegen werden Produkt- und Prozesstechnologien bewertet – im Darmstädter Ansatz Innovationsfelder nach Abell (mit den Dimensionen Kundengruppe, Kundennutzen und Technologie).

Der Auswahl und Abgrenzung der Bewertungsobjekte wird nach Eindruck des Autors eine zu geringe Bedeutung beigemessen – sie erscheint in vielen Fällen nahezu willkürlich. Werden z.B. am Status quo orientierte Geschäftsfelder bewertet, sind diese aufgrund historisch gewachsener Strukturen häufig wenig systematisiert.

Lediglich der Darmstädter Portfolio-Ansatz macht durch die differenzierte Beschreibung der Analyseobjekte die Zusammenhänge transparent und mögliche Lücken offensichtlich: Er hat den Vorteil, dass die Integration von Markt- und Technologieaspekten nicht erst bei der Bewertung, sondern bereits bei der Definition des Bewertungsobjektes erfolgt. Durch geeignete Kombination realistischer Kundengruppen, Kundennutzen und Technologien lassen sich vergleichbare Innovationsfelder generieren. Auf diese Weise ist auch eine systematische Suche nach neuen Innovationsfeldern möglich.

Erst die klare Abgrenzung und Veranschaulichung des Bewertungsobjektes im Darmstädter Ansatz macht deutlich, dass ein wichtiger Aspekt bei allen bisherigen Betrachtungen vernachlässig wurde: die Interdependenzen zwischen den Betrachtungsobjekten.[33] Eine explizite Herausstellung und Bewertung von Synergiepotenzialen zwischen einzelnen Bewertungsobjekten erfolgt in keinem Portfolio-Ansatz. Gleiches gilt für die Bewertung der Eignung von Abgrenzungen einzelner Bewertungsobjekte.

Für das Management des Produktportfolios stehen selbstverständlich Produkte als Objekte fest. Es ist aber im Einzelfall zu entscheiden, ob Geschäftsbereiche und damit Produktgruppen, einzelne Produkte oder sogar Varianten von Produkten analysiert werden sollen.

4.3 Bewertung der Objekte

Auf der horizontalen Achse der Portfolios werden in fast allen Fällen Kennziffern der eigenen Stärke abgebildet, auf der vertikalen Achse werden Kennziffern eingetragen, die eine Potenzialgröße abbilden. Die Bewertung erfolgt im BCG-Portfolio nach zwei quantitativen Kennziffern. In allen anderen Portfolio-Ansätzen werden nach dem McKinsey-Vorbild Scoring-Modelle verwendet.

---

[33] Vgl. Kritik von Gerpott (TIM, 1999), S. 162.

Gerade die Portfolios, bei denen die Bewertung durch ein Scoring-Modell erfolgt, sind in der Anwendung sehr flexibel. Die Bewertungskennziffern und einzelne Einflussfaktoren sowie deren Ausprägungen und Gewichtungen können leicht an individuelle strategische Situationen angepasst werden. Dadurch lassen sich grundsätzliche Bedenken der Erfolgsfaktorenforschung bzgl. der Allgemeingültigkeit umgehen.

4.4 Auswertung und Auswahl bevorzugter Objekte

Die Auswertung der Portfoliomatrix und die Auswahl bevorzugter Objekte orientieren sich bei den meisten Portofolio-Ansätzen am Vorbild des McKinsey-Portfolios. Unterschiedlich sind jedoch die Bereiche gleicher Normstrategie abgegrenzt. Teilweise werden die neun Kästchen zur Grenzziehung verwendet, teilweise werden die Bereiche lediglich durch diagonale Schriftzüge angedeutet.

Die in Abschnitt 2.5 dargestellten strategischen Optionen helfen, über die Normstrategien der verschiedenen Ansätze hinaus, die Zusammensetzung des Produktportfolios an die Situation des Unternehmens anzupassen.

Literatur

Abell, Derek R. (Defining the Business, 1980): Defining the Business - The Starting Point of Strategic Planning, Englewood Cliffs, N.J., USA 1980.

Anderson, Chris (Long Tail, 2009): The Longer Long Tail: How Endless Choice is Creating Unlimited Demand, London 2009.

Arthur D. Little International (erfolgreiche Produkte, 1994): Management erfolgreicher Produkte, Wiesbaden 1994.

Backhaus, Klaus (Industriegütermarketing, 2003): Industriegütermarketing, 7. Aufl., München 2003.

Bark, Axel (SKS, 2001): Sportküstenschifferschein + Sportbootführerschein See, Bielefeld 2001.

Baum, Heinz-Georg / Coenenberg, Adolf G. / Günther, Thomas (Strategisches Controlling, 2004): Strategisches Controlling, 3. Aufl., Stuttgart 2004.

BCG (Erfahrungskurve, 2005): Erfahrungskurve, Online im Internet unter URL: http://www.bcg.de/bcg/klassiker/erfahrungskurve/index.jsp (21.07.2005).

BCG (Portfoliomatrix, 2005): Portfoliomatrix, Online im Internet unter URL: http://www.bcg.de/bcg/klassiker/portfolio/index.jsp (21.07.2005).

Bullinger, Hans-Jörg (Technologiemanagement, 1994): Einführung in das Technologiemanagement, Stuttgart 1994.

Böhler, Heymo (Hrsg.) (Marketing-Management, 2002): Marketing-Management und Unternehmensführung, Stuttgart 2002.

Clifford, Donald K. / Bridgewater, B. A. / Hardy, Thomas (game changed, 1975): The game has changed, in: The McKinsey Quarterly, Autumn 1975, S. 2-21.

Cooper, Robert G. / Edgett, Scott J. / Kleinschmidt, Elko J. (Portfolio Management, 2001): Portfolio Management for New Products, Cambridge, MA, USA 2001.

Cooper, Robert G. / Edgett, Scott J. / Kleinschmidt, Elko J. (Product Portfolio Management, 2009): New Product Portfolio Management: Practices and Performance, in: Journal of Product Innovation Management, 16, S. 333-351.

Dunst, Klaus (Portfolio Management, 1983): Portfolio Management - Konzeption für die strategische Unternehmensplanung, Berlin / New York 1983.

Ewald, Arnold (Organisation, 1989): Organisation des Strategischen Technologie-Managements - Stufenkonzept zur Implementierung einer integrierten Technologie- und Marktplanung, Diss. Darmstadt, Berlin 1989.

Financial Times Deutschland (Kooperation, 2005): O2 wächst dank Kooperation mit Tchibo, Online im Internet unter URL: http://www.ftd.de/tm/tk/15114.htm (21.07.2005).

Gabler (Wirtschaftslexikon, 1993): Wirtschaftslexikon, 13. Aufl., Wiesbaden 1993.

Gerpott, Torsten J. (TIM, 1999): Strategisches Technologie- und Innovationsmanagement, Stuttgart 1999.

Hahn, Dietger (Portfolio-Konzepte, 1999): Zweck und Entwicklung der Portfolio-Konzepte in der strategischen Unternehmensplanung, in: Hahn/Taylor (Strategische Unternehmungsplanung, 1999), S. 403-439.

Hahn, Dietger / Taylor, Bernard (Hrsg.) (Strategische Unternehmungsplanung, 1999): Strategische Unternehmungsplanung - Strategische Unternehmungsführung - Stand und Entwicklungstendenzen, 8. Aufl., Heidelberg 1999.

Harland, Peter E. (F&E-Projektprogrammplanung, 1997): F&E-Projektprogrammplanung als integratives betriebliches Planungsinstrument, Diplomarbeit von Peter E. Harland am Fachgebiet Technologiemanagement & Marketing der Technischen Universität Darmstadt, Berlin 1997.

Harland, Peter E. (Kooperationsmanagement, 2002): Kooperationsmanagement - Der Aufbau von Kooperationskompetenz für das Innovationsmanagement, 2002.

Harland, Peter E. (Portfolio-Analyse, 2005): Portfolio-Analyse: Segmentierung strategischer Innovationsfelder unter Berücksichtigung von Technologie- und Marktaspekten;

in: Amelingmeyer, Jenny / Harland, Peter E.; Technologiemanagement & Marketing – Herausforderungen eines integrierten Innovationsmanagements, Wiesbaden 2005, S. 245-266.

Hedley, Barry (Business Portfolio, 1977): Strategy and the Business Portfolio, in: Long Range Planning, Vol. 10, February 1977, S. 9-15.

Henderson, Bruce D. (Portfolio, 1993): Das Portfolio, Nachdruck eines Artikels von 1973 "The Experience Curve - Reviewed IV - The Growth Share Matrix or The Product Portfolio", in: von Oetinger (BCG Strategie, 1993), S. 286-294.

Henderson, Bruce D. (Product Portfolio, 2005): The Experience Curve - Reviewed IV- The Growth Share Matrix or The Product Portfolio; Nachdruck eines Artikels im BCG-Organ "Perspectives" von 1973, Online im Internet unter URL: http://www.bcg.com/publications/files/experiencecurveIV.pdf (21.07.2005).

Kotler, Philip / Bliemel, Friedhelm (Marketing-Management, 2001): Marketing-Management - Analyse, Planung und Verwirklichung, Stuttgart 2001.

Krubasik, Edward G. (Strategische Waffe, 1982): Strategische Waffe, in: Wirtschaftswoche, Nr. 25, 18. 06. 1982, S. 28-33.

Levine, Harvey A. (Project portfolio, 2005): Project portfolio management - A practical guide to selecting projects, managing portfolios, and maximizing bebefits, Hoboken 2005.

Markowitz, Harry (Portfolio Selection, 1952): Portfolio Selection, in: Journal of Finance, Vol. VII, No. 1, March 1952, S. 77-91.

Michel, Kai (Portfolio-Ansatz, 1987): Technologie im strategischen Management - Ein Portfolio-Ansatz zur integrierten Technologie und Marktplanung, Belin 1987.

Pfeiffer et al. (Technologie-Portfolio, 1991): Technologie-Portfolio zum Management stategischer Zukunftsgeschäftsfelder, 6. Aufl., Göttingen 1991.

Pfeiffer, W. et al. (Technologie-Portfolio, 1987): Technologie-Portfolio zum Management stategischer Zukunftsgeschäftsfelder, 5. Aufl., Göttingen 1987.

Pfeiffer, Werner / Dögl, R. (Technologie-Portfolio, 1999): Das Technologie-Portfolio-Konzept zur Beherrschung der Schnittstelle Technik und Unternehmensstrategie, in: Hahn/Taylor (Strategische Unternehmungsplanung, 1999), S. 440-468.

Scheuing, Eberhard E. / Johnson, Eugene M. (New Service Development, 1989): A Proposed Model for New Service Development, in: Journal of Services Marketing, Vol. 3, No. 2, S. 25-34.

Schlegelmilch, Guido (strategische Innovationsfelder, 1999): Management strategischer Innovationsfelder - Prozeßbasierte Integration markt- und technologieorientierter Instrumente, Wiesbaden 1999.

Specht, Günter (Demand-Pull und Technology-Push, 2002): Integration von Demand-Pull und Technology-Push im Innovationsmanagement, in: Böhler (Marketing-Management, 2002), S. 481-502.

Specht, Günter / Beckmann, Christoph / Amelingmeyer, Jenny (F&E-Management, 2002): F&E-Management - Kompetenz im Innovationsmanagement, Stuttgart 2002.

Specht, Günter / Michel, K. (Innovationsportfolios, 1988): Integrierte Markt- und Technologieplanung mit Innovationportfolios, in: Zeitschrift für Betriebswirtschaft, 58 (4/1988), S. 502-520.

Spiegel (Kahlschlag, 2005): Kahlschlag - Kodak streicht bis zu 25.000 Stellen, Online im Internet unter URL: http://www.spiegel.de/wirtschaft/0,1518,365990,00.html (20.07.2005).

Spiller, Kristina (US-Autobauer, 2009): US-Autobauer - Opfer des Größenwahns, online im Internet unter URL: http://www.ftd.de/meinung/kommentare/:Kommentar-US-Autobauer-Opfer-des-Gr%F6%DFenwahns/450780.html (21. 04. 2009)

Trux, Walter / Müller, Günter / Kirsch, Werner (Management strategischer Programme I, 1984): Das Management strategischer Programme, 1. Halbband, Materialien zum Stand der Forschung, München 1984.

von Oetinger, Bolko (BCG Strategie, 1993): Das Boston Consulting Group Strategie-Buch, Düsseldorf et al. 1993.

von Oetinger, Bolko / Ghyczy, Tiha / Bassford, Christopher (Hrsg.) (Clausewitz Strategie denken, 2006): Clausewitz Strategie denken - Das Strategieinstitut der Boston Consulting Group, 5. Aufl., München 2006.

Welge, Martin K. / Al-Laham, Andreas (Strategisches Management, 1999): Strategisches Management - Grundlagen, Prozess, Implementierung, Wiesbaden 1999.

Wolfrum, Bernd (Strategisches Technologiemanagement, 1991): Strategisches Technologiemanagement, Wiesbaden 1991.

Produktportfoliomanagement: Umsetzung in der Praxis

Produktportfoliomanagement in der Telekommunikationsindustrie – EBIT versus Innovation?

Ralph Schepp, Robert Herold und Christian M. Schmahl

Das Ziel dieses Beitrags ist die Strukturierung einer ganzheitlichen, mit den Erfordernissen der Praxis korrespondierenden Produktportfolio-Konzeption in der Telekommunikationsindustrie. In Zeiten zunehmender Produktkomplexität und sinkender Ergebnismargen im Kerngeschäft liegt die große Herausforderung der Telekommunikationsdienstleister im Aufbau eines integrierten Portfoliomanagements, um signifikante Profitabilitätssteigerungen zu erzielen und proaktiv Wachstumsmärkte identifizieren zu können. Durch die Integration werden das Phase-in, das Phase-out und das Target Portfolio in Zusammenhang gebracht und aufeinander abgestimmt. Einmal etabliert und richtig in der Organisation verankert, steht ein Produktportfoliomanagement nicht im Widerspruch zu einem innovativen Produktportfolio. Das Produktportfoliomanagement fördert es, weil es eine notwendige Fokussierung auf die wesentlichen Wachstumstreiber einfordert und somit zu einer verbesserten Ressourcenallokation beiträgt.

1 Einleitung

Kaum eine Industrie hat sich in den vergangenen Jahren so verändert, wie die Telekommunikationsbranche. Und diese grundlegenden Veränderungen sind noch lange nicht abgeschlossen. Der Telekommunikationsmarkt ist umfassend liberalisiert worden. Seitdem ist der Wettbewerb auf dem Telekommunikationsmarkt immer intensiver geworden. Gleichzeitig zeichnet sich zunehmend eine Marktsättigung ab. Bei den Telekommunikationsdienstleistern hat dies zu einer Suche nach attraktiven Wachstumsfeldern geführt. Die Folge waren wachsende Portfoliogrößen mit hoher Komplexität und zum Teil auch sinkende Ergebnismargen[1]. Gleichzeitig macht es die zunehmende Fragmentierung durch neue Tarife und Services immer schwieriger, Portfolios nur mit Blick auf Rendite zu optimieren. Der Wettbewerb in der Telekommunikationsbranche ist stark und vor allem von hohem Kostendruck geprägt. Und das ist die Herausforderung für modernes Portfoliomanagement in dieser Branche: Wie lassen sich attraktive Wachstumsfelder finden, Marktpositionen dort

---

[1] Vgl. Deraëd (Europäischer Festnetzmarkt, 2005), S. 2.

ausbauen und gleichzeitig Kosten sparen, um die Profitabilität, gemessen am EBIT[2], zu sichern? Die Deutsche Telekom AG hat diese Fragestellung in einem Projekt konzeptionell erarbeitet. Das Ergebnis ist ein praxisorientiertes Konzept, das im Spannungsfeld von Profitabilität und Innovation gleichsam für Wachstum und fokussierte Kostensenkung stehen soll. Im Folgenden sollen dazu zunächst die Herausforderungen der Telekommunikationsindustrie und die wesentlichen Kostentreiber herausgearbeitet werden. Anschließend wird der definitorische Rahmen für die weiteren Kapitel konstruiert.

1.1 Herausforderungen in der Telekommunikationsindustrie

Es gibt mehrere Megatrends, die die Informations- und Telekommunikationsindustrie (ITK) treiben und prägen. Sie werden nachfolgend kurz beschrieben:

- Hohe Innovationsdynamik und Wettbewerbsintensität
- Konvergenz
- Fortschreitende Digitalisierung (u. a. durch IP)
- Konsolidierung und Internationalisierung[3]

Insbesondere in technologieintensiven Branchen wie der ITK sehen sich Entscheidungsträger einem fundamental geänderten Wettbewerbsumfeld ausgesetzt. Die Grundlagen unternehmerischer Entscheidungen verändern sich schneller. Sie werden immer komplexer. Einzelne Entscheidungen haben immer stärkere Einflüsse auf andere Geschäftsfelder. Und was heute noch gilt, ist morgen schon falsch![4]. Traditionelle Geschäftsmodelle werden unter anderem durch die Konvergenz von Technologien und Industrien[5] zunehmend in Frage gestellt. Vor allem, weil immer mehr Services auf Internet-Technologie[6] basieren. Dies führt zu einem Aufbrechen der klassischen Wertschöpfungskette in der Telekommunikationsindustrie. Dadurch bieten sich neuen, vormals branchenfremden Marktteilnehmern, wie beispielsweise Endgeräteherstellern oder Medienunternehmen Chancen, in den Markt einzudringen.

Auch innerhalb der Branche hat der Wettbewerb an Intensität zugenommen. Regionale oder spezialisierte Telekommunikationsdienstleister attackieren bisher margenstarke Geschäftsfelder mit günstigen Angeboten. Kabelnetzbetreiber bieten zunehmend integrierte Kommuni-

---

2 Die Finanzkennzahlen EBIT und EBITDA (Earnings Before Interest, Taxes, Depreciation and Amortization) werden hier synonym für Profitabilität verwendet, weil deren Marge als Ausdruck für die Wirtschaftlichkeit der operativen Geschäftstätigkeit herangezogen werden kann.

3 Vgl. Baake et al. (TK-Märkte, 2007), S. 57 f.; vgl. auch Gerybadze (Technologie- und Innovationsmanagement, 2004), S. 3.

4 Vgl. Jonda (Digitale Geschäftsmodelle, 2004), S. 107 f.; vgl. auch Labriola (Time-to-Market Management, 2006), S. 1.

5 Vgl. Pohler et al. (Langfristperspektiven der Telekommunikation, 2007), S. 23 ff.; vgl. auch Welfens (Telekommunikationsmarkt, 2006), S. 44 ff.

6 Vgl. Baake et al. (TK-Märkte, 2007), S. 43 ff.

kations-, TV- und IP-basierte Dienste[7]. Dieser Wettbewerb erhöht den Druck, Innovationen schnell, kundengerecht und massenmarktfähig anbieten zu können. Dabei werden Produktinnovationen zunächst für einen vergleichsweise kleinen Nutzerkreis von Early-Adopters[8] angeboten. Diese Erstnutzer stellen, oftmals unbewusst, ihre eigenen persönlichen Netzwerke zur Verbreitung des Produktes zur Verfügung. Freunde, Bekannte und Kollegen werden zu Nutzern und mittelfristig wird der innovative neue Dienst damit auch für breite Bevölkerungsschichten zugänglich. Entscheidend für den wirtschaftlichen Erfolg am Markt ist es zunehmend, neben der strategischen Positionierung als Premium- oder Discountmarke, einzelne Services sinnvoll zu bündeln und diese kundenspezifisch international anzubieten. Damit können hohe Losgrößen mit entsprechenden Preisvorteilen bei gleichzeitig schlanken Portfolios erzielt werden[9].

1.2 Komplexitäts-/Prozesskosten und deren Treiber in der Telekommunikationsindustrie

Der Prozess der Bereitstellung von Produkten und Services wird zunehmend komplexer. Die Angebotspalette wird immer heterogener[10]. Gleichzeitig werden die Märkte fragmentierter.[11] Das zwingt große Netzbetreiber, sofort mit einzelnen Services international auf den Märkten präsent zu sein. Nur so können Losgrößenvorteile und damit komparative Kostenvorteile überhaupt erzielt werden. Nur bei transparenten Kostenstrukturen lassen sich diese Vorteile jedoch tatsächlich umsetzen. Zudem ist das Angebot innovativer Produkte mit hohen, zumeist langfristigen Investitionen in Technologien und Plattformen verbunden. Diese benötigen Zeit, um eine ausreichende Nutzerzahl und damit einen positiven Ergebnisbeitrag zu liefern. Die erfolgreiche Marktbearbeitung erfordert somit eine Fokussierung auf wachstumsstarke und/oder margenträchtige Geschäftsfelder[12]. Und dann müssen auch die notwendigen Ressourcen bereitgestellt werden. Dies wird durch die Gesetzmäßigkeiten des Kapitalmarktes erschwert. Dieser stellt Profitabilitäts- und Wachstumsanforderungen, die nicht per se innovationsförderlich sind, da Wachstumsfelder meist margenschwächer als traditionelle Telekommunikationsangebote sind.[13] Das Portfoliomanagement muss daher sicherstellen, dass Geschäfte mit hohen Wachstumspotenzialen angeschoben und gleichzeitig Kostensenkungspotenziale realisiert werden.

---

7 Vgl. bspw. Pohler et al. (Langfristperspektiven der Telekommunikation, 2007), S. 60 f.; Vgl. Wood (Telco Product Portfolio, 2005), S. 27 f.

8 Early-Adopters bezeichnet Menschen, die die neuesten technischen Errungenschaften oder die neuesten Varianten von Produkten erwerben.

9 Vgl. Baake et al. (TK-Märkte, 2007), S. 57.

10 Vgl. Higgins et al. (Telecom complexity, 2008), S. 1.

11 Vgl. bspw. Pohler et al. (Langfristperspektiven der Telekommunikation, 2007), S. 94.

12 Vgl. Aberdeen Group (Product Portfolio Management, 2006), S. 2; vgl. auch Albrecht (Innovationsmanagement, 1999), S. 17 f.

13 Vgl. Schmahl/Schmidt (Steuerung von Wachstumsunternehmen, 2006), S. 212.

1.3 Definitorische Grundlagen zum Produktportfoliomanagement in der Telekommunikationsindustrie

Die wissenschaftliche Literatur hat zum Thema Portfoliomanagement in den vergangenen Jahren eine Vielzahl an Publikationen hervorgebracht. Vor allem in der finanzwirtschaftlichen Literatur finden sich Bücher, die eine Portfoliooptimierung hinsichtlich Wachstum und Ergebnis zum Inhalt haben. Gänzlich unterentwickelt sind jedoch die Bereiche des Programm-Managements von Innovationen und vor allem die effektive Einbindung des Produktportfoliomanagements in das Innovationsmanagement. Außerdem lässt sich wenig Literatur zur strategischen Optimierung des Produktportfolios finden.[14] Ziel dieses Beitrags ist die kurze und beispielhafte Herausarbeitung eines Portfoliomanagementkonzeptes und dessen Anforderungen für die Telekommunikationsindustrie. Hierbei liegt der Fokus vor allem auf der Verknüpfung von praxisrelevanten Tools zur Bewältigung der Aufgaben, die sich im Spannungsfeld von EBIT und Innovation ergeben. Dafür werden zunächst der Begriff „Portfoliomanagement“ definiert und die grundlegenden Anforderungen eines Portfoliomanagements beschrieben. Danach erfolgt die Spiegelung dieser Anforderungen am Beispiel der Deutschen Telekom. Abschließend werden offene Punkte und Schwachstellen beziehungsweise Herausforderungen diskutiert.

In der Literatur gibt es eine Vielzahl von Produktdefinitionen und Abgrenzungen zwischen Produkten und Dienstleistungen. Diesem Beitrag soll vor allem folgende Definition zugrunde liegen: Ein Produkt ist eine in einem IT-System abbildbare und durch eine Materialnummer eindeutig abgrenzbare Ware innerhalb eines Produktkataloges, welche dem Kunden auch einzeln angeboten werden kann. Somit kann ein Produkt zwar aus mehreren Teilprodukten und damit Materialnummern bestehen. Diese können aber auch einzeln vom Kunden erworben werden. Nach dieser Definition werden auch Tarife und nicht tangible Dienste als Produkt verstanden. Diese Definition stellt vor allem auf die Handhabung innerhalb eines Produktportfolios ab. Sie wird damit vor allem den Gegebenheiten eines Telekommunikationsdienstleisters gerecht[15].

Das Produktportfolio kann als ein Portfolio von einzelnen Produktclustern verstanden werden. Ihnen sind jeweils die Unternehmensressourcen zuzuordnen und entsprechend mit Prioritäten zu versehen. Produktcluster können jeweils unterschiedliche Märkte adressieren. Demnach kann Produktportfoliomanagement als ein dynamischer Entscheidungsprozess beschrieben werden. Aktive Produkte und zu verwirklichende Produkte werden fortlaufend konstruktiv in Frage gestellt. Neue Produkte werden evaluiert, ausgewählt und priorisiert. Existierende Projekte werden beschleunigt, gestoppt oder in der Priorität herabgestuft. Ältere Produkte können aus der Vermarktung genommen oder abgebaut werden. Das klingt einfacher, als es in der Praxis ist. Entscheidungen über das Produktportfolio sind oft gekennzeichnet von unvollkommenen

[14] Siehe zum Stand der Literatur auch den Beitrag von Geßner im vorliegenden Sammelband.

[15] Die Autoren sind sich bewusst, dass die Produktdefinition damit nur einen begrenzten Rahmen aufspannt und nur der diesem Beitrag zugrunde liegenden Systematik innerhalb der Telekommunikationsindustrie gerecht wird.

Informationen, sich verändernden Möglichkeiten, widersprüchlichen Zielen, rivalisierenden Entscheidungsträgern und nicht zuletzt von strategischen Überlegungen, die bestimmten finanziellen Interessen zuwider laufen können. Letztlich lassen sich alle im Portfolio abgebildeten Produktcluster durch ihren Anteil am Umsatz, ihren Gewinn oder ihre Zuwachsraten beschreiben und somit auch im Zusammenhang visualisieren und bewerten[16].

Ein Produktportfolio wird in diesem Beitrag über zwei Ebenen beschrieben: Das Angebotsportfolio und das Legacy Portfolio. Während sich im Angebotsportfolio alle Produkte befinden, die aktiv in der Vermarktung stehen, sind im Legacy Portfolio nur solche Produkte zu finden, die noch von einer Anzahl von Kunden genutzt werden können, welche aber nicht mehr im Shop oder im Internet erworben werden können. Diese Produktportfolioebene kommt dadurch zustande, dass Kunden sich für ein Produkt oder einen Tarif entschieden haben und bei dem Altprodukt bleiben.

Das Thema Produktportfoliomanagement ist in der Betriebswirtschaftslehre nicht neu. Auf der Produktebene gilt es, Produkte einzuführen, zu modifizieren und vom Markt zu nehmen – das wird getan, seit es Unternehmen gibt. Im Kern lässt sich ein Portfoliomanagement auf diese drei komplementären Zielstellungen fokussieren. Der Portfolioansatz geht dabei allerdings von einer konzeptionellen Gesamtsicht des Unternehmers aus. Er beruht auf dem Gedanken, dass ein Unternehmen nur dann langfristig erfolgreich am Markt agieren kann, wenn sein Angebotsportfolio ausgewogen ist. Diese Ausgewogenheit muss zunächst zwei zentralen Aspekten Rechnung tragen: Unter finanziellen Gesichtspunkten muss zwischen Mittelbedarf und Mittelerzeugung ein balanciertes Verhältnis herrschen. Aus strategischer Perspektive sollten zudem die Zukunftsaussichten und die Risikoträchtigkeit von Geschäften in einem ausgewogenen Verhältnis stehen[17]. Dem strategischen Portfoliomanagement kommt demnach die Aufgabe zu, das Produktportfolio an den Visionen und Zielen einer Unternehmung auszurichten. Im Gegensatz zur Fertigungsindustrie ist das Thema für die Dienstleistungsindustrien vergleichsweise neu. Zwar herrschen in anderen Dienstleistungsindustrien, wie beispielsweise Versicherungen, Energieunternehmen oder auch Finanzdienstleistern ähnliche Produkt- bzw. Tarifstrukturen wie in der Telekommunikationsindustrie. Dort müssen jedoch neben dem eigentlichen Netz, welches hohe Fixkosten und Investitionen bindet, technische Plattformen für einzelne Dienste oder Tarife bereitgehalten werden. Diese verursachen hohe Kosten und erhöhen überdies die Komplexität der Produktlandschaft. Solange sich Kunden auf einer Plattform befinden, müssen der Kundenservice und das technische Know-how im Unternehmen vorgehalten werden, obwohl ein einzelnes Produkt oder ein einzelner Tarif vielleicht gar nicht mehr aktiv vermarktet wird. Hinzu kommt, dass gerade in Dienstleistungsindustrien mit Dauerschuldverhältnissen ein relativ langer Vorlauf bei der Migration von Kunden benötigt wird. Zum einen deshalb, weil die Kosten für die Migration der Kunden auf ein neues Produkt und damit auf eine neue Plattform vergleichsweise hoch ausfallen können. Zum anderen kann sich bei jedem Kundenkontakt für den Kunden die Frage nach dem richtigen Anbieter wieder neu stellen[18].

---

16 Vgl. Cooper et al. (Portfolio Management, 2001), S. 3.

17 Vgl. Albrecht (Innovationsmanagement, 1999), S. 47 f.

18 Vgl. Baake et al. (TK-Märkte, 2007), S. 205 f.

2 Anforderungen und Spezifika des Produktportfolio-managements in der Telekommunikationsindustrie

Um Erkenntnisse zur Interdependenz zwischen Innovationen und einem guten Unternehmensergebnis zu erhalten, werden in diesem Kapitel die Anforderungen an ein Portfoliomanagement in der Telekommunikationsindustrie formuliert. Dazu werden in einem ersten Schritt Portfoliomodelle vorgestellt und die Anforderungen an das Portfoliomanagement abgeleitet. Grundsätzlich dienen folgende Fragen zur Näherung an das Thema: Welches Portfolio-Modell lässt sich zur Steuerung in der Telekommunikationsindustrie anwenden und welchen Anforderungen muss es genügen, um Ideen in profitable Produkte zu überführen? Welche Tools kann man verwenden? Welchen Anforderungen unterliegt die Portfoliosteuerung und welche Abhängigkeit besteht zwischen Portfoliostrategie und dem Unternehmenslebenszyklus?

2.1 Theoretische Grundlagen moderner Produktportfoliomanagement-Ansätze und ihre Bewertung für die Telekommunikationsindustrie

Der Produktportfolioansatz ist ein eng an den Lebenszyklus angelehntes Instrument. Mit seiner Hilfe kann das Angebotsprogramm auf seine Ausgewogenheit hin überprüft werden. In Analogie zur finanzwirtschaftlichen Portfoliotheorie, welche auf Harry M. Markowitz zurückgeht, lassen sich demnach Ertrag und Risiko in einem Angebotsportfolio gesamthaft abbilden und optimieren. Ausgangspunkt des Portfolio-Konzeptes ist die Annahme, dass die Schaffung einer für den Kunden relevanten Problemlösung beträchtliche Produktions-, Vertriebs- und Marketingressourcen bindet. Bei Erfolg bleibt der Absatz des Produktes, nunmehr getragen von den so aufgebauten Präferenzen, auf hohem Niveau und benötigt kaum weitere Ressourcen. Die Unternehmung erwirtschaftet hohe Deckungsbeiträge und setzt wieder genügend finanzielle Ressourcen frei. Das grundlegende Ziel eines Produktportfolios ist es nun, fortlaufend eine Mischung von Produkten zu realisieren, bei der genügend erfolgreiche Produkte entwickelt werden, um die Entwicklung wieder neuer Produkte zu finanzieren.[19] Gleichzeitig müssen etablierte erfolgreiche Produkte möglichst lange angeboten werden, weil sie aufgrund ihrer günstigeren Margen den Ertrag des Unternehmens steigern. In der Telekommunikations-Praxis handelt es sich bei den im Portfolio dazustellenden Objekten meist um strategische Geschäftsfelder, bzw. Produktgruppen. Dabei wird der Portfolioansatz grob wie folgt eingesetzt: In einem ersten Schritt werden die Geschäftsfelder identifiziert und voneinander abgegrenzt. Im zweiten Schritt erfolgt die Positionierung im Portfolio. Die Position eines Geschäftes im Gesamtportfolio steht nun für sein Erfolgspotenzial, und die Größe seiner Darstellung in der Matrix repräsentiert die jeweilige Bedeutung für die Unternehmung (Umsatzanteil etc.). Ausgehend von dieser Ist-Position werden anschließend die Plan-Positionen für die Zukunft festgelegt. Dazu bedarf es zuerst

[19] Vgl. Nieschlag et al. (Marketing, 1988), S. 175.

einer Prognose der nicht unmittelbar beeinflussbaren Erfolgsfaktoren für die einzelnen Geschäfte. Danach gilt es zu überlegen, wie man die zur Verfügung stehenden Ressourcen erfolgbringend einsetzen will. Dabei können Entscheidungen notwendig werden, die das gesamte Unternehmen betreffen. Solche Entscheidungen werden auf der Grundlage sogenannter Normstrategien getroffen. Diese können in zwei Ausprägungen auftreten. Zum einen gibt es Normstrategien für Typen von Geschäften, d. h. Aktivitätsbereiche des Unternehmens. Dabei handelt es sich um Empfehlungen dazu, wie Geschäfte verschiedener Bereiche des Portfolios mit Unternehmensressourcen zu dotieren sind und welche groben Ziele man ihnen vorgeben sollte. Zum anderen gibt es Normstrategien für das Portfolio als Ganzes. Dabei geht es um die Ausgewogenheit des Gesamtportfolios, insbesondere um den Cash Flow-Ausgleich[20]. In der wissenschaftlichen Literatur lässt sich eine Vielzahl von Hinweisen für die erfolgreiche Gestaltung eines Portfolios ausmachen. Dabei sind zwei Portfolio-Ansätze aufgrund ihrer Praktikabilität besonders hervorzuheben – der Portfolioansatz der Boston Consulting Group und der Portfolioansatz von McKinsey, die nachfolgend kurz vorgestellt werden.[21]

2.1.1 Portfoliomodelle aus der Praxis

Die von der Boston Consulting Group in der Praxis entwickelte Matrix verwendet Marktattraktivität und relative Wettbewerbsstärke als Maßstäbe zur Positionierung und Bewertung von strategisch relevanten Geschäftseinheiten im Portfolio (Abb. 1).

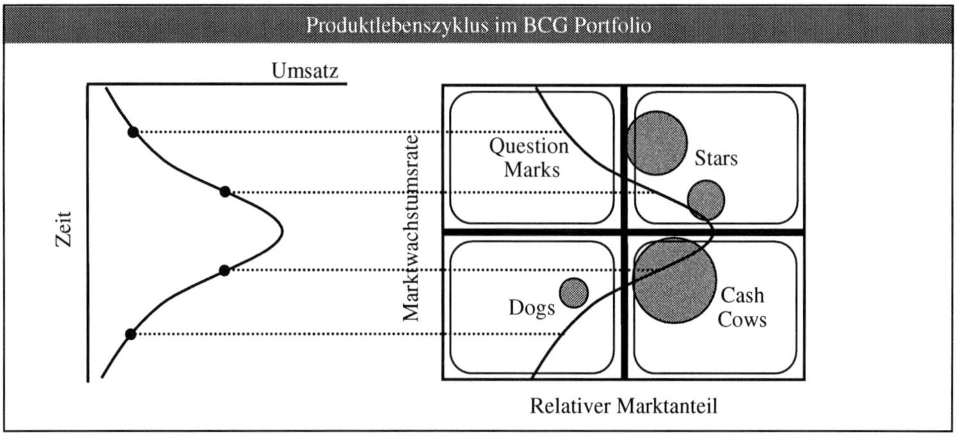

Abb. 1: Produktlebenszyklus im BCG Portfolio
Quelle: In Anlehnung an Goos/Hagenhoff (Strategisches Innovationsmanagement, 2003), S. 13.

20 Vgl. Stuber (Investitionsprogrammplanung, 2001), S. 178 ff.

21 Siehe hierzu auch den Beitrag von Harland im vorliegenden Sammelband.

Aus der Kombination von Marktwachstumsrate und relativem Marktanteil lässt sich eine 2x2-Matrix aufspannen, in der sich die Geschäftsfelder abbilden lassen. Anschließend können Normstrategien für jedes der vier Felder ableitet werden. Die „Question Marks" besitzen bisher nur einen geringen Marktanteil, operieren aber in Märkten mit hohen Wachstumsraten. Das Unternehmen steht hier vor der Herausforderung, durch hohe Investitionen die Marktführerschaft anzustreben oder sich zurück zu ziehen. Die "Stars" agieren in Märkten mit hohem Marktanteil bei gleichzeitig hohen Wachstumsraten. Ziel des Unternehmens muss die Erhaltung dieser attraktiven Marktposition sein, was ggf. hohen Ressourcenaufwand bedeuten kann. Im Zuge des fortschreitenden Produktlebenszyklus entwickeln sich die „Stars" zumeist zu „Cash Cows". Die sog. „Cash Cows" lassen sich durch einen hohen Marktanteil in Märkten mit geringen Wachstumsraten beschreiben. Sie sind die i. d. R. profitabel, ohne einen großen Teil der Ressourcen des Unternehmens zu erfordern. „Cash Cows" erwirtschaften den Deckungsbeitrag für die zur Entwicklung neuer Geschäftsfelder benötigten Ressourcen. Die „Dogs" der strategischen Geschäftseinheiten sind gekennzeichnet durch einen geringen Marktanteil in Märkten mit geringer Wachstumsrate. Sofern die „Dogs" einen großen Teil unternehmerischer Ressourcen verbrauchen und unprofitabel agieren, sollte man sich von diesen Geschäftseinheiten trennen.

Mit dem BCG-Ansatz können mehrere Ziele verfolgt werden. Einerseits dient der Ansatz der integrierten Steuerung eines Unternehmens über eine ausgewogene Struktur der Geschäftseinheiten im Portfolio. Dadurch kann ein optimiertes Gesamtportfolio angestrebt werden, was bei einer isolierten Steuerung der Geschäftseinheiten erschwert ist. Andererseits sollen neue Geschäfte in ihrer Wachstumsphase durch Geschäfte, die in einer Phase hoher Cash-Generierung stehen, finanziert werden. Eine weitere Zielsetzung wird in der Literatur, wie eingangs dargestellt, in der integrierten Steuerung und Analyse über die Normstrategien für die einzelnen Geschäftseinheiten gesehen. Eine ausgewogene Geschäftsstruktur steht hierbei im Mittelpunkt. Eine theoretische Grundlage bildet das Konzept des Lebenszyklus und die damit verbundene Annahme, dass über die Zeit ein Objektindikator, wie beispielsweise das Marktwachstum oder die Absatzmenge, einen charakteristischen glockenförmigen Verlauf annimmt und in typische Phasen unterteilt werden kann, an dessen Ende das Produkt wieder aus dem Markt genommen wird. Mit anderen Worten: Grundlage einer ausgewogenen Geschäftsstruktur ist die Annahme, dass Produkte oder Geschäftsfelder eine „natürliche Lebensdauer" haben, zu deren Ende sie „beerdigt" werden müssen.[22]

Mithilfe der BCG-Matrix können also strategische Geschäftsfelder strukturiert und bewertet werden. Dies schließt die Entwicklung von Strategien unter Berücksichtigung der Wett-

[22] Anmerkung: Tatsächlich kann, anders als im Modell der Boston Consulting Group dargestellt, durch geeignete Marketing-Maßnahmen das Marktwachstum bedingt positiv beeinflusst werden. Zudem ist das BCG-Modell nur in überschaubaren Oligopolmärkten mit wenigen, großen Anbietern sinnvoll anwendbar. Besonders in starken Wettbewerbsmärkten mit vielen unterschiedlich großen Anbietern reichen die Dimensionen Marktwachstum und Marktanteil oft nicht aus. Dieser Nachteil kann bspw. bei der McKinsey-Matrix durch Einbeziehung entsprechender Variablen und Gewichtungsfaktoren umgangen werden.

bewerbsposition ein. Das Unternehmen kann zwar den eigenen Marktanteil direkt beeinflussen, nicht aber die Marktwachstumsrate, die ja auch von der Performance der Mitbewerber und anderen Faktoren abhängt.[23].

McKinsey

Zur Ergänzung der Portfolio-Konzeption der Boston Consulting Group von Marktwachstum und Marktanteil um die Aspekte des Wettbewerbsverhaltens entwickelte McKinsey Anfang der siebziger Jahre die Branchenattraktivitäts-Wettbewerbsmatrix (Abb. 2).

Strategische Schlußfolgerungen aus der McKinsey Matrix

Wettbewerbsstärke	Branchenattraktivität: Gering	Mittel	Hoch
Hoch	• Gesamtposition halten • Cash-flow anstreben • Investieren, um Position zu halten	• Wachstumssegmente identifizieren • Stark investieren • Position an anderer Stelle halten	• Wachstum • Vorherrschaft anstreben • Investitionen maximieren
Mittel	• Produktlinien stutzen • Investitionen minimieren • Veräußerung vorbereiten	• Wachstumssegmente identifizieren • Spezialisieren • Selektiv investieren	• Marktführerpotential beurteilen • Schwächen identifizieren • Stärken aufbauen
Gering	• Anpassung an das Konkurrenzverhalten • Zeit des Marktaustritts festlegen und veräußern	• Spezialisieren • Nischen suchen • Marktaustritt erwägen	•Spezialisieren •Nischen suchen •Aquisitionen erwägen

Abb. 2: Strategische Schlussfolgerungen aus der McKinsey-Matrix
Quelle: In Anlehnung an Restemeyer (Geschäftsfeldanalyse, 2002), S. 91

Mithilfe dieses Konzeptes lassen sich Geschäftsfelder sowohl mit Blick auf das Geschäftsumfeld, als auch mit Blick auf das einzelne Unternehmen darstellen. Und zwar anhand der Branchenattraktivität als Umweltkomponente und dem Kriterium der Wettbewerbsstärke als Unternehmenskomponente. Durch eine Untergliederung der beiden Kriterien ergibt sich eine 3x3-Matrix zur Einordnung der Geschäftsfelder und eine anschließende Ableitung von Normstrategien[24]. Je nach Positionierung innerhalb der Matrix ergibt sich somit ein strategischer Vorteil oder Nachteil. Er mündet sinnvollerweise in einer Investitions- bzw. Desinvestitionsentscheidung. Sofern weder ein klarer Vorteil (Wachstumsstrategie), noch ein

---

[23] Vgl. Restemeyer (Geschäftsfeldanalyse, 2002), S. 7 ff.; vgl. auch Stuber (Investitionsprogrammplanung, 2001), S. 177 ff.

[24] Vgl. Gomeringer (Strategische Technologieplanung, 2007), S. 72 ff.

klarer Nachteil (Abschöpfungsstrategie) eindeutig zu identifizieren ist, muss eine Offensiv-, Defensiv- oder Übergangsstrategie gewählt werden. Eine Offensivstrategie dient zur Erlangung einer verbesserten Wettbewerbsposition bei hoher Branchenattraktivität und niedrigen relativen Wettbewerbsvorteilen. Die Defensivstrategie zielt auf die Erhaltung hoher Wettbewerbsvorteile durch minimale Investitionen, trotz geringer Branchenattraktivität. Übergangsstrategien vereinen beides und können sowohl Investitionen als auch Desinvestitionen beinhalten. Aus der Matrix lassen sich also strategische Stoßrichtungen für Geschäftsfelder ableiten. Zur Einschätzung der Portfoliokriterien müssen die relevanten Kriterien und ihre Gewichtung im Unternehmen festgelegt werden.

Die Branchenattraktivität wird z. B. durch die Faktoren Marktwachstum, Umweltsituation oder Marktqualität bestimmt. Relative Wettbewerbsvorteile ergeben sich z. B. durch Marktposition, entsprechende Qualifikationen der Mitarbeiter oder Produktions-, Forschungs- und Entwicklungspotenzial.[25]

2.1.2 Implikationen für ein Portfoliomodell in der Telekommunikationsindustrie

Beide Portfoliokonzeptionen ermöglichen die Darstellung und Bewertung strategischer Geschäftseinheiten. Beide Konzeptionen berücksichtigen interne Faktoren und externe Faktoren bei der Positionierung. Somit lassen sich beide Ansätze potenziell für die Telekommunikationsindustrie anwenden. Allerdings haben sie einen unterschiedlichen Fokus und müssten für die Telekommunikationsindustrie beide geringfügig modifiziert werden.

Repräsentative Steuerungsgröße für das Marktwachstum in jeder Branche und damit auch in der Telekommunikationsindustrie ist der CAGR[26]. Das BCG-Modell nutzt den relativen Marktanteil zur Bewertung von strategischen Geschäftsfeldern. In der Telekommunikationsindustrie ist jedoch die EBIT-Marge die bevorzugte Steuerungsgröße. Das liegt zum einen darin begründet, dass Regulierungsaspekte eine völlig marktanteilsgetriebene Steuerung einschränken. Zum anderen eignet sich der EBIT sehr gut, um Geschäftsfelder zu bewerten, die sich gerade erst neu entwickeln und für die Informationen in Studien oder in Form eines Benchmarkings ermittelbar sind. Somit spannen der CAGR und die EBIT-Marge eine Matrix auf, die sich für eine strategische Bewertung eines einzelnen Portfolios, ebenso wie für eine komparativ-statische Analyse zweier Portfolios eignet. Auch die unterschiedlichen Produktlebenszyklen sind ein weiterer Beweggrund für die Wahl der EBIT-Marge als Steuerungsgröße. Anders als im traditionellen Telekommunikationsgeschäft, bei dem typische Verläufe von Produkt-Lebenszyklen angenommen werden können, finden sich im „neuen", durch das Internet und IP-Technologien mitbestimmten Telekommunikationsgeschäft vermehrt sog. Community- bzw. Netzwerkansätze. Bei ihnen lassen sich im Verlauf des Lebenszyklus zwar hohe Marktanteile verzeichnen. Jedoch steigt dabei nicht unbedingt die Marge. Die Kunden wollen solche Dienste zwar nutzen, sind aber oft nicht bereit, mehr dafür zu zahlen.

---

25 Vgl. Restemeyer (Geschäftsfeldanalyse, 2002), S. 90 ff.

26 CAGR (Compound Annual Growth Rate): bezeichnet die durchschnittliche jährliche Marktwachstumsrate für einen zu prognostizierenden Zeitraum.

Aber: In diesen Geschäftsbereichen werden zum Teil bewusst geringe Margen in Kauf genommen, um über Lock-in-Effekte die Kundenbindung zu erhöhen.[27] Die Ressourcen für margenschwache Geschäfte sollten dennoch begrenzt werden und nicht mit gleicher Intensität wie margenstarke Geschäfte behandelt werden.

2.1.3 Die „richtige" Portfoliobalance – Risk-/Return-Perspektive

Das Telekommunikationsumfeld ist geprägt durch einen starken Wettbewerb, der zu sinkenden Ergebnismargen im Kerngeschäft führt. Gleichzeitig sehen sich die Telekommunikationsdienstleister steigenden Risiken ausgesetzt. Die Produkte, Tarife und Services werden immer komplexer. Die Anbieter sind immer stärker verflochten. Und einzelne Produkte oder Services können morgen schon zu den „dogs" zählen. Für die Dienstleister ist es deshalb überlebensnotwendig, Rentabilitäts- und Risikomanagement enger miteinander zu verzahnen.

Die Steuerung des Gesamt-Portfolios muss mit Blick auf Risiken und Returns gesteuert werden.[28] Generell gilt, dass jede Investition in Forschung und Entwicklung ein gewisses Risiko birgt. Außerdem verursachen nicht nur Forschung und Entwicklung Kosten. Auch nachgelagerte Prozesse zur Vermarktung verursachen oftmals Komplexitäts- und Overheadkosten. Auch mit Blick auf den Return ist es oftmals schwierig, Gewinne eindeutig einem einzelnen Produkt oder Service zuzurechnen. Deshalb ist zur Erreichung eines ausgeglichenen Portfolios, in dem margenstarke Geschäftsbereiche neu eingeführte margenschwache Geschäfte ausgleichen sollen, eine solche „Risk-/Return"-orientierte Überlegung sinnvoll. Hierzu eignen sich die aus dem Finanzbereich kommende Methode des (Risk adjusted) Net Present Value oder auch Kapitalwertmethode[29]. Dieses Verfahren der dynamischen Investitionsrechnung beruht auf der Gegenüberstellung von Zahlungen, die zu beliebigen Zeitpunkten anfallen und die durch Abzinsung auf den Beginn der Investition vergleichbar gemacht werden können. Mithilfe dieser Methode lassen sich nunmehr alle Geschäftsbereiche und Investitionen nebeneinander vergleichen und auch im Zeitablauf optimieren. Geschäfte mit hohen erwarteten Marktwachstumsraten bei gleichzeitig hohen Investitionen konkurrieren mit Geschäften, die eine Differenzierung des Altgeschäfts über inkrementelle Innovationen bei geringen Investitionen bedeuten. Hierbei kann es insbesondere auch interessant sein, einfache Risikobewertungen der Investitionen monetär oder auch nur über Scoringmodelle einfließen zu lassen, um die Investitionen noch besser bewerten zu können. Eine fundierte Investitionsentscheidung darf aus Unternehmensgesamtsicht hiernach nur bei einer Betrachtung aller Investitionen nebeneinander geschehen[30]. Letztlich ermöglicht diese Betrachtung, die Ergebniserwartungen und die Wachstumserwartungen der Anleger zu gleichen Teilen aus Unternehmensgesamtsicht zu optimieren.

---

27 Siehe hierzu auch den Beitrag von Oelsnitz/Nirsberger im vorliegenden Sammelband.

28 Vgl. Cooper et al. (Portfolio Management, 2001), S. 8; vgl. auch Mahnke/Overby (Portfolio Management, 2005), S. 5 ff.

29 Vgl. Lorchheim et al. (Produktportfoliomanagement, 2006), S. 58 f.; vgl. auch Oliver Wyman Consulting (Corporate Portfolio Management, 2007), S. 4.

30 Vgl. Stuber (Investitionsprogrammplanung, 2001), S. 177 ff.

2.2 Methoden und Analysen im Produktportfoliomanagement

Nun ist also geklärt, welche Investitionen und Projekte aus Unternehmenssicht verwirklicht werden. Jetzt geht es um die Frage, wie diese Vorgänge prozessual im Rahmen des Innovationsmanagements abgebildet werden können. Letztlich müssen knappe Ressourcen auf die zu verwirklichenden Projekte entsprechend ihrer Prioritäten verteilt werden. Dies geschieht mithilfe von Ablaufplänen. Die bekanntesten in der Praxis verwendeten Methoden sind das Roadmapping und der Stage-Gate Prozess. Beide werden nachfolgend kurz vorgestellt.[31]

2.2.1 Roadmapping

Die Roadmap-Methode gehört zu den phasenorientierten Ablaufplänen des Innovationsprozesses. Kennzeichnend ist dabei, dass sie sequentielle Ablaufpläne vorgibt. Diese strukturieren die Innovationsprozesse mit zunehmender Konkretisierung. Ablaufpläne werden in der Literatur als Vorgehenshilfen gewertet, die – unter Berücksichtigung der unternehmensinternen und -externen Gegebenheiten – der jeweiligen Aufgabenstellung anzupassen sind.[32] Ziel der Innovationsroadmap-Methodik ist die Planung technischer Produktinnovationen.[33] Sie beruht maßgeblich auf den Arbeiten von Spielberg, Brandenburg und Gerhards.

Charakteristisch für eine Roadmap sind sieben Schritte:

- Der erste Schritt ist die Zielbildung. Dabei werden die strategischen Innovationsziele definiert. Zudem werden anhand interner und externer Daten die strategischen Gestaltungsfelder des Unternehmens definiert.
- Im zweiten Schritt, der Zukunftsanalyse, werden anhand von allgemeinen und aufgabenspezifischen Trends Innovationspotenziale ermittelt und diese anhand von Zukunftsprojektionen dargestellt.
- Darauf aufbauend werden im dritten Schritt geeignete Produktideen erarbeitet,
- die im vierten Schritt hinsichtlich ihres Erfolgsbeitrags bewertet werden.
- Anschließend werden in Schritt fünf unter Spiegelung mit Markt- und Technologieinformationen ausgewählte Produktideen zu Produktkonzepten weiterentwickelt.
- In der anschließenden Konzeptbewertung (Schritt sechs) werden die detaillierten Konzepte anhand von Ertrag und Aufwand bewertet.
- Im letzten Schritt, der Umsetzungsplanung, werden die Produktkonzepte auf der Innovationsroadmap zusammengestellt und transparent aufgeschlüsselt.

---

31 Vgl. Aberdeen Group (Product Portfolio Management, 2006), S. 10; vgl. auch Sanwal (Corporate portfolio management, 2007), S. 85.

32 Vgl. Seidel (Methodische Produktplanung, 2005), S. 20.

33 Vgl. Labriola (Time-to-Market Management, 2006), S. 151 ff.; vgl. auch Raurich (Integrative innovation planning, 2004), S. 77.

Vorteile des Ansatzes liegen in der detaillierten methodischen Unterstützung der strategischen Produktplanung. Diese können zu einer Gesamtplanung der Innovationstätigkeit des Unternehmens integriert werden.[34] Inzwischen hat sich das Verfahren etabliert. Es gibt zahlreiche forschungsintensive Großunternehmen, wie beispielsweise Microsoft, Telefonica, Lucent Technologies, oder auch Philips, die dieses Verfahren erfolgreich anwenden.[35]

2.2.2 Stage-Gate Prozess

In den späten achtziger Jahren wurde durch Cooper und Kleinschmidt der so genannte Stage-Gate Prozess entwickelt. Hierbei wurden Innovationsprozesse anhand von Erfahrungen und empirischen Untersuchungen in Aktivitäten und dazugehörige Entscheidungspunkte, so genannte Gates, strukturiert. Ziel dieser Methode ist es, Entscheidungsprozesse in Bezug auf ökonomische und managementorientierte Kriterien zu gestalten, wie beispielsweise Zeit, Ressourcen oder Produkteigenschaften. Diese Entscheidungsprozesse dienen dann als Vorgehenshilfen bei der Planung von Innovationsprozessen.[36] Dabei geht man wie folgt vor: Es werden für jede der bereichsübergreifend abzuarbeitenden Stufen Anfangs- und Endpunkte festgelegt und Aktivitäten zugeordnet. Zwischen den einzelnen Stufen liegen Gates bzw. Meilensteine, die als Kontroll- und Entscheidungspunkte dienen. Sie werden innerhalb des Prozesses zu einer Art Qualitätskontrolle. Ähnlich wie beim Roadmapping werden nun die Prozessschritte im Innovationsprozess abgearbeitet.

- Im ersten Schritt werden Produktideen generiert. Sie werden am ersten Gate mit Blick auf ihre Machbarkeit und die Übereinstimmung mit der Unternehmensstrategie selektiert.
- In einem zweiten Schritt werden die so gewonnenen Ideen detaillierter bewertet. Stimmen sie mit technischen und marktbezogenen Kriterien überein, erfolgt die Freigabe an Gate zwei.
- Auf dieser Basis werden dann erste Machbarkeitsstudien, Projektpläne und Business Pläne mit Marktdaten angefertigt. Sie werden an Gate drei geprüft und bei entsprechender Eignung für das Unternehmen freigegeben. Anschließend erfolgt die Produktentwicklung. Sie kann mit Marktanalysen und Kunden-Feedback gestützt werden kann.
- Am vierten Gate erfolgt die Prüfung auf Kosten und Wirtschaftlichkeit, die Freigabe für erste Testverkäufe und das Anfahren der Produktion. Eine Pilotierung der Produktion in Verbindung mit Kundentests sichert ein ausreichendes Marktpotenzial und bildet die Grundlage für eventuelle Anpassungen des Business Planes.
- An Gate fünf erfolgt die endgültige Freigabe für die Produktion.

Die einzelnen Schritte und Gates haben hierbei immer nur Richtliniencharakter und lassen sich je nach Projektrisiko anpassen. Dabei sind Übergänge zwischen den Phasen zumeist fließend.[37]

---

[34] Vgl. Gomeringer (Strategische Technologieplanung, 2007), S. 55.

[35] Vgl. Labriola (Time-to-Market Management, 2006), S. 147; Seidel (Methodische Produktplanung, 2005), S. 28 f.

[36] Vgl. Verworn/Herstatt (Innovationsprozess, 2000), S. 3 ff.

[37] Vgl. Seidel (Methodische Produktplanung, 2005), S. 36 f.

2.3 Finanzielle und strategische Anforderungen an die Portfoliosteuerung

Ein immer schneller und immer komplexer werdendes Geschäft hat bei den Unternehmen für eine wachsende Unsicherheit gesorgt. Besonders im Spannungsfeld zwischen langfristig ausgerichteten innovativen Marktlösungen und dem ökonomischen Zwang kurzfristig Ergebnisbeiträge zu leisten. Viele suchen da nach ganzheitlichen Lösungsansätzen. Grundsätzlich sind diese Forderungen nicht unbedingt im Widerspruch zu sehen. Hohe Margen lassen sich schließlich auf unterschiedlichen Wegen realisieren. Zum Beispiel durch die erfolgreiche Bearbeitung neuer Märkte. Oder eben auch durch kurzfristige Kostensenkungsmaßnahmen beispielsweise aufgrund von Lernkurveneffekten, Synergieeffekten und der Reduzierung von Komplexität. Manchmal und immer häufiger treffen die Forderungen nach Innovationen einerseits und steigenden Margen andererseits kurzfristig zusammen. Ursachen sind sinkende Margen und ein härteres Wettbewerbsumfeld. Dann müssen Unternehmen beides gleichzeitig leisten: Kostensenkung und Komplexitätsreduktion einerseits und die konstruktive Evaluation von Wachstumsfeldern andererseits.[38]

Die Bearbeitung von Wachstumsfeldern bindet vorerst Ressourcen und bringt erst einmal hohe Kosten und Risiken. Und das bedeutet geringere Margen. Auflösen lässt sich dieser Widerspruch nach Meinung vieler Autoren mithilfe eines globalen Portfoliomanagements. Dieses federt fortwährend risikoreiche Investitionen in die Erschließung neuer Märkte durch die margenstarken „Cash Cows“ im Kerngeschäft ab. Zusätzlich kann dieser Effekt durch Maßnahmen zur Vereinfachung und zur Kostensenkung im Altgeschäft und/oder durch das Phase-out von margenschwachen Produkten gezielt verstärkt werden.[39]

- In einem ersten Schritt sollte das Unternehmen anhand jeweiliger Kernkompetenzen Suchfelder für relevante Veränderungen definieren. Dort wird dann der Markt fortwährend nach neuen Ideen durchsucht. In der managementnahen Literatur wird dies vermehrt durch Market-Pull- bzw. Technology-Push-getriebene Innovationsansätze verwirklicht[40].
- Im zweiten Schritt werden diese Ideen strukturiert, evaluiert und bewertet. Dies kann beispielsweise mit den vorab dargestellten Ansätzen des Roadmapping bzw. über Stage-Gates realisiert werden.
- Am Ende des Prozesses werden die so entstandenen Innovationen am Markt platziert (Abb. 3).

---

[38] Vgl. Baum/Ebert (Lean product management, 2008), S. 2 f.

[39] Vgl. Deraëd (Europäischer Festnetzmarkt, 2005), S. 2 ff.

[40] Vgl. Herstatt/Lettl (Technology Push, 2004), S. 2 f.; vgl. auch Raurich (Integrative innovation planning, 2004), S. 24.

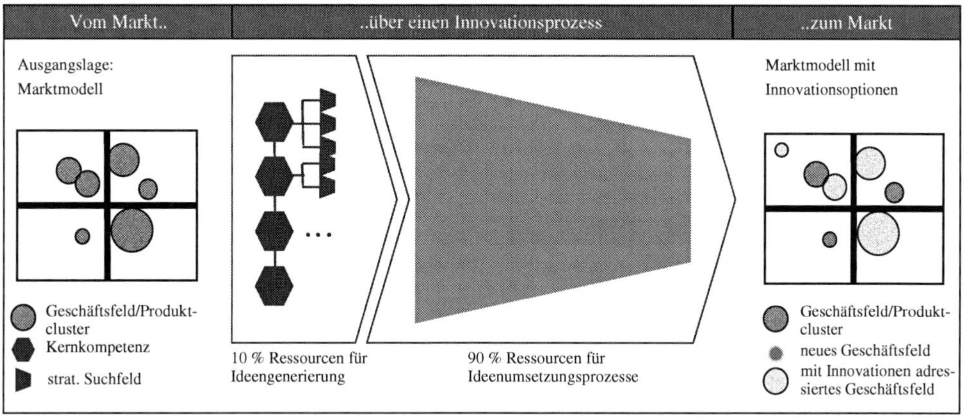

Abb. 3: Vom Markt über einen Innovationsprozess zum Markt
Quelle: Eigene Darstellung.

Entscheidend ist hierbei, dass das Gesamtportfolio eine Übersicht darüber erlaubt, welche Märkte durch das Unternehmen bisher adressiert werden und welche zukünftig mit Innovationen adressiert werden können. Und dies nicht allein aufgrund von kurzfristigen Profitabilitätsüberlegungen, sondern anhand einer strukturierten Vorgehensweise, welche Risk-/ Return-Überlegungen in einer Portfoliogesamtsicht zusammenbringt. Vorteile eines solchen integrierten Portfoliomanagements ergeben sich vor allem aus der Etablierung einer strategischen, langfristigen Perspektive im Unternehmen, die stabile Margen und fortwährende Wachstumsraten über hinreichend viele Innovationen sicherstellt.

2.4 Abhängigkeit des Portfolios vom Unternehmenslebenszyklus

In der Praxis hat sich gezeigt, dass Portfoliogrößen und deren Struktur in hohem Maße vom Lebenszyklus des Geschäftsfeldes abhängen. In der Telekommunikationsindustrie bedeutet dies beispielsweise, dass der klassische Festnetzbereich, der Mobilfunk und auch der B2B-Bereich durchaus unterschiedliche Wachstumsraten, Umsatzerwartungen und Gewinnmargen aufzeigen können. Dieser Effekt geht auf den Unternehmenslebenszyklus und die dahinter liegenden Produktlebenszyklen und Technologielebenszyklen zurück.

Ein Unternehmenslebenszyklus kann als Aggregat von Produktlebenszyklen der vom Unternehmen hergestellten Produkte bzw. Dienstleistungen angesehen werden.[41] Ähnlich dem Produktlebenszyklus-Konzept liegt dem Unternehmenslebenszyklus-Konzept die Annahme zugrunde, dass organisatorische und finanzielle Änderungen im Unternehmen von der jeweiligen Lebenszyklusphase des Unternehmens abhängig sind. Demnach ist auch eine Abhängigkeit der Portfoliostrategie vom jeweiligen Stadium im Unternehmenszyklus denkbar.

---

41 Vgl. Bodenmann (Lebenszyklusmodelle, 2006), S. 5.

In welcher Phase sich ein Unternehmen im Lebenszyklus befindet, kann sehr gut anhand des Branchenlebenszyklus und hier respektive der Anzahl der Gründungen und Löschungen von Unternehmen der gleichen Branche sichtbar gemacht werden.[42] Das Alter eines Unternehmens ist hingegen als Indikator für die Phase im Unternehmenszyklus nur bedingt geeignet. Üblicherweise lässt sich ein Unternehmenslebenszyklus in vier oder fünf Phasen aufteilen (vgl. Abb. 4):[43]

1. *Gründungsphase*: Vergleichweise junge Unternehmen und Geschäftsbereiche versuchen in einer ersten Phase eine überlebensfähige Organisation zu finden. Sie konzentrieren sich vor allem auf die Erreichung eines Break-Even-Punktes.[44] Zumeist stehen kurzfristige Ziele bei der Entscheidungsfindung im Vordergrund. Im Portfoliomanagement geht es vor allem um die Einführung neuer Produkte und die Gewinnung vieler Kunden.
2. *Wachstumsphase*: In dieser Phase erzielt das Unternehmen Markterfolge und festigt seine Position am Markt. Typisch für diese Phase sind ein hohes Umsatzwachstum und eine Unternehmensstrategie, die auf den Ausbau von Ressourcenpotentialen und Skalenvorteilen ausgerichtet ist. Das Umsatzwachstum führt zumeist auch zu einem Anstieg der Anzahl der Produkte im Portfolio. Für das Portfoliomanagement bedeutet diese Phase vor allem die Konzentration auf Stabilisierung, um aufkommende Komplexitätskosten zu vermeiden.
3. *Reifephase*: Das Umsatzniveau und die Firmengröße stabilisieren sich und das Unternehmen etabliert effiziente Prozesse. Durch die sinkenden Wachstumsraten beginnt die Suche nach neuen Geschäftsfeldern und Wachstumstreibern. Der Fokus im Portfoliomanagement liegt in der Stabilisierung und dem Setzen von Abbauzielen. Die zunehmende Produkt- und Marktentwicklung und die Diversifikation stellt das Portfoliomanagement vor die Herausforderung Portfoliogrößen zu begrenzen.
4. *Revitalisierungsphase*: Das Unternehmen versucht mit gezielten Maßnahmen die Stagnations- oder gar Degenerationstendenzen zu verhindern. Anhaltend margenstarke Geschäftsbereiche setzen den Fokus auf Kostensenkung. Gewinnneutrale oder defizitäre Produktzweige werden abgebaut, das Portfolio stagniert oder schrumpft. Im Portfoliomanagement liegt der Fokus auf dem „Abmanagen" von Produkten und der Migration auf Folgeprodukte.
5. *Alterungsphase*: In dieser Phase können fehlende Innovationen und gesättigte Märkte zu Degenerationstendenzen führen. Eine anhaltende Stagnation kann bis zur Schließung des Unternehmensbereiches oder gar des Unternehmens führen. Der Fokus im Portfoliomanagement liegt auf der Etablierung neuer Wachstumstreiber durch Marktentwicklung und eine Restrukturierung des Portfolios. Dies geht zumeist mit einer Reorganisation einher. Unterstützt werden diese Bemühungen durch Kostensenkung und Komplexitätsreduktion über das gesamte Portfolio[45].

---

[42] Vgl. ebenda, S. 12.

[43] Vgl. Nischalke (Organisation wachsender Unternehmen, 2006), S. 8 ff.

[44] Am Break-Even-Punkt werden die Fixkosten von den durch den Verkauf erzielten Deckungsbeiträgen vollständig abgedeckt und es wird die Gewinnschwelle erreicht.

[45] Vgl. Bodenmann (Lebenszyklusmodelle, 2006), S. 5 ff.

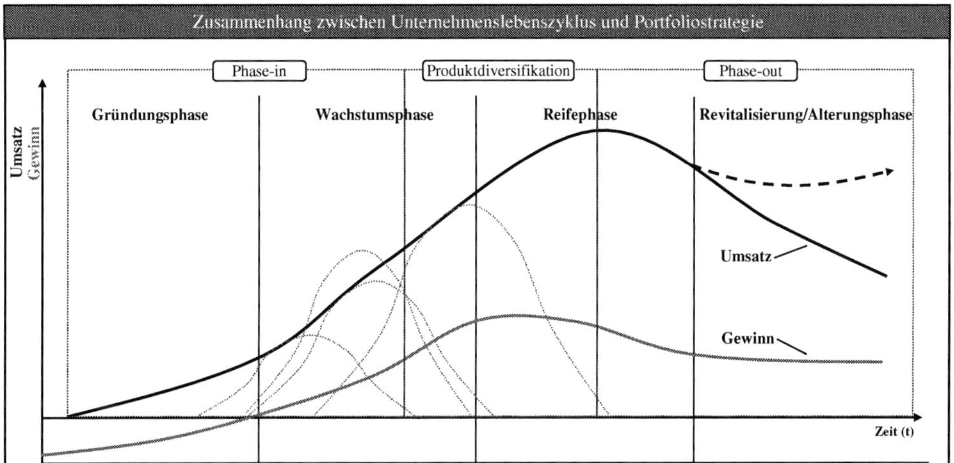

Gründungsphase	Wachstumsphase	Reifephase	Revitalisierung/Alterungsphase
• Fokus auf Umsatz und Entwicklung wachstumsreicher Produkte, Geschäftsfelder und Märkte	• Fokus auf Umsatz und Gewinn • Begrenzung der Kosten/Budgets • Fokus: Portfoliobalance/-ausgleich und -stabilisierung	• Fokus auf Gewinn und Kostenreduktion • Portfoliostabilisierung und –abbau • Suche nach neuen Geschäftsfeldern und Wachstumstreibern	• Starker Fokus auf Kostensenkung im Altgeschäft, Reorganisation • Etablierung neuer Wachstumstreiber und Portfoliorestrukturierung

Abb. 4: Zusammenhang zwischen Unternehmenslebenszyklus und Portfoliostrategie
Quelle: Eigene Darstellung

Wichtig ist dabei: Unternehmenslebenszyklen betreffen in der Regel eher Unternehmensbereiche als das gesamte Unternehmen. Dies gilt vor allem für große Unternehmen in der sich schnell entwickelnden Telekommunikationsindustrie. Dort haben diese Mechanismen direkte Folgen. Gerade junge, von neuen Technologien und Innovationen geprägte Geschäftsbereiche, wie beispielsweise das mobile Internet, sollten bei ihrer Suche nach neuen innovativen Produkten und Tarifen nicht gebremst werden. Sie befinden sich eher in frühen Phasen des Unternehmenslebenszyklus. Hohe Umsätze und kundenspezifische Tarife sind die Regel und erhöhen die Portfoliogrößen. Bereiche wie der Mobilfunk und das klassische Breitbandgeschäft sind eher in der Wachstums- und Reifephase zu finden[46]. Sie sollten umfangreiche Kostenreduktionsmaßnahmen einleiten und sich auf die Suche machen nach neuen Wachstumstreibern zur Erhöhung der Margen. In reifen Geschäftsbereichen, wie beispielsweise dem klassischen Festnetzgeschäft oder dem Schmalbandinternet, sollte das Portfolio von Altlasten im Bestandsportfolio befreit werden. Einfache, kundengerechte Tarife oder Bündel sollten die Portfoliogröße stabilisieren oder reduzieren.

Das heißt, einzelne Geschäftsbereiche eines Telekommunikationsunternehmens sind aufgrund der unterschiedlichen Phasen im Unternehmenslebenszyklus nicht ohne weiteres miteinander vergleichbar. Ein internes Benchmarking greift daher im Portfoliomanagement nur für ähnliche Geschäftsbereiche oder für einzelne Auslandsgesellschaften untereinander.

[46] Vgl. Schmahl/Schmidt (Steuerung von Wachstumsunternehmen, 2006), S. 223.

Ein externes Benchmarking über andere Telekommunikationsunternehmen lässt sich hingegen sehr gut auf eine Portfoliogröße anwenden. Dies gilt besonders für den sichtbaren Bereich des Angebotsportfolios. Im Legacy Portfolio ist das schwieriger, da ältere Tarife und Produkte für Wettbewerber nicht unmittelbar einsichtig sind. Da empfiehlt es sich, auf Studien oder anonymisierte Benchmarks Dritter zurückzugreifen.

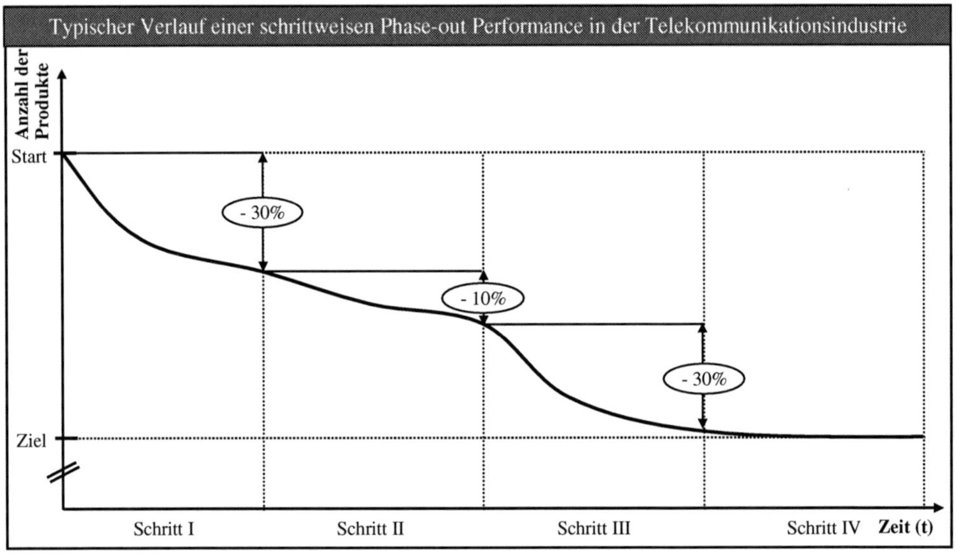

Abb. 5: Typischer Verlauf einer schrittweisen Phase-out Performance in der Telekommunikationsindustrie
Quelle: Eigene Darstellung.

In einem reifen Unternehmen bzw. Unternehmensbereich in der Telekommunikationsindustrie kann ein Portfoliomanagement durch folgendes beispielhaftes Szenario beschrieben werden (vgl. Abb. 5):

- In der Ausgangslage liegt im reifen Unternehmen ein großes Portfolio mit Produkten vor, welche z. T. nur wenige Kunden haben und relativ geringe Umsatzbeiträge.
- In einem ersten Schritt kann durch eine einfache Umsatz-ABC-Analyse unter Vorgabe eines Abbauziels wie beispielsweise 30 Prozent die Anzahl der Produkte deutlich reduziert werden, ohne den Geschäftserfolg signifikant zu beeinträchtigen.
- Dementsprechend liegt in Schritt zwei ein Portfolio vor, bei dem sich mithilfe einer erneuten ABC-Analyse nur geringe Abbaupotenziale realisieren lassen. Angelehnt an die optimale Ressourcenauslastung in der Kundenmigration, die eine natürliche Limitation bei der Anzahl der zu migrierenden Kunden setzt, können beispielsweise nur 10 Prozent der Produkte

abgebaut werden. Grund dafür ist die Tatsache, dass im Rahmen der Migration alte Produkte vorgehalten und gleichzeitig neue gelauncht werden müssen. Nur so kann den Kunden die Möglichkeit für einen adäquaten Wechsel geboten werden.

- Im dritten Schritt hingegen können wieder höhere Abbauraten realisiert werden. Diese sind mit Lernkurveneffekten beim Phase-out, mit der Zusammenlegung von Produkten auf gemeinsame Plattformen und mit der Modularisierung einzelner Produkte (z. B. durch dahinter liegende Technologien wie das Internetprotokoll) zu erklären. Damit sind die technischen Voraussetzungen für eine Massenmigration gelegt. Sie erlaubt weitergehende Abbauziele in Form von quantitativen Vorgaben wie beispielsweise weiteren 30 Prozent. Dieser Abbau sollte jedoch deutlich differenzierter und nicht pauschal erfolgen.
- Am Ende liegt im vierten Schritt ein konsolidiertes, modular konfigurierbares Produktportfolio vor, das mit Hilfe einer Produkterfolgsrechnung[47] zu steuern ist.

Beim Vergleich der gezeigten Vorgehensweise eines reifen Unternehmensbereiches mit einem relativ jungen Unternehmensbereich wird deutlich, dass ganz unterschiedliche Voraussetzungen herrschen, die auch die Art und Weise des Portfoliomanagements beeinflussen. Nachfolgend sind exemplarisch einige Treiber für die Portfoliokomplexität aufgezeigt:

- *Unternehmenshistorie*
  (z. B. länderspezifische, regulationsspezifische und marktspezifische Gegebenheiten)
- *Marktentwicklung*
  (z. B. Anforderungsentwicklung, Marktanteilsentwicklung, Marktwachstum, Trends und Preisentwicklung)
- *Wettbewerbsentwicklung*
  (z. B. Art und Ausmaß der Wettbewerbsaktivitäten, grundsätzliche Marktgegebenheiten und Markteintrittsbarrieren)
- *technische und administrative Gegebenheiten im Unternehmen*
  (z. B. Flexibilität der IT-Infrastruktur und der Prozesse).

Diese Unterschiede münden in unterschiedlichen Portfoliogrößen und somit unterschiedlichen Ausgangslagen für dezidierte Abbauszenarien.

[47] Siehe hierzu auch den Beitrag von Geuppert im vorliegenden Sammelband.

3 Strategisches Produktportfoliomanagement in der Telekommunikationsindustrie am Beispiel der Deutschen Telekom AG

Nachdem nunmehr wesentliche Anforderungen an ein Produktportfoliomanagement in der Telekommunikationsindustrie dargestellt und deren Zusammenhang im Innovationsprozess verdeutlicht wurden, geht es nun um die Spiegelung am Portfoliomanagement der Deutsche Telekom AG. Den Einstieg bildet eine kurze Auseinandersetzung mit dem ITK-Markt und dem Unternehmen. Im Anschluss daran wird der Produktportfoliomanagement-Prozess innerhalb der Telekom und dessen Einbindung in eine gesamthafte Steuerungslogik des Unternehmens dargestellt. Anschließend erfolgen eine kritische Beurteilung des Ansatzes sowie die Ableitung von weiteren Optimierungspotenzialen.

3.1 Einführende Bemerkungen zur Telekommunikationsindustrie und zur Deutschen Telekom

Die Telekommunikationsbranche verzeichnete laut Bundesnetzagentur im Jahr 2006 in Deutschland einen Umsatz von rd. 66 Mrd. €. Ein vergleichsweise hohes Wachstum gibt es dabei in den Bereichen Breitband-DSL und mobile Kommunikation. Die klassische Festnetztelefonie ist eher rückläufig.

Neben dem hohen Wettbewerbsdruck innerhalb der Branche ist verstärkt eine zunehmende Konkurrenz durch vormals branchenfremde Marktteilnehmer festzustellen. Sie dringen über Substitutionsprodukte wie beispielsweise soziale Netzwerkdienste, VOIP- und Messenger-Dienste[48], oder netzbasierte Speicherlösungen z. B. für Desktop, Adressen oder Kalender in den Markt ein. Nokia, Google, Microsoft und Apple sind nur einige namhafte Beispiele für Anbieter, die neben ihrem klassischen Kerngeschäft über neue Services zunehmend den Telekommunikationsmarkt zu erobern suchen.

Die Deutsche Telekom AG ist mit rund 228.000 Mitarbeitern und einem Umsatz von 61,7 Mrd. Euro das viertgrößte Telekommunikationsunternehmen weltweit. Sie ist in rund 50 Ländern aktiv. In den Bereichen breitbandige Netzzugänge, Kommunikations- und Mehrwertdienste über Festnetz und Mobilfunk wie beispielsweise IPTV-Angebote, bietet die Deutsche Telekom ITK-Lösungen, sowohl für Privat- (B2C) als auch für Geschäftskunden (B2B) an.

Die Vision des Konzerns Deutsche Telekom ist es, ein internationaler Marktführer für vernetztes Leben und Arbeiten zu werden. Dabei ist sie in ihrem Markt- und Wettbewerbsumfeld mit sehr unterschiedlichen Rahmenbedingungen konfrontiert: Während die Märkte für

48 Vgl. Bundesnetzagentur (Tätigkeitsbericht Telekommunikation, 2007), S. 28; vgl. auch Pohler et al. (Langfristperspektiven der Telekommunikation, 2007), S. 161 f.

das klassische Festnetz und den Mobilfunk europaweit zunehmend gesättigt sind, legt das Wachstum in anderen Bereichen weiterhin zu. Dazu zählen vor allem die Breitbandkommunikation, die mobile Internetnutzung und der Mobilfunkmarkt in den USA. Den Herausforderungen des Marktes begegnet die Deutsche Telekom mit ihrer Strategie „Konzentrieren und gezielt wachsen". Darin geht die Telekom vier Stoßrichtungen an, die gemeinsam die Strategie der Telekom ausmachen:

- Verbessern der Wettbewerbsfähigkeit in Deutschland sowie in Mittel- und Osteuropa,
- Wachstum im Ausland durch Mobilfunk,
- Mobilisieren von Internet und
- den Web 2.0 Trend und dem Aufbau netzzentrierter IKT[49].

Zur Erreichung dieser Ziele bedient sich die Telekom eines strategischen Produktportfoliomanagements, das den Ausgangspunkt für Entscheidungen über zukünftige Produkte und Services bildet. Es steht im Einklang mit den Kernkompetenzen des Unternehmens. Zunehmend werden hierbei Services interessant, die verschiedene Technologien miteinander verbinden. Dies erfordert eine übergreifende Zusammenarbeit innerhalb des Konzerns. Das macht einen integrierten, konzernweiten Portfoliomanagementansatz erforderlich. Er muss die Rahmenbedingungen für eine gesamthafte Marktbearbeitung in der Zukunft schaffen können. Hierzu definiert die Deutsche Telekom AG eine mittelfristige und eine langfristige Portfoliosicht. Sie integriert über einen Regelkreis neue Produkte und Dienste und steuert gleichzeitig den Phase-out alter Produkte.

Die mittelfristige Portfoliosicht ist in drei Stufen aufgeteilt und bildet den Rahmen für das operative Produktportfoliomanagement. Im Ergebnis liegt eine Portfoliodarstellung vor, die Produkte und Services inkl. derer Margenerwartungen und Wachstumsraten mit einem Zeithorizont von drei Jahren in der Zukunft abbildet. Diese Erkenntnis lässt sich anschließend mithilfe eines Target Portfolios – also einer langfristigen Sichtweise des Marktes der Deutschen Telekom von bis zu fünf Jahren in der Zukunft komplettieren. Mithilfe dieser integrierten Steuerungslogik lassen sich viele Vorteile erzielen. Zum einen können Märkte früher adressiert werden, zum anderen lassen sich Risiken über einen längeren Zeitraum ausbalancieren. Technologische Innovationen brauchen zumeist lange Entwicklungszeiten und erfordern oftmals hohe Entwicklungskosten bzw. die Bereitstellung spezifischer Ressourcen. Eine längere Vorlaufzeit zur Schaffung einer konzernweit getragenen Sichtweise über die Welt der Deutschen Telekom „von morgen" hilft bei der Verwirklichung der mittel- bis langfristigen Ziele.

49 IKT steht für Informations- und Kommunikationstechnologie

3.2 Dreistufiger Portfoliomanagementansatz

Das Ziel des Produktportfoliomanagements ist es, über die Produktlandschaft des Gesamtkonzerns hinweg stabile Margen und gleichzeitig Wachstumsraten sicherzustellen. Dazu bedient sich die Deutsche Telekom vorwiegend zweier Stellhebel:

- Zum einen wird versucht, über Komplexitäts- bzw. Kostenreduktion und Desinvestment Produkten in späten Lebenszyklusphasen einen vergleichsweise hohen EBIT zu verschaffen. Mithilfe dieses Budgets werden neue Innovationen finanziell angeschoben.
- Zum anderen wird der Fokus des Innovationsmanagements konzernweit auf Produkte und Services gelenkt, die vergleichsweise hohe Margen versprechen und die massenmarktfähig sind. So können sie im Verlauf ihres Lebenszyklus hohe Synergie- und Kostensenkungspotenziale erzielen. Stabile Wachstumsraten stellt der Konzern durch den frühzeitigen Anstoß relevanter Innovationen sicher. Zudem wird über den Ansatz einer Balanced Portfolio-Logik eine stabile Wachstumsrate über alle Produktkategorien hinweg verwirklicht. Hierbei werden Produkte mit vergleichsweise geringen Wachstumsraten bei gleichzeitig hohen Margen mit Produkten mit vergleichsweise hohen Wachstumsraten am Beginn ihres Produktlebenszyklus balanciert.

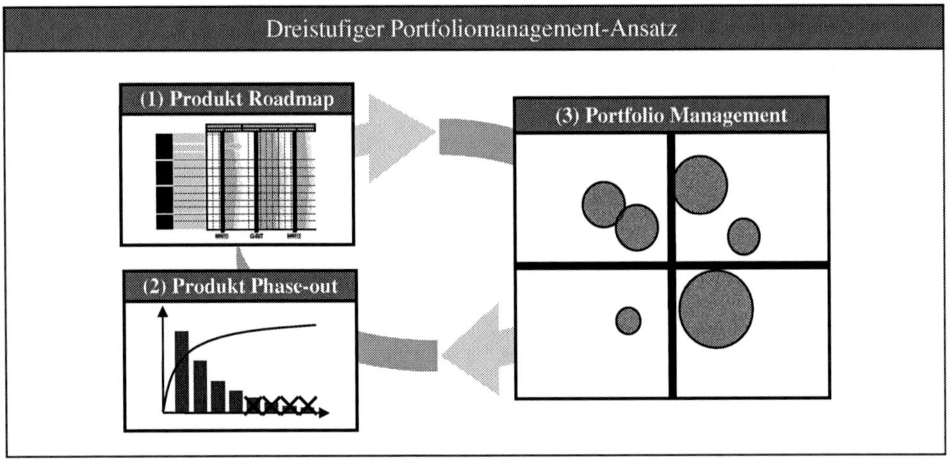

Abb. 6: Dreistufiger Portfoliomanagement-Ansatz
Quelle: Eigene Darstellung.

Operativ wird das Produktportfoliomanagement über einen dreistufigen Ansatz gesteuert:

- das Phase-in neuer Produkte und Services (1),
- die Portfolioreduktion, die der Verschlankung des Portfolios dient (2)
- und schließlich die Etablierung eines Regel-Produktportfoliomanagements (3).

Grundsätzlich besitzt jedes einzelne Konzept zur Optimierung des Produktportfolios das Potenzial, sowohl Margen als auch die Wachstumsraten zu stabilisieren. Aber erst im Zusammenspiel werden die Abhängigkeiten der einzelnen Konzepte offenbar und führen zu einer effektiven, integrativen Steuerung des Portfolios (Abb. 6).

3.2.1 Schritt 1: Phase-in Steuerung über die Produktroadmap

Im ersten Schritt geht es vor allem darum, ein standardisiertes Phase-in von Produkten und Services in die konzernweite Servicelandschaft zu gewährleisten. Dabei hilft ein sogenannter Innovationstrichter. Er überführt Produktideen in marktreife Produkte. Dazu werden innerhalb der Deutsche Telekom AG zwei Methoden, nämlich das Roadmapping und das Stage Gate-Modell, ineinander verzahnt.

Beim Roadmapping werden konzernweit alle in der Entwicklung befindlichen Produkte und Services auf einer Zeitleiste abgebildet. Die im Unternehmen zur Verfügung stehenden Ressourcen werden auf diese Produkte verteilt. Für jedes der Produkte werden Nutzenversprechen formuliert, welche aus Kundensicht einen Mehrwert beinhalten und für die ein Kundennutzen und eine entsprechende Zahlungsbereitschaft ermittelt wurden.

Der Stage Gate-Prozess erlaubt die Überführung der Ressourcenplanung in die Finanzplanung. Hierbei werden über verschiedene Gates Budgets für die in der Entwicklung stehenden Produkte geplant. Je weiter das noch nicht marktreife Produkt im Innovationstrichter gelangt, desto detaillierter können dem Produkt neben Ressourcen auch Budgets zugerechnet werden. Gleichzeitig wird hier die Grundlage für die Kostenplanung des Geschäftsbereiches gelegt.

Mithilfe der Roadmap des Geschäftsbereiches lassen sich nunmehr alle Entwicklungsprojekte abbilden. Diese werden in eine Gesamtroadmap überführt. Für die in der Entwicklung befindlichen Produkte auf der Roadmap erfolgt neben ersten Markttests auch ein Benchmarking in der Industrie. So können mögliche Entwicklungen anderer Unternehmen noch im Entwicklungsprozess berücksichtigt werden. Auf die Änderung wichtiger Wettbewerbsparameter kann so konstruktiv reagiert werden. Zudem erlaubt die Roadmap, entsprechende Business Cases im Verlauf der Entwicklung anzupassen und entsprechende Preisstrategien zu planen[50]. Aufbauend auf dieser Logik lassen sich einzelne Services über eine Aggregation auch Märkten, Marktclustern und Produktgruppen zuordnen. Liegen im laufenden Entwicklungsprozess neuere Erkenntnisse aus Marktstudien vor, können das Produkt oder die Entwicklungskosten angepasst werden. Im Ergebnis liegt ein Produktportfolio mit einem Zeithorizont von bis zu drei Jahren vor. Es bildet die gesamte Produktwelt ab. Und darüber hinaus ist es vollständig mit Ressourcen und Budgets geplant.

---

[50] Vgl. Labriola (Time-to-Market Management, 2006), S. 171 f.

3.2.2 Schritt 2: Portfolioreduktion – Platz schaffen für Neues

Wie eingangs beschrieben, geht es vor allem darum, das Portfolio von margenschwachen und „alten" Produkten, Tarifen und Services zu entlasten. Dies umfasst das aktive Abmanagen der Produkte, von der Einstellung des Vertriebs bis hin zur technischen Abschaltung der Produktionsplattformen[51]. Auch die Schulung der Mitarbeiter im Kundenservice wird für diese Produkte eingestellt. In einem ersten Schritt werden hierfür detaillierte Produktkataloge zusammengetragen. Mittels einer ABC-Analyse über das Gesamtportfolio werden die sog. „low hanging fruits[52]" identifiziert. Das sind diejenigen 90 Prozent der Produkte, die typischerweise zu weniger als 10 Prozent des Konzernumsatzes beitragen. Dementsprechend gilt es, sich möglichst vieler solcher C-Produkte zu entledigen.

In einem nächsten Schritt wird über das Gesamtportfolio ein strategischer Filter gesetzt. Er enthält Kriterien wie beispielsweise die Anzahl der zu migrierenden Kunden, die Deckungsbeiträge der Produkte oder eventuelle zukünftig erwartete Gewinne dieser Produkte. In späteren Iterationen beim Bereinigungsprozess steigt bei den übrigen Produkten die Zahl der zu migrierenden Kunden exponentiell an. Letztlich erfolgt deshalb eine Kosten-Nutzen-Analyse, die die Kosten der Migration den Kostensenkungspotenzialen beim Abmanagen gegenüberstellt.

Mit diesen Maßnahmen lassen sich Kosteneinsparungen und eine Komplexitätsreduktion erzielen. Zudem haben Erfahrungen aus der Praxis gezeigt, dass sich mit weniger Produkten teilweise bessere Margen und insgesamt ein besseres Konzernergebnis erzielen lässt. In der Telekommunikationsindustrie gestaltet es sich schwierig, Kostensenkungen aufgrund von Plattformabschaltungen zu realisieren. Da sich sehr viele Produkte relativ wenige Produktionsplattformen teilen, müssten vergleichsweise viele Produkte abgemanaged werden, um signifikante Erfolge zu realisieren. Ansonsten würden die noch auf der Plattform befindlichen Produkte durch die Schlüsselung der Gemeinkosten lediglich teurer.

3.2.3 Schritt 3: Etablierung eines Regel-Produktportfoliomanagements

Im dritten Schritt geht es vor allem darum, das Portfolio adäquat zu steuern. Die Konzernroadmap wurde also in eine Portfoliologik überführt. Anhand der Portfolio-Achsen lassen sich nun EBIT und Wachstumsrate (CAGR) ablesen. Zudem kann das tatsächlich vermarktete Portfolio mit dem unter Einbeziehung der Roadmap geplanten Portfolio verglichen werden. Das erlaubt Rückschlüsse für ein Regelwerk, das aktuelle Wachstumsraten, die Kosten für die Produktentwicklung und dazu gehörige Erlösgrößen in Zusammenhang bringt. Zudem kann dieses Regelwerk für das Phase-in und Phase-out von Produkten und Services über Lernprozesse fortwährend verbessert werden. So können beispielsweise die Anzahl der Produkte vor

[51] Vgl. Higgins et al. (Telecom complexity, 2008), S. 1.

[52] "low hanging fruits" sind wörtlich übersetzt „tief hängende Früchte" und stehen als Synonym für leicht erreichbare Ziele bzw. Ergebnisse.

Kunde, die Kosten für Forschung und Entwicklung (F&E) und auch eine Produktergebnisrechnung (Product P&L)[53] als Grundlage für einen Regelprozess genutzt werden. Vorrangiges Ziel dieses Prozesses ist die Ermittlung von sog. KPIs (Key Performance Indicators) als Steuerungsgrößen. Sie tragen dafür Sorge, dass ein optimales Portfolio mit stabilen Wachstumsraten bei gleichzeitig stabilen Profitabilitätserwartungen erzeugt wird.

3.3 Gesamthafte Ausrichtung am Target Portfolio

Die drei vorangegangenen Prozessschritte führen zu einem aktuellen Portfolio der Deutschen Telekom mit einem Zukunftshorizont von bis zu drei Jahren. Es ist den entsprechenden Märkten zugeordnet. Seine Marktanteile und Marktgrößen können beschrieben werden. Überdies ist damit auch ein Aufbrechen der Märkte in Wertschöpfungsketten möglich. Das ist z. B. dann sinnvoll, wenn eine Integration nahe gelegener Wertschöpfungsstufen angestrebt wird.

Für Entscheidungen über Produkte und Services, die einen Horizont von drei Jahren überschreiten, spielt die Etablierung weitergehender Suchparameter bei der Verwirklichung von Innovationen eine Rolle: Der Kernkompetenzen. Zum einen geht es hierbei um die Möglichkeit, auf disruptive Innovationen reagieren bzw. diese gestalten zu können. Zum anderen geht es darum, der Richtung der Suche nach Innovationen eine längerfristige Perspektive zu geben. Wirklich umwälzende Innovationen, sog. radikale oder disruptive Innovationen, finden nach Auffassung der Literatur häufig im Spannungsfeld von tiefgreifenden technologischen Entwicklungen, veränderten Kundenbedürfnissen und Märkten statt. Will man solche zum Teil sehr risikoreiche Innovationen durch das Unternehmen mitgestalten, muss der Anstoß meist früher geschehen, als bei inkrementellen Innovationen. Dieser Anstoß kann unter Einbeziehung von Technologie-Trends, der Beobachtung des Wettbewerbs, anhand von Marktforschung oder über gerichtete Push- und Pull-Forschungs- und Entwicklungsprojekte und deren Zusammenspiel in einem Regelprozess gegeben werden[54]. Nicht immer lassen sich radikale Innovationen frühzeitig identifizieren. Deshalb ist es umso wichtiger, Mitarbeiter zu sensibilisieren. Sie müssen sich bewusst sein, dass das Erkennen und Bewerten von innovativen Ideen ein wesentlicher Beitrag zum zukünftigen Unternehmenserfolg und damit auch zu ihrem persönlichen Erfolg ist. Wie eingangs in Kapitel 3.1. erläutert, werden Innovationen über die gezielte Auseinandersetzung mit Themen und bestimmten Innovationstechniken wie beispielsweise der Szenariotechnik diskutiert.[55] Die zugrunde liegenden Suchfelder werden entlang der Kernkompetenzen im Konzern abgeleitet.

Werden auf lange Sicht neue Märkte als interessant erkannt, so lassen sich bestimmte Zielzustände anhand eines Target Portfolios beschreiben. Dieses verfeinert dann wiederum die

53 Siehe hierzu auch den Beitrag von Geuppert im vorliegenden Sammelband.
54 Vgl. Gomeringer (Strategische Technologieplanung, 2007), S. 85 f.
55 Vgl. Albrecht (Innovationsmanagement, 1999), S. 38 ff.

Definition der Suchfelder[56]. Damit wird ein Regelkreis geschaffen, der eine Langfristbetrachtung im Konzern verankert und darüber hinaus organisatorische Lernprozesse ermöglicht. Die Ergebnisse der Analysen neuer Märkte, Produktcluster und relevanter Wertschöpfungsprozesse münden allesamt im Target Portfolio. Dieses antizipiert die Entwicklungen des Gesamtmarktes mit einem Zeithorizont von fünf Jahren und macht diese Veränderungen transparent. Das Target Portfolio steht mit der Innovationsstrategie im Einklang (Abb. 7).

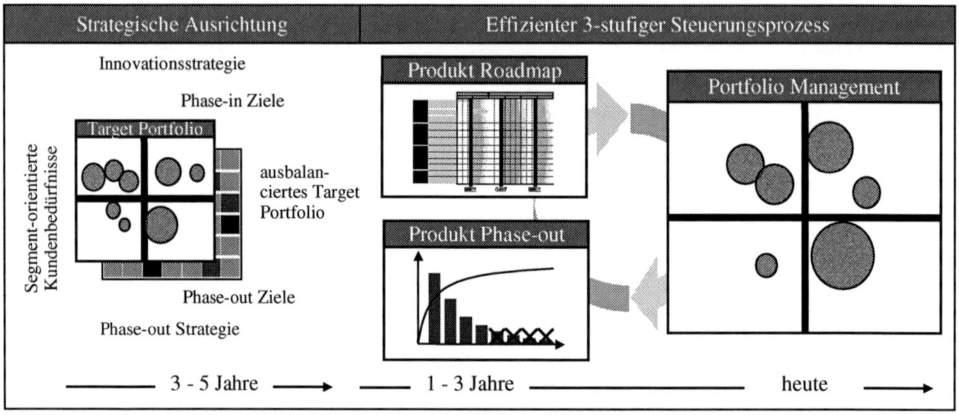

Abb. 7: Strategische Ausrichtung und effizienter 3-stufiger Steuerungsprozess
Quelle: Eigene Darstellung.

Wird demnach ein Service als attraktiv und für einen Massenmarkt als rentabel identifiziert, führen Experten diesen einem Phase-in Prozess zu, der seinerseits in die Roadmap und den Stage Gate-Prozess mündet. Das Target Portfolio kann viel früher als über eine rein profitabilitätsgesteuerte Sichtweise einen Anstoß für die Produktentwicklung oder die F&E-Bemühungen geben. Es antizipiert Zukunftsmärkte, während eine ergebnisgesteuerte Sichtweise nur das bestehende Geschäft beobachtet und bestenfalls retrospektiv erfolgreiche Produkte verbessert.

Auch beim Phase-out von Produkten kann das Target Portfolio unterstützend wirken. Durch das Aufzeigen eines zukünftigen Zustandes können Produkte identifiziert werden, die nicht mehr benötigt werden. Das Target Portfolio bildet damit die Grundlage für die langfristigen Phase-in und Phase-out Ziele, um ein nachhaltig ausbalanciertes Produktportfolio zu erreichen.

56 Vgl. Gomeringer (Strategische Technologieplanung, 2007), S. 71 f.; vgl. auch Verworn/Herstatt (Innovationsprozess, 2000), S. 6 ff.; Vgl. Albrecht (Innovationsmanagement, 1999), S. 49 ff.

3.4 Verbesserungspotenziale/ -ansätze

In Kapitel 2.3 wurden Anforderungen an eine gesamthafte Portfoliosteuerung formuliert. Vergleicht man diese mit der aktuellen Portfoliosteuerung der Deutschen Telekom AG, zeigen sich nur wenige Schwachstellen. Die große Herausforderung der Telekommunikationsindustrie ist Kostensenkung und Komplexitätsreduktion bei gleichzeitiger konstruktiver Evaluation von Wachstumsfeldern. Dieser Aufgabe begegnet die Deutsche Telekom mit einem integrierten, dreistufigen Portfoliomanagementansatz und einem Target Portfolio. Ein Schwachpunkt ist dabei bislang die Bewertung von Risiken: Das Target Portfolio versetzt den Konzern in die Lage, profitable und wachstumsstarke Segmente zu balancieren. Risiken sind aber bislang wenig berücksichtigt. Ziel muss es deshalb sein, neben der Produktergebnisrechnung (P&L) Risiken konsequent in die Investitionsentscheidung einfließen zu lassen.

In der Telekommunikationsindustrie sind per se hohe Investitionen in eine Netzinfrastruktur und die daran geknüpfte Informationstechnologie zu leisten. Solche hohen Investitionen mit langen Vorlaufzeiten bergen immens hohe Risiken. Diese sollten nicht nur bei Infrastruktur- und Technologieinvestitionen, sondern auch im Rahmen des Produktportfoliomanagements verankert werden.

Weiterhin liegt der Fokus der Deutschen Telekom stark auf der Evaluation von Wachstumsfeldern. Diese können allerdings nur dann erfolgreich von margenstarken „Cash Cows" getragen werden, wenn eine kennzahlengestützte Aussage möglich ist. Deshalb sollte die Portfoliobereinigung und die damit einher gehende Komplexitätsreduktion weiterhin mit höchster Priorität vorangetrieben werden. Letztlich erfordert ein integriertes Portfoliomanagement das konstruktive Zusammenspiel von Konzernstrategie, Innovationsstrategie und Produktportfoliomanagement. Die Verbesserungspotenziale sind zum Großteil erkannt und befinden sich derzeit schon in der Umsetzung.

4 Bewertung der Portfoliosteuerung und Ausblick

In den ersten beiden Kapiteln wurden wichtige theoretische Instrumente für ein Produktportfoliomanagement vorgestellt. Dann folgte der Vergleich mit der Portfoliosteuerung bei der Deutschen Telekom AG. In diesem Kapitel wird nun der Frage nachgegangen, welche Hebel sich im Rahmen der Portfoliosteuerung identifizieren lassen und welche weiteren Punkte noch zu berücksichtigen sind.

4.1 Effektive Hebel und Wirkungsweisen des Produktportfoliomanagements

Es konnte gezeigt werden, wie ein gesamthaftes Produktportfolio wirkungsvoll über einen Regelprozess für Innovationen und Phase-out gesteuert werden kann. Darüber hinaus wurde das Spannungsfeld von Profitabilität und Innovationen aufgezeigt und ihm durch ein Target Portfolio begegnet. Bei genauerer Analyse des Spannungsfeldes lassen sich große Hebel für ein wirksames Portfoliomanagement identifizieren. Folgende Methoden sollten den Rahmen für eine Optimierung des Portfoliomanagements bilden: Eine produktbezogene P&L, eine Risk-/Return-Perspektive, Methoden zur Verkürzung der Produkteinführungszeiten („Time to Market") und letztlich eine ausgeprägte Innovationskultur.

Produktbezogene P&L

Das Produktportfoliomanagement sollte darauf ausgelegt sein, defizitäre Produkte zu identifizieren, deren Notwendigkeit beispielweise auf Lock-in-Effekte zur Erhöhung der Kundenbindung zu prüfen und solche Produkte gegebenenfalls abzumanagen. Eine produktbezogene Ergebnisrechnung macht den Mitteleinsatz dafür transparent. Nicht allein die Investitionen, auch dazu gehörige Overhead-Prozesskosten können zum Teil den Produkten zugerechnet werden. Das erlaubt es, frühzeitig auf Änderungen relevanter Parameter einzugehen.[57]

Risk-/Return-Perspektive

Im Telekommunikationssektor sind hohe Investitionen in Netzinfrastruktur über lange Zeiträume die Regel. Auch in der Produktentwicklung werden hohe Investitionen getätigt. Umso wichtiger wird die Implementierung einer Risikoperspektive auf das Produktportfolio. Zu oft werden Risikoinvestitionen in Produkte angeschoben, die nicht durch „Cash Cows" abgefangen werden können. Teilweise würden Kostenreduktionen sich besser im Konzernergebnis niederschlagen, als der Fokus auf margenschwache Risikoinvestitionen. Eine Risikoperspektive hilft darüber hinaus bei der Zuordnung und Optimierung der meist knappen Forschungs- und Entwicklungsbudgets[58].

Kurze „Time to Market"

Im Hyperwettbewerb der großen Telekommunikationsdienstleister werden neben der Möglichkeit zur Erzielung von Economies of Scale und Scope zunehmend auch Economies of Speed entscheidend zur Erzielung von Wettbewerbsvorteilen.[59] Hohe Ausgaben für Forschung und Entwicklung und hohe Losgrößen zahlen zumeist auf eine starke Unternehmensmarke und gesteigerte Finanzkraft ein. Starke und finanzkräftige Unternehmen erlauben die

57 Siehe hierzu auch den Beitrag von Geuppert im vorliegenden Sammelband.

58 Vgl. Oliver Wyman Consulting (Corporate Portfolio Management, 2007), S. 8 ff.

59 Vgl. Albrecht (Innovationsmanagement, 1999), S. 73f.; vgl. auch Labriola (Time-to-Market Management, 2006), S. 11 ff.

Akquisition starker Partner und die Verwirklichung von Open Innovation Ansätzen. Nicht in allen margenstarken Märkten, in denen ein Telekommunikationsunternehmen aktiv ist, kann es den Marktanforderungen in kurzer Zeit gerecht werden. Spezialisierte strategische Partnerschaften sind deshalb eine gute Alternative bei der Verwirklichung innovativer Produkte und zur Erschließung neuer Kompetenzen. Zudem können Risiken dadurch besser abgefedert werden. Sie sollten deshalb im Unternehmen erörtert werden[60].

Ausgeprägte Innovationskultur

Oftmals erlaubt das aktuelle Geschäft kaum mehr den Blick über den Tellerrand. Entscheidungen über Ideen werden zumeist relativ regelkonform getroffen. Und das, obwohl in vielen Unternehmen kaum eine geteilte Vorstellung über die Telekommunikationswelt der Zukunft herrscht. Deshalb ist es wichtig, die Voraussetzungen für eine ausgeprägte Innovationskultur zu etablieren, in der auch Querdenker ihre Ideen einbringen können und Ideen nicht zu frühzeitig geblockt werden.[61] Gerade im Telekommunikationsumfeld, in dem Märkte zum Teil sehr fragmentiert sind, können viele kleine Ideen über Geschäftsmodelle teilweise große Märkte eröffnen. Auch darf es nicht richtig sein, bei kleinen Misserfolgen den Initiator zu bestrafen. Vielmehr muss es ein Anliegen sein, Ideen zu motivieren. Wenn etwas sanktioniert werden sollte, dann das Ausbleiben von Ideen.

4.2 Offene Punkte und Implikationen für eine weiterführende Betrachtung

Praxis und wissenschaftliche Literatur sind sich weitestgehend einig: Die Vielschichtigkeit und permanente Präsenz des Spannungsfeldes von Profitabilität und Innovation, die enge funktionale Verknüpfung zu anderen Forschungsgebieten, wie beispielsweise der Informationstechnik und der Finanzwirtschaft, sowie die dargestellten Hebel und Verbesserungspotenziale sind wichtige Anhaltspunkte für weitere Forschungsbemühungen. Vielfach fehlt Innovationskonzepten ein integrativer Bezugsrahmen, also eine Verbindung, um sie im Zusammenspiel zu optimieren. Konzepte, wie das Roadmapping, Stage Gate-Prozesse und auch Portfoliomodelle werden zwar in der Literatur genannt und beschrieben, aber ihr effektives Zusammenspiel vielfach nicht erörtert. In der Konsequenz fehlt demnach sowohl die theoretisch exakte Abgrenzung der einzelnen Konzepte, wie auch deren integrative Verknüpfung und die daran anschließende empirische Fundierung. Darüber hinaus sind die Interdependenzen und Erfolgsfaktoren, z. B. in Form dazu gehöriger branchentypischer KPI-Sets bzw. relevanter Steuerungshebel wenig entwickelt. Es wäre aufschlussreich, diesen Bereich weiter zu erschließen.

---

60 Vgl. Borchert et al. (Innovationsmanagement, 2005), S. 10.

61 Vgl. Raurich (Integrative innovation planning, 2004), S. 45 ff.

Darüber hinaus ist der Prozess der Überführung von Trends in relevante und operationalisierbare Ziele wenig erschlossen. Letztlich steht trotz der gegenwärtigen Popularität des Kernkompetenzansatzes dessen praktische Unterlegung zum Teil noch aus. Dieser Mangel geht vor allem auf das Fehlen von konstruktiven Gestaltungsvorschlägen zurück. Interessant wäre es zudem, in der Literatur Erfolgsbelege für bestimmte Portfoliomodelle, unternehmensinterne Voraussetzungen oder die empirische Gegenüberstellung der Konzepte vorzufinden. Es gibt zwar noch Forschungsdefizite in der wissenschaftlichen Literatur. Aber die Entwicklung auf dem Gebiet der Portfoliosteuerung hat durch die globalen Anforderungen und Wettbewerbsbedingungen in der Telekommunikationsindustrie einen starken Auftrieb erlangt. Und sie wird zukünftig an Bedeutung gewinnen. Das ist vor allem darauf zurückzuführen, dass bisherige Konvergenzentwicklungen weiter anhalten.

5 Resumee

Das Ziel dieses Beitrags war die Strukturierung einer ganzheitlichen, mit den Erfordernissen der Praxis korrespondierenden Produktportfolio-Konzeption. Im ersten Schritt wurden die Anforderungen an das Portfoliomanagement aus der Theorie herausgearbeitet. Anschließend wurden diese Erkenntnisse an der Produktportfoliosteuerung der Deutschen Telekom gespiegelt. Um Handlungsempfehlungen zu gewährleisten, wurde am Beispiel der Deutschen Telekom AG eindringlich verdeutlicht, vor welchen Herausforderungen die Telekommunikationsindustrie derzeit steht. Dabei konnte gezeigt werden, dass über ein integratives Produktportfoliomanagement signifikante Profitabilitätssteigerungen erzielt werden können. Durch die Integration werden das Phase-in, das Phase-out und das Target Portfolio in Zusammenhang gebracht und aufeinander abgestimmt. Einmal etabliert und richtig in der Organisation verankert, steht ein Produktportfoliomanagement zudem also eben nicht im Widerspruch zu einem innovativen Produktportfolio. Das Produktportfoliomanagement fördert es vielmehr. Es fordert eine notwendige Fokussierung auf die wesentlichen Wachstumstreiber ein und trägt somit zu einer verbesserten Ressourcenallokation bei. Neben einer stark reaktiv getriebenen EBIT-Logik wird das Produktportfoliomanagement damit auch einer proaktiven Identifikation von Wachstumsmärkten gerecht und schafft Transparenz über das gesamte Produktportfolio.

Literatur

Aberdeen Group (2006): The Product Portfolio Management Benchmark Report: Achieving Maximum Product Value, Aberdeen Group, Boston 2006.

Albrecht, R. (1999): Szenariogesteuertes Innovationsmanagement : marketingorientierte Entwicklung eines konzeptionellen Rahmens für die Planung und Implementierung zukunftsrobuster Innovationsprozesse; Staats- und Universitätsbibliothek Hamburg 1999.

Baake P. / Erber G. / Heitzler, S. / Wey, Ch. / van Schewick B. / Wolisz, A. / Hagemann, H. (2007): Die Rolle staatlicher Akteure bei der Weiterentwicklung von Technologien in deregulierten TK-Märkten, vol 27, in DIW Berlin: Politikberatung kompakt from DIW Berlin, German Institute for Economic Research Berlin 2007.

Baum, M. / Ebert, J. (2008): Lean product management: High-tech manufacturers boost profits by reducing product complexity, A.T. Kearney — Manufacturing Business Technology, 2008.

Bodenmann, B.R. (2006): Lebenszyklusmodelle für Unternehmen in der Raumplanung, Arbeitsbericht Verkehrs- und Raumplanung, 393, Institut für Verkehrsplanung und Transportsysteme (IVT), ETH Zürich, Zürich, 2006.

Borchert, J. / Goos, P. / Hagenhoff, S. (2005): Empirische Erhebung zum Innovationsmanagement in Netzwerken - Eine explorative Studie bei innovativen DAX und MDAX Unternehmen, Arbeitsberichte des Instituts für Wirtschaftsinformatik, Professur für Anwendungssysteme und E-Business, Universität Göttingen, Nr. 16, Göttingen, 2005.

Bundesnetzagentur für Elektrizität, Gas, Telekommunikation, Post und Eisenbahnen (2007): Tätigkeitsbericht Telekommunikation 2006/2007, Bericht nach § 121 Abs. 1 Telekommunikationsgesetz, Bonn 2007.

Cooper, R.G. / Edgett, S. J. / Kleinschmidt, E. J. (2001): Portfolio Management for New Products, 2nd. ed., Cambridge, Mass., 2001.

Deraëd P. (2005): Mercer-Studie zum europäischen Festnetzmarkt: Von Wettbewerbern lernen und Produktangebote vereinfachen, Mercer, 2005.
<http://www.innovations-report.de/html/berichte/studien/bericht-46387.html>
(Zugriff am 10.09.2008)

Gerybadze, A. (2004): Technologie- und Innovationsmanagement – Strategie, Organisation und Implementierung, Verlag Vahlen, München, 2004.

Gomeringer, A. (2007): Eine integrative, prognosebasierte Vorgehensweise zur Strategischen Technologieplanung für Produkte, Heimsheim: Jost-Jetter, 2007.

Goos, P. / Hagenhoff, S. (2003): Strategisches Innovationsmanagement: Eine Bestandsaufnahme. In: Schumann, M. (Hrsg.), Arbeitsbericht Nr. 11/2003 des Instituts für Wirtschaftsinformatik der Georg-August-Universität Göttingen, Göttingen 2003.

Herstatt, C. / Lettl, C. (2004): Management of "technology push" development projects. International Journal of Technology Management, Vol. 27, Nos. (2/3), 2000.

Higgins, M. / Moore, V./ Chua S. G. (2008): Simplify or Drown: Fighting the rising tide of Telecom complexity: A.T. Kearney 2008. <http://www.atkearney.com/main.taf?p=5,3,1,122,1> (Zugriff am 02.02.2009)

Jonda, M. (2004): Szenario-Management digitaler Geschäftsmodelle – Skizze einer Geschäftsmodellierung am Beispiel von Mobile-Health-Dienstleistungen, Dissertation an der Carl von Ossietzky Universität Oldenburg.

Labriola, F. (2006): Ganzheitliches Time-to-Market Management: Planung und Umsetzung von Produktinnovationen unter besonderer Berücksichtigung des Wettbewerbsfaktors Zeit, Dissertation: TU Bergakademie Freiberg, Fakultät für Wirtschaftswissenschaften, 2006.

Lorchheim, U. / Muller, C. / Sautter, A. / Simonitsch, K. / Vogel, C. (2006): Produktportfoliomanagement in Telekommunikationsunternehmen: In: Information Management & Consulting (2006), JAHR 21, Nr. 2, S. 54-60.

Mahnke, V. / Overby, M. L. (2005): Portfolio Management of R&D-Collaborations: The case of Mobile Services; Department of Informatics Copenhagen Business School, Frederiksberg, 2005.

Nischalke, P. (2006): Die Organisation wachsender Unternehmen: Eine Entwicklung idealtypischer Gestaltungsalternativen auf system- und kontingenztheoretischer Basis, Schriften zu Organisation und Information, 1. Aufl., Band 8, Handelshochschule Leipzig, Diss., Hampp, Mering 2005.

Nieschlag, R. / Dichtl, E. / Hörschgen, H. (1988): Marketing, 15. Aufl., Berlin, 1988.

Oliver Wyman Consulting (2007): Corporate Portfolio Management: Capital allocation from a risk-return perspective, 2007. <http://www.oliverwyman.com/de/pdf_files/corp_portfolio_manage_ERC_0307.pdf> (Zugriff am 12.01.2009)

Pohler, M. / Beckert, B. / Schefczyk, M. (2007): Technologische und ökonomische Langfristperspektiven der Telekommunikation, Eine Studie des SAP-Stiftungslehrstuhls für Entrepreneurship und Innovation der TU Dresden und des Fraunhofer ISI für das Bundesministerium für Wirtschaft und Technologie (BMWI), 2007.

Raurich, V. F. (2004): Integrative innovation planning in technology based enterprises, Diss., Technische Wissenschaften ETH Zürich, 2004.

Restemeyer, O. (2002): Entwicklung eines Verfahrens zur Geschäftsfeldanalyse und -entwicklung in kleinen und mittleren Bauunternehmen, Diss., Bergische Universität Gesamthochschule Wuppertal, Fachbereich Bauingenieurwesen, 2002.

Sanwal, A. K. (2007): Optimizing corporate portfolio management: aligning investment proposals with organizational strategy, Hoboken, NJ: Wiley, 2007.

Schmahl Ch. / Schmidt, A. (2006): Steuerung von Wachstumsunternehmen über Effizienzziele anstelle fixer Kostenbudgets: In: Gleich, R. / Hoffmann, S. / Leyk, J. (Hrsg.): Planung und Budgetierungsinstrumente, Freiburg (2006), S. 203-224.

Seidel, M. (2005): Methodische Produktplanung - Grundlagen, Systematik und Anwendung im Produktentstehungsprozess, Universitätsverlag Karlsruhe 2005.

Stuber, R. (2001): Strategische Investitionsprogrammplanung in divisionalisierten Unternehmen: Vorschlag eines heuristischen Verfahrens, Diss., Universität Freiburg, 2001.

Verworn, B. / Herstatt, C. (2000): Modelle des Innovationsprozesses, Arbeitspapier Nr. 6, Technische Universität Hamburg-Harburg, 2000.

Welfens P. J. J. (2006): Die Zukunft des Telekommunikationsmarktes – Volkswirtschaftliche Aspekte digitaler Wirtschaftsdynamik, Berlin 2006.

Wood, R. (2005): The Telco Product Portfolio beyond 2010, Analysys Research Limited, ISBN 1 903648 84 X, 2005.

Ergebnisrechnung als Instrument des strategischen Produktportfoliomanagements – Ausgestaltung am Beispiel Deutsche Telekom

Florian Geuppert

Produktergebnisrechnungen sind in der Praxis ein weit verbreitetes Instrument zur Produktportfoliosteuerung. Der vorliegende Beitrag zeigt anhand des Praxisbeispiels Deutsche Telekom die Besonderheiten und Möglichkeiten der Ausgestaltung eines solchen Instrumentariums für ein integriertes Telekommunikationsunternehmen auf.

1 Einleitung

Mit der Neuausrichtung der Deutschen Telekom AG im Dezember 2006 wurden neben den Verantwortungen für die operativen Segmente Breitband/Festnetz (T-Home), Geschäftskunden (T-Systems), Mobilfunk Europa und Mobilfunk USA (T-Mobile) zusätzlich auch übergreifende funktionale Verantwortungen definiert.[1]

Die Verankerung von geschäftsfeldübergreifenden Funktionen ermöglicht insbesondere die Realisierung von Größenvorteilen und Synergien, z. B. mit der konzernübergreifenden Weiterentwicklung und Steuerung des Produktportfolios durch die international ausgerichtete Funktion „Products & Innovation".

Zentraler Bestandteil der funktionalen Verantwortung von „Produkte & Innovation" ist das strategische Produktportfoliomanagement, das zum Ziel hat, geschäftsfeldübergreifend das Gesamtportfolio der Deutschen Telekom in einem mehrstufigen Ansatz optimal auszurichten.[2] Elementare Grundlage bildet dabei die Transparenz über Ergebnisbeiträge der einzelnen Produkte mittels einer geschäftsfeldübergreifend harmonisierten Produktergebnisrechnung.

Ziel dieses Beitrags ist es, den Aufbau des Steuerungsinstruments Produktergebnisrechnung als Basis des strategischen Produktportfoliomanagements zu beschreiben. Der Fokus liegt dabei auf den Besonderheiten der Produkt- und Deckungsbeitragsstruktur aus Sicht eines integrierten Telekommunikationskonzerns am Beispiel der Deutschen Telekom. Fokus

---

1 Vgl. Deutsche Telekom AG (Führungsspitze, 2006).

2 Siehe hierzu auch den Beitrag von Schepp/Herold/Schmahl im vorliegenden Sammelband.

bilden hierbei die privat- bzw. endkundenbezogenen Aktivitäten im Bereich Mobilfunk Europa und Breitband/Festnetz des Deutsche Telekom-Konzerns.[3]

Basierend auf Erfahrungen aus der Praxis[4] werden abschließend Thesen für eine erfolgreiche Gestaltung und Einführung von Ergebnisrechnungen zur Portfolio-Steuerung herausgearbeitet. Grundlage der nachfolgenden Ausführungen sind die praktischen Erfahrungen des Autors.

2 Produktergebnisrechnung als Basis des strategischen Produktportfoliomanagements

Nachfolgend werden Einsatzzweck und konkrete Ausgestaltung des Instruments der Produktergebnisrechnung näher beschrieben. Ausgangspunkt sind dabei die Anforderungen eines integrierten Telekommunikationsunternehmens im Allgemeinen sowie im Besonderen des Deutsche Telekom-Konzerns mit seinen Produkten und Strukturen.

2.1 Einsatz von Ergebnisrechnungen im strategischen Produktportfoliomanagement

Die Profitabilität ist ein zentrales Kriterium zur adäquaten Steuerung des Produktportfolios. Grundsätzlich bestehen in der Praxis verschiedene Ausgestaltungsformen von Ergebnisrechnungen bzw. Steuerungsinformationen zum Produktportfoliomanagement.

Neben dem zeitlichen Bezug (Prognose- versus Ist-Rechnung) ist ein zentrales Unterscheidungsmerkmal die unterschiedliche Zielsetzung der Instrumente: Einerseits zur operativen, d. h. vor allem zur monatlichen Steuerung, andererseits zur strategischen Produktportfoliosteuerung (vgl. Abb. 1).[5] Die im vorliegenden Beitrag beschriebene Ergebnisrechnung dient zur strategischen Portfoliosteuerung auf Basis von Ist-Werten.

Der Einsatzzweck der Produktergebnisrechnung im Deutsche Telekom-Konzern ist in das Rahmenkonzept des strategischen Produktportfoliomanagements eingebettet. Die Ausrichtung ist hierbei international und umfasst mehrere Landesgesellschaften.

---

3 Das Geschäftsfeld „Geschäftskunden" (insbesondere das Systemgeschäft), das Wholesale-Geschäft (Vorleistungen für andere Telekommunikationsanbieter), das Mehrwertdienste-Geschäft sowie die Non-Access/-Portalbezogenen Aktivitäten des Deutsche Telekom-Konzerns (z. B. das T-Online Portal), die jeweils durch spezifische Steuerungsanforderungen gekennzeichnet sind, werden im nachfolgenden nicht betrachtet.

4 Im Rahmen eines konzernübergreifenden Projekts unter Verantwortung des Segmentvorstands Finanzen, Products & Innovation, Deutsche Telekom wurde eine übergreifende Produktergebnisrechnung konzipiert und aufgebaut.

5 Auf die vielfältigen nicht-finanziellen Kennzahlen zur Produktportfolio-Steuerung wird an dieser Stelle nicht weiter eingegangen.

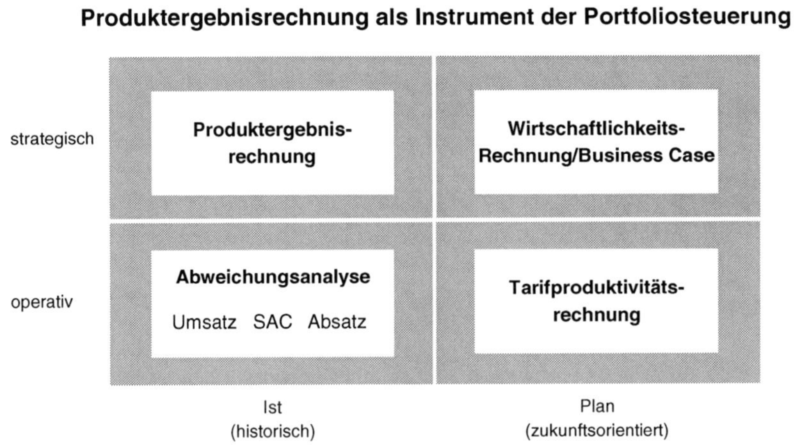

Abb. 1: Finanzielle Steuerungsinstrumente im Kontext der Portfoliosteuerung

Zielsetzung dabei ist es, über das Gesamtportfolio des Konzerns fortwährend stabile Wachstumsraten und Ergebnisbeiträge bzw. -margen zu realisieren. Mittels einer „Balanced Portfolio“-Logik erfolgt ein Ausgleich zwischen Produkten, die zu Beginn ihres Lebenszyklus stehen – d. h. mit vergleichsweise hohem Innovationscharakter, höheren Wachstumsraten sowie relativ niedrigeren Ergebnismargen – und „reiferen“ Produkten mit geringeren Wachstumsraten und vergleichsweise höheren Ergebnismargen.[6]

Über verschiedene Deckungsbeitragsstufen wird dadurch Transparenz über die tatsächlich erzielten Ergebnisbeiträge der einzelnen Produkte bzw. Produktkategorien geschaffen, die in Relation zum Umsatzanteil bzw. -wachstum gestellt werden (vgl. Abb. 2).

Mit den Ergebnissen der Produktergebnisrechnung lassen sich für die strategische Portfolio-Steuerung zentrale Fragestellungen beantworten, wie z. B.:

- Wie ausgeglichen ist das Portfolio hinsichtlich Profitabilität, Stabilität und Wachstum?
- Wie ist die Balance zwischen den Kosten der Kundengewinnung und den Deckungsbeiträgen aus dem Geschäft?
- Wie sind die Ergebniseffekte aus Migrationen im Portfolio zu beurteilen?
- Was sind die Ergebnisbeiträge einzelner Produktgruppen/Kategorien? Stimmt die Entwicklung mit den ursprünglichen Annahmen überein?
- Was sind Hebel zur Verbesserung der Produktprofitabilitäten?

[6] Für Einzelheiten siehe hierzu auch den Beitrag von Schepp/Herold/Schmahl im vorliegenden Sammelband.

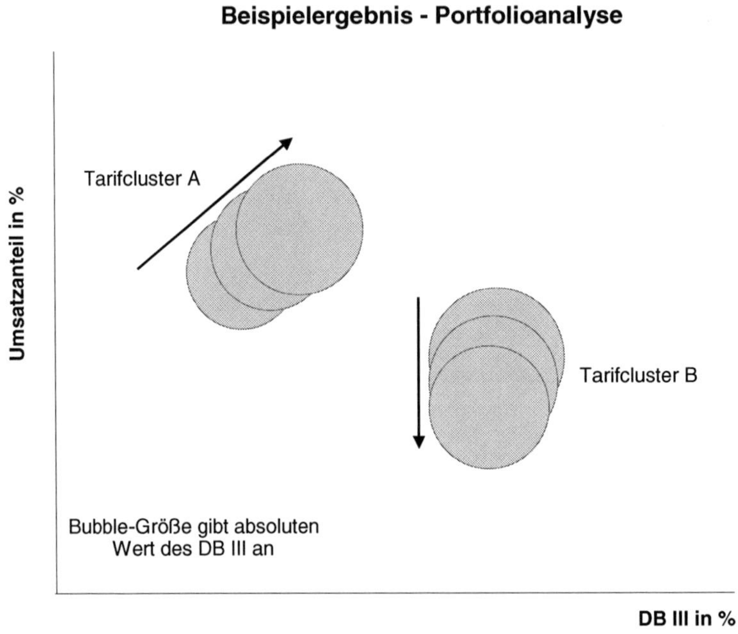

Abb. 2: Portfolioanalyse (illustrativ)

Aus der Produktergebnisrechnung werden dezidierte Finanzinformationen über das Produktportfolio bereitgestellt, die auch als Basis für zukunftsbezogene Simulationen (z. B. für Portfolio-Migrationen, Planungsszenarien) verwendet werden können.

2.2 Spezifische Anforderungen aus Sicht eines integrierten Telekommunikationsunternehmens

Analog zu anderen Branchen zeichnet sich auch die Telekommunikationsindustrie durch spezifische Charakteristika aus, die zum einen bei der Konzeption von Steuerungsinstrumenten, zum anderen aber auch bei der Interpretation der Ergebnisse zu berücksichtigen sind.

Zwei elementare Besonderheiten, die für die Produktergebnisrechnung von spezieller Bedeutung sind, betreffen erstens die Vertragsausgestaltung im Endkundengeschäft. Dies ist mit Aspekten verbunden, welche Leistungen wann und wie erbracht werden, welche direkten Kosten damit verbunden sind und was beim Kunden über den Vertragszeitraum vereinnahmt wird. Zweitens bestehen aufgrund der Wertschöpfung Besonderheiten hinsichtlich der Kostenstruktur, die ebenfalls bei Konzeption und Analyse von Steuerungsinstrumenten Berücksichtigung finden müssen.

In Bezug auf den ersten Aspekt, die endkundenbezogene Vertragsausgestaltung im Massenmarkt, lässt sich ein zunehmender Trend zu Konvergenz der Angebote und Geschäftsmodelle von Mobilfunk sowie Breitband/Festnetz in Richtung eines subskriptionsbezogenen Geschäftsmodells feststellen.

Es ist dabei eine allgemeine Angleichung von Breitband/Festnetz und Mobilfunk zu beobachten: So wird bei Vertragsabschlüssen in der Regel auch im Festnetzbereich eine Mindestvertragslaufzeit von oftmals bis zu 2 Jahren mit dem Kunden vereinbart. Analog zum Mobilfunk erhalten Kunden bei Abschluss eines Double Play-Vertrags (d. h. Festnetz-Sprachtarif und Internetangebot) oder eines Triple Play-Vertrags (d. h. Sprache, Internet zuzüglich von TV-Angeboten über das Internet-Protokoll) zudem Endgeräte, für die eine einmalige Zuzahlung erforderlich ist.

Darstellung des subscriber-basierten Geschäftsmodell in der Telekommunikation

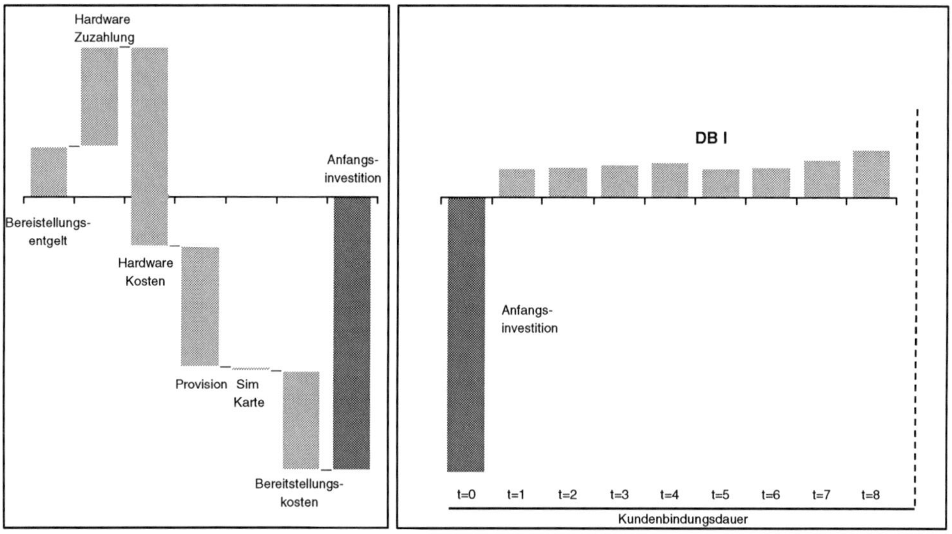

Abb. 3: Endkundenbezogenes Geschäftsmodell im Bereich Telekommunikationsdienstleistungen

Im Rahmen dieses subskriptionsbasierten Geschäftsmodells fallen über die Vertragslaufzeit hinweg für die verschiedenen Komponenten unterschiedliche Erlös- und Kostenpositionen an (vgl. Abb. 3):

- Mit Vertragschluss, entweder bei der Neukundengewinnung oder bei der Verlängerung eines bestehenden Vertrags, entstehen für den Telekommunikationsanbieter zunächst verschiedene einmalige Kosten, die über die Mindestvertragslaufzeit hinweg amortisiert werden müssen. Dabei handelt es sich um Vertriebsprovisionen, Werbekostenzuschüsse, Endgerätekosten sowie Kosten für Bereitstellung und Installation.

- Demgegenüber stehen einmalige Umsätze bei Vertragsschluss in Gestalt möglicher Hardwarezuzahlungen seitens des Kunden oder der Erhebung von sog. Bereitstellungsentgelt im Breitband/Festnetz-Bereich für die Schaltung des Anschlusses.
- Über die Kundenbindungsdauer („Customer Lifetime"), mindestens jedoch die Mindestvertragslaufzeit, erhält der Anbieter wiederkehrende monatliche Kundenumsätze. Gleichzeitig entstehen monatlich wiederkehrende Kosten, z. B. für sog. Interconnection-Leistungen, d. h. wenn Anrufe des Kunden in einem anderen Netz terminiert werden, für die zwischen den Netzanbietern Kosten anfallen.

Für die Analyse und Beurteilung der Produktprofitabilitäten ist das Verständnis des dargestellten Verlaufs einzelner Umsätze und Kosten zentral. Nur so kann der Ergebnisbeitrag eines Produkts jeweils im Kontext der spezifischen Produktlebenszyklusphase adäquat beurteilt werden.

Neben den Rahmenbedingungen aus der Vertragsgestaltung besteht aus Sicht eines sog. „Incumbent" wie der Deutschen Telekom ein weiteres zentrales Charakteristikum, das es zu berücksichtigen gilt: der sehr hohe Fixkostenanteil, insbesondere in den Bereichen Netzwerk/Technik, IT und Verwaltung. Eine zusätzliche Besonderheit ist, dass diese Kosten zudem einen sehr hohen Gemeinkostencharakter aufweisen, d. h. in der Regel nicht mit vertretbarem Aufwand verursachungsgerecht auf einzelne Marktangebote zugeordnet werden können.

2.3 Übergreifende Produkt- und Deckungsbeitragsstruktur

Kernpunkt bei der Konzeption einer Produktergebnisrechnung ist zum einen die exakte Abgrenzung und Definition der Produktstruktur, d. h. für welche Ergebnisobjekte die Profitabilitäten ausgewiesen werden sollen. Zum anderen gilt es die Deckungsbeitragsstruktur, d. h. das Zeilenschema, sowie die kostenrechnerischen Grundlagen festzulegen.

Vergleicht man die Produktergebnisrechnung mit einer Matrix, so werden Horizontale (Produktstruktur) und Vertikale (Deckungsbeitragsstruktur) definiert, um anschließend im Rahmen einer Datenverfügbarkeitsstudie die „Befüllung" mittels Einzelzuordnung oder Allokationsregeln festzulegen.

Bei der Bestimmung sowohl von Produkt- als auch Deckungsbeitragsstruktur ist der konkrete Steuerungszweck der Ergebnisrechnung ausschlaggebend. Maßgeblich ist hierbei insbesondere die klare Abgrenzung des strategischen vom operativen Steuerungszweck, was sich vor allem in einem unterschiedlichen Ausmaß der Detaillierung von Produktinformationen sowie Erlös- und Kostenpositionen niederschlägt.

Für die Ausrichtung einer Produktergebnisrechnung auf das strategische Produktportfoliomanagement bedeutet dies, ein sinnvolles Detaillierungsniveau für Produkte sowie Erlös- und Kostenpositionen zu definieren.

2.3.1 Produktstruktur

Produktdefinition

Für die Erstellung einer Produktergebnisrechnung ist eine genaue Abgrenzung erforderlich, was unter einem „Produkt" zu verstehen ist. Dies mag trivial erscheinen, in der Praxis hat sich jedoch gezeigt, dass insbesondere bei Harmonisierungsprojekten oftmals ein sehr unterschiedliches Verständnis vorliegen kann. Je nach Informations- bzw. Steuerungszweck können unterschiedliche Produktdefinitionen zur Anwendung gelangen.

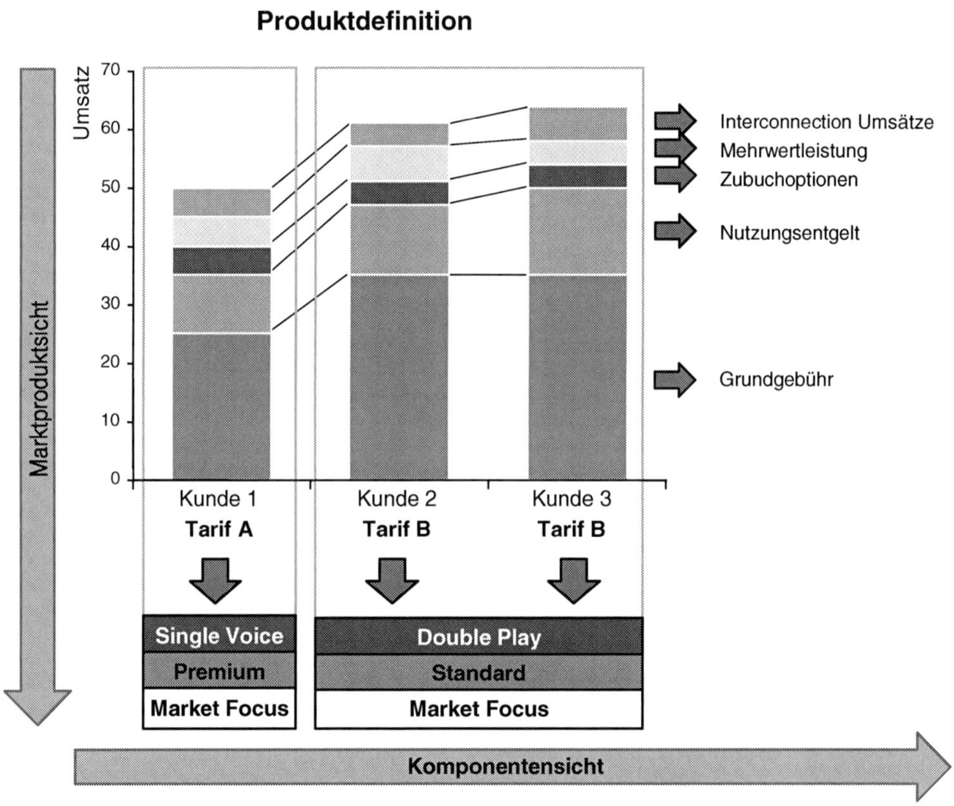

Abb. 4: Produktdefinition (Marktprodukt- vs. Komponentensicht)

Betrachtet man das Produktportfolio eines Telekommunikationsunternehmens stellen die Marktangebote Leistungsbündel aus verschiedenen technischen Komponenten bzw. Vorprodukten dar, die zu Tarifen geschnürt werden. Dies kann an folgenden beiden Beispielen illustriert werden:

- Im *Breitband/Festnetz-Portfolio* umfasst bspw. ein sog. Double-Play-Tarif erstens Sprachtelefonie, bestehend aus dem Basisanschluss sowie generierten Sprachminuten (Abrechnung „flat" oder als Kontingent) auf dem Netz. Zweitens beinhaltet das Marktangebot schnelles Internet, bestehend aus einem DSL-Anschlusspaket (Abrechnung „flat" oder als Kontingent).[7] Zahlreiche Services, wie z. B. E-Mail, Anrufbeantworter oder Antivirenschutz-Programme, sind zusätzlich in den Marktprodukten integriert (Inklusivleistungen) oder können zu den Tarifen per Aufpreis dazugebucht werden (Zubuchoptionen).
- Im *Mobilfunk-Portfolio* beinhaltet z. B. ein sog. „Bucket-Tarif with data commitment" sowohl Sprachtelefonie (ein festes Minutenkontingent) als auch mobiles Internet (festes Datenkontingent). Auch hier sind zahlreiche Services, z. B. Sprachflatrate am Wochenende, E-Mail, SMS oder MMS, als Inklusivleistungen enthalten oder als Zubuchoptionen erhältlich.

Eine erste Grundsatzfrage bei der Produktdefinition ist, ob die Profitabilität entweder des gesamten Marktangebots oder aber dessen einzelner Komponenten erfolgen soll. Im o. g. Beispiel für das Breitband/Festnetzportfolio bedeutet dies entweder die Gesamtprofitabilität eines Double Play-Tarifs oder die Profitabilität jeweils von Sprache und DSL-Anschlusspaket.

Die letztgenannte „Komponentensicht" weist für eine Angebotsportfoliosteuerung im Kontext des Produktportfoliomanagements zwei gravierende Nachteile auf, die für die Abbildung des Marktangebots sprechen:

- Erstens erfordert die „Auftrennung" eines Marktangebots eine „künstliche" Aufteilung eines Marktpreises, der beim Kunden erhoben wird. Die Profitabilität der einzelnen Komponenten ist damit maßgeblich von einem Verteilungsschlüssel abhängig. Dies birgt bei unterschiedlichen Verantwortlichkeiten für einzelne Komponenten die Gefahr, dass bei Ableitung von Maßnahmen zur Profitabilitätssteigerung die Aufteilung des Schlüssels in Vordergrund der Diskussionen gerät.
- Zweitens sollte die Steuerung des Produktportfolios in erster Linie auf eine Optimierung des Gesamtangebots hinwirken, d. h. eine ergebnisoptimale Gestaltung des Angebots vor Kunde.

---

7 Triple Play-Tarife umfassen zusätzlich noch TV-Sender und Video on Demand-Services (VoD) auf Basis des Internet-Protokolls (IPTV).

Eine zweite, sich daran anschließende Grundsatzfrage ist, ob ein Marktprodukt „Stand Alone" betrachtet werden sollte, oder aber im Kontext zu weiteren Marktprodukten, die zwar separat vom Kunden gebucht werden, aber dennoch „automatisch" an einem anderen Marktprodukt hängen.

Dies lässt sich an einem Beispiel illustrieren: Schließt der Kunde einen Vertrag über einen Triple Play-Tarif ab, so kann er darauf basierend zusätzliche TV-Kanäle per Aufpreis dazubuchen. Diese Zubuchoption hängt unmittelbar mit dem Triple Play-Tarif zusammen.

Es stellt sich die Frage, ob nun die Profitabilität von Triple Play-Tarif und Zubuchoption getrennt voneinander oder gesamthaft dargestellt werden sollte. Beides hat seine Berechtigung, die Beantwortung der Frage ist abhängig vom primären Steuerungszweck, der verfolgt wird. Aus Sicht einer strategischen Produktportfoliosteuerung ist es somit zentral, das Gesamtbild darzustellen, d. h. welchen Ergebnisbeitrag Triple Play-Angebote in Summe ergeben. Ein weiteres Element in diesem Zusammenhang, insbesondere im Mobilfunkbereich, sind die Umsätze aus Interconnection, die alleine daraus resultieren, dass der Kunde aus anderen Netzen angerufen wird und dadurch der Provider Gebühren bei den Netzbetreibern der Anrufer erheben kann.

In Summe ergibt sich daraus für die Produktdefinition eine Perspektive, die den Ergebnisbeitrag von Kunden in einem spezifischen Tarif abbildet, um das gewünschte Gesamtbild zu erfassen (vgl. Abb. 4).

Produktcluster

Neben der grundsätzlichen Produktdefinition muss auch das Detaillierungsniveau festgelegt werden, d. h. bis auf welche Ebene des Gesamtportfolios Deckungsbeiträge ausgewiesen werden sollen oder ob dies ggf. nur für die bedeutsamsten Produkte erfolgen sollte. Maßgeblich ist hierfür der spezifische Steuerungszweck, der verfolgt wird.

Im konkreten Fall eines strategischen Produktportfoliomanagements liegen zwei wesentliche Rahmenbedingungen vor:

- *Abbildung des Gesamtportfolios*: Es ist nicht ausreichend bspw. die Top 10- oder Top 50-Produkte mit dem höchsten Ergebnisbeitrag zu ermitteln, da mit einer solchen Fokussierung Gesamtportfolio- und Migrationseffekte nicht sichtbar werden. Würde sich z. B. ein Produkt stark durch die Kannibalisierung eines anderen Produkts verbessern, das nicht Bestandteil der Selektion ist, würde dieser Effekt nicht erkannt werden können.
- *Internationale Ausrichtung*: Das strategische Produktportfoliomanagement im Deutsche Telekom-Konzern hat einen internationalen Auftrag und umfasst mehrere internationale Landesgesellschaften. Dies bildet einen Komplexitätstreiber für den Umfang des darzustellenden Produktportfolios.

Beide Rahmenbedingungen führen dazu, dass man eine extrem hohe Anzahl von Produkten abbilden müsste, wollte man dies für jedes einzelne Produkt tun. Neben dem sehr hohen technischen Ermittlungsaufwand würde eine derart detaillierte Sicht zu einer starken Unübersichtlichkeit führen.

Als Lösungsvorschlag bietet sich an, eine einheitliche Clusterung von Einzeltarifen in sogenannte generische Ergebnisobjekte („Core Offering") vorzunehmen, deren Tarifzuordnung regelmäßig im Zeitverlauf aktualisiert wird. Typische Cluster für den Mobilfunk sind z. B. „Prepay" oder „Bucket" (Mobilfunk-Tarife mit Minutenkontingenten), für Breitband/ Festnetz z. B. „Single Voice with incl. minutes" (Telefonanschluss mit Minutenkontingenten) oder Double Play.

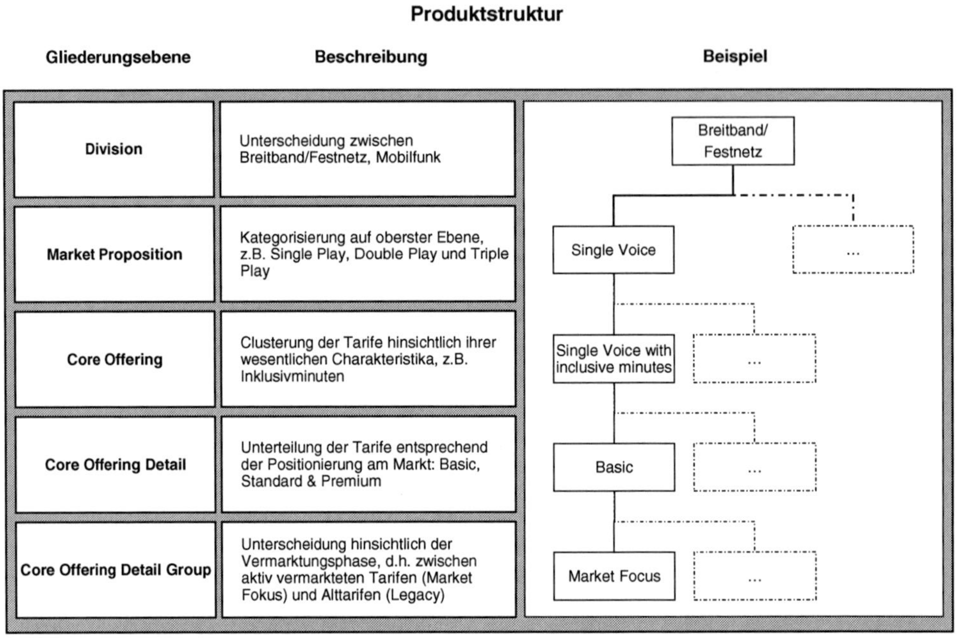

Abb. 5: Produktcluster und -hierarchie

Um zusätzliche Auswertungen zu ermöglichen, können unterhalb dieser Cluster zwei weitere Ebenen definiert werden (vgl. Abb. 5):

- *Unterscheidung nach Marktangang:* In der Logik des Vermarktungspfades bzw. der Upsell-Logik werden Einzeltarife den Kategorien „Basic", „Standard" und „Premium" zugeordnet. Hierdurch lassen sich differenzierte Profitabilitätsaussagen über diese Segmente gewinnen, die Ausgangspunkt für Sonderauswertungen bilden können.
- *Unterscheidung nach Marktphase:* Für das Produktportfoliomanagement ist es zentral, die Profitabilitäten im Kontext des jeweiligen Lebenszyklus zu betrachten (s. oben). Die sog. Vertriebseinstellung, also das Beenden der aktiven Vermarktung eines Produkts, stellt hierbei einen wesentlichen Meilenstein dar. Entsprechend erscheint es sinnvoll Produkte, die diesen Status erreicht haben, separat auswerten zu können.

Durch Clusterung des Portfolios ist es möglich, die sehr hohe Anzahl von Einzelprodukten auf eine für das strategische Produktportfoliomanagement sinnvolle Anzahl zu reduzieren.

2.3.2 Deckungsbeitragsstruktur

Bei der Festlegung der Deckungsbeitragsstruktur stehen einerseits grundlegende kostenrechnerische Ausgestaltungsprinzipien sowie andererseits die genaue Festlegung des Zeilenschemas im Vordergrund.

Für die Definition der einzelnen Aspekte gibt es hierbei in der praktischen Anwendung oftmals kein allgemeingültiges „richtig“ oder „falsch“. Die konkrete Ausgestaltung muss sich in der Praxis v. a. an den Geschäfts- und Branchenbesonderheiten, dem Steuerungszweck, der Gesamtheit der Steuerungsinstrumente im Unternehmen orientieren.

Grundlegende Aspekte

Eine fundamentale Fragestellung für Produktergebnisrechnungen ist der Ansatz von Vollkosten oder Teilkosten. Beide Ansätze stellen jeweils extreme Ausprägungen eines Kontinuums in der Praxis angewandter Mischformen dar und unterscheiden sich wie folgt:[8]

- *Vollkostensicht:* Es erfolgt eine Verrechnung aller Kosten auf Ergebnisträger, mittels direkter Allokation sowie insbesondere anhand von Treibern. Aus Gründen der mangelnden Verfügbarkeit differenzierter Treiber entsteht bei einzelnen Gemeinkostenarten (z.B. Verwaltungsaufwand) oftmals faktisch eine eher grobe Allokation, z. T. nach Tragfähigkeitsprinzip.
- *Teilkostensicht:* Bei der Teilkostensicht erfolgt nur eine teilweise Verrechnung der Gesamtkosten auf die Ergebnisträger. Eine Verrechnung auf Ergebnisobjekte bzw. Kostenträger beschränkt sich in der Regel auf variable Kosten.

Sowohl Voll- als auch Teilkostenansatz weisen jeweils spezifische Vor- und Nachteile auf. Auf die wesentlichen soll an dieser Stelle nochmals kurz eingegangen werden.[9]

Wesentlicher Vorteil des Vollkostenansatzes ist, dass es sich um den betriebswirtschaftlich eigentlich „richtigen“ Ansatz handelt, denn langfristig müssen *alle* Kosten durch Ergebnisobjekte erwirtschaftet werden. Dies ist gleichzeitig ein großer Nachteil des Teilkostenansatzes: indem nur ein Teil der Kosten auf das Produkt bzw. den Ergebnisträger zugerechnet wird, können die Ergebnisse dahingehend z. B. falsch interpretiert werden, dass durch relativ hohe Margen möglicherweise noch Spielräume für die Konditionsgestaltung bestehen. Dies kann in eine Art „Teilkostenfalle“ führen, da die Ergebnisrechnung nur einen kurzfristigen Entscheidungshorizont abbildet, langfristig aber auch sämtliche Kosten gedeckt werden müssen.[10]

---

[8] Vgl. Coenenberg (Kostenrechnung, 2007), S. 41 f. / 103 ff. / 167 ff.; Horváth (Controlling, 2009), S. 417.

[9] Vgl. dazu Coenenberg (Kostenrechnung, 2007), S. 184 f.

[10] Für Aspekte des nachhaltigen Pricing ist daher in jedem Fall der Vollkostenansatz anzuwenden, in dem auch Kapitalkosten berücksichtigt werden müssen.

Wesentlicher Nachteil des Vollkostenansatzes ist die in der Regel wenig verursachungsgerechte Verrechnung von Gemeinkostenblöcken auf die Ergebnisträger bzw. Produkte. Mit Verankerung in den Steuerungs- und Incentivierungssystemen kann dies zu einer mangelnden Akzeptanz des Steuerungsinstruments führen, gerade wenn die fixen Gemeinkosten einen hohen Anteil am Gesamtkostenblock – und damit der Produktprofitabilitäten – ausmachen. Es besteht in diesem Fall die Gefahr, dass die Diskussionen und Analysen der Produktprofitabilitäten vorwiegend über Verrechnungssätze und Treiber geführt werden, anstelle über die Markt- und Geschäftsentwicklungen. Neben der Problematik der mangelnden Verursachungsgerechtigkeit wird mit dem Vollkostenansatz auch eine höhere Komplexität durch die umfangreichen Verrechnungen erzeugt, was u. U. die Nachvollziehbarkeit und damit die Akzeptanz des Steuerungsinstruments beeinträchtigen kann.

Für die Ausgestaltung einer Produktergebnisrechnung als Steuerungsinstrument des strategischen Portfoliomanagements wurde im spezifischen Praxiskontext eine Mischform zwischen Voll- und Teilkostenansatz gewählt:

- In einem dynamischen Umfeld besteht die Anforderung des Produktmanagements an interne Steuerungsinstrumente insbesondere darin, die kurz- bis mittelfristig unmittelbar beeinflussbaren Kosten abzubilden, um auch unterjährig Entscheidungsimpulse ableiten zu können. Aus dieser Anforderung leitet sich eine Ergebnisrechnung ab, die sich eher am Teilkostenansatz orientiert.
- Neben den variablen Einzel- und Gemeinkosten werden jedoch auch fixe Kosten (z. B. Kosten des Kundenservice oder fixe Marketingeinzelkosten), die einen relativ nahen Bezug zum Ergebnisobjekt „Produkt“ aufweisen und für die nachvollziehbare Treiber verwendet werden, auf die Ergebnisobjekte allokiert.
- Um die oben geschilderte Problematik der potentiellen „Teilkostenfalle“ vollständig zu vermeiden, muss Klarheit herrschen, dass auch die „restlichen“ Kosten gedeckt werden müssen und konsistent mit der langfristigen Steuerung zu sein. Dies erfolgt konsequent über Zielmargen, die das Ambitionsniveau klar signalisieren und die Überleitung zum Vollkostenansatz darstellen.

Neben der Entscheidung zu Voll- oder Teilkostenansatz besteht mit dem Aspekt der Kostenbasis ein weiteres wesentliches Gestaltungsprinzip für Produktergebnisrechnungen. Grundlegende Dimensionen sind hierbei die Ausrichtung an Ist-, Plan- oder Normal bzw-Standardwerten der ausgewiesenen Ergebnisse.[11]

Für die weitestgehende Orientierung an Ist-Werten, die im vorliegenden Ansatz gewählt wurde, spricht insbesondere die Konsistenz bzw. die Verbindung mit anderen Steuerungsinstrumenten und Reportings (z. B. Kostenstellenberichte, monatliche Umsatz- und Ergebnisberichte), die ebenfalls auf Ist-Zahlen abstellen. Hierdurch ist eine effektive Nachvollziehbarkeit durch die Adressaten gegeben, womit die notwendige Akzeptanz gewährleistet

[11] Vgl. Horváth (Controlling, 2009), S. 416; Coenenberg (Kostenrechnung, 2007), S. 41.

werden kann. In diesem Zusammenhang bestehen jedoch faktische Limitationen, da i. d. R. nicht sämtliche Ist-Werte auf einem sehr detaillierten Niveau (z. B. für einzelne Produktgruppen) in der betrieblichen Kosten- und Leistungserfassung vorgehalten werden können. In diesem Fall kann auf die Alternative der Anwendung kalkulatorischer Standardsätze zurückgegriffen werden, die auf Basis regelmäßiger Überprüfungen angepasst werden können.

Deckungsbeitragsschema

Nach Klärung der grundlegenden Basis bzw. kostenrechnerischen Inhalte der Produktergebnisrechnung muss im nächsten Schritt die Gliederung des Deckungsbeitragsschemas vorgenommen werden. Die Gestaltung der Zeilenstruktur muss sich auch hierbei erneut stark am Geschäftsmodell sowie den Unternehmens- und Branchenspezifika ausrichten.

Deckungsbeitragsstruktur

DB Schema	Beschreibung	Beispiele
+ Fixe Umsätze + Variable Umsätze + Erlösschmälerungen = Nettoerlöse	Monatlich wiederkehrende Umsätze abzüglich Erlösschmälerungen	• Grundgebühr • Verbindungsentgelt
- Nutzungsabhängige Kosten - Kosten für „Content" - Andere direkte Kosten = Deckungsbeitrag I	Umsatzabhängige, direkt zurechenbare Kosten	• Interconnection Kosten • Lizenzkosten für Zubuchoptionen
+ Einmalumsätze - Einmalkosten - SAC / SRC = Deckungsbeitrag II	Anfangsinvestition in die Kundenbeziehung	• Provisionen • Hardwaresubventionen
- Indirekte Vertriebskosten - Service Kosten - Marketing Kosten = Deckungsbeitrag III	Gemeinkosten, für die mittels geeigneter Kostentreiber ein Produktbezug hergestellt werden kann	• Entstörungskosten • Marketingkosten inkl. Werbung, Public Relations & Personal
- Netzwerkkosten - IT–Kosten - Querschnittskosten **= EBIT**	Gemeinkosten, für die kein Produktbezug hergestellt werden kann	• Aufbau, Betrieb und Instandhaltung der Netzinfrastruktur • Verwaltung

Abb. 6: Deckungsbeitragsstruktur

Grundlegende Entscheidungen dabei betreffen v. a.

- die *Definition der Deckungsbeitragsstufen* und deren spezifische Inhalte sowie
- die Bestimmung eines geeigneten *Detaillierungsgrads der Erlös- und Kostenpositionen.*

Die Gliederung der Deckungsbeitragsrechnung lässt sich anhand drei verschiedener in der Literatur diskutierter Kostenkonzepte gestalten: nach Kostenzuordenbarkeit (Unterscheidung direkter und indirekter Kosten), nach Kostenbeeinflussbarkeit (Unterscheidung variabler und fixer Kosten) sowie nach Kostenverantwortung (zu verantwortende Kosten, nicht zu verantwortende Kosten).[12] Die konkrete Gestaltung der Deckungsbeitragsstufen ist in der Unternehmenspraxis - entsprechend den Mischansätzen von Voll- und Teilkostenrechnung - oft eine Mischform der drei Kostenkonzepte, um die unternehmensspezifischen Gegebenheiten und konkreten Steuerungsbedürfnisse adäquat zu berücksichtigen.[13]

Im vorliegenden Praxisbeispiel trifft dies ebenfalls zu, wobei die Gliederung sich vor allem an den Kriterien der Kostenbeeinflussung und der Kostenzuordenbarkeit orientiert. Um das Geschäftsmodell adäquat abbilden zu können, besteht für die Gestaltung der Deckungsbeitragsstufen eine zentrale Vorgabe darin, wiederkehrende und einmalige Umsatz- und Kostenpositionen voneinander getrennt auszuweisen (vgl. auch Abschnitt 2.2).

Dementsprechend wurden im konkreten Fall drei verschiedene Deckungsbeitragsstufen definiert (vgl. Abb. 6):

- *Deckungsbeitrag I (DB I):* Diese Deckungsbeitragsstufe ist definiert als Differenz von monatlich wiederkehrenden Umsätzen und monatlich wiederkehrenden umsatzvariablen bzw. mengenabhängigen Einzelkosten. Der Deckungsbeitrag stellt damit den monatlich wiederkehrenden Beitrag aus dem laufenden Geschäft dar. Typische Kosteninformationen betreffen beispielsweise Kosten aus der Terminierung von Gesprächen in Fremdnetze („Interconnection").
- *Deckungsbeitrag II (DB II):* Vom DB I werden die direkten Einmalkosten subtrahiert, sowie Einmalumsätze addiert, um zum DB II zu gelangen. Die Kostenpositionen beinhalten Kosten, die gewissermaßen eine Art „Anfangsinvestition" in die Kundenbeziehung darstellen, z.B. Vertriebsprovisionen oder Endgerätesubventionen. Der DB II stellt das Ergebnis nach Berücksichtigung der direkten Kundeninvestitionskosten dar.
- *Deckungsbeitrag III (DB III):* Dieser wird durch Subtraktion verschiedener Gemeinkosten, die einen engen Produktbezug haben, gebildet, z. B. Marketing-, Kundenservice- und Vertriebsgemeinkosten. Diese Deckungsbeitragsstufe zeigt den Beitrag der Produktcluster nach Berücksichtigung spezifischer Kosten der internen Wertschöpfung, z.B. infolge von Kundenservice. Unterhalb des DB III erfolgt entsprechend dem o. g. Teilkostenansatz keine weitere Allokation von fixen Gemeinkosten.

---

[12] Vgl. Coenenberg (Kostenrechnung, 2007), S. 43 ff.

[13] Vgl. Anger (Telecom Management Accounting, 2002), S. 252 ff.

Neben der grundlegenden Struktur muss noch das Detailniveau der ausgewiesenen Deckungsbeitragszeilen definiert werden. Auch dieses leitet sich aus dem spezifischen Steuerungszweck bzw. Einsatzzweck des Steuerungsinstruments ab. Für eine strategische Portfoliosteuerung, bei der es um die grundlegenden Ergebnisstrukturen geht, kann dabei auf ein extrem hohes Detaillierungsniveau verzichtet werden.

Beim Ausweis des Umsatzes und zum anderen der Kostenpositionen im Bereich des DB II bieten folgende Untergliederungen aus Praxissicht einen zusätzlichen Mehrwert für die Portfoliosteuerung:

- *Umsatz*: Hier ist es sinnvoll, die monatlich fixen von den variablen Umsätzen getrennt voneinander auszuweisen. Dies bedeutet, dass Umsätze aus Grundgebühren (z. B. aus der monatlichen Anschlussgebühr) und nutzungsbezogene Umsätze (z. B. infolge der geführten Telefongespräche) getrennt ausgewiesen werden können.
- *Direkte vertriebsbezogene Kosten*: Der separate Ausweis der Kundenakquisitionskosten für Neukunden (sog. „Subscriber Acquisition Costs/SAC") sowie der Kundenbindungskosten für Bestandskunden (sog. „Subscriber Retention Costs/SRC") liefert zusätzliche steuerungsrelevante Informationen, indem in einer separaten Zeile jeweils die Kosten zur Kundengewinnung und zur Kundenbindung in den einzelnen Clustern abgelesen werden können. Für eine sinnvolle Interpretation müssen diese im Kontext der jeweiligen Geschäftsvorfälle (Anzahl gewonnene Neukunden, Anzahl Vertragsverlängerungen) beurteilt werden.

3 Zusammenfassende Empfehlungen für die Einführung einer Ergebnisrechnung zur Portfoliosteuerung

Ergebnisrechnungen sind ein zentrales Instrument für ein aktives Produktportfoliomanagement. Der vorliegende Beitrag hat aufgezeigt, welche Dimensionen für die Ausgestaltung eines solchen Instruments relevant sind und hierbei aus Sicht des Beispiels eines Telekommunikationsunternehmens entsprechende Lösungsansätze aufgezeigt.

Im Rahmen eines Praxisprojekts konnten umfangreiche Erfahrungen gesammelt werden, auf deren Basis an dieser Stelle Empfehlungen für eine erfolgreiche Einführung einer Ergebnisrechnung zum strategischen Produktportfoliomanagement abgeleitet werden.

Scope klar definieren

Übergeordnete Bedeutung für die erfolgreiche Einführung eines neuen Steuerungsinstruments hat die *klare Abgrenzung des Steuerungszwecks*. Dies betrifft auch die adressierten Geschäftsbereiche, sowie v. a. auch einen evtl. Anspruch einer Internationalität bzw. einer länderübergreifenden Anwendung. Dies hat eine große Auswirkung auf die Ausgestaltung und das Ausmaß der evtl. Harmonisierung möglicherweise bereits bestehender Ergebnisrechnungen.

Erfahrungsgemäß ist es bei Festlegung des Steuerungsfokus weitaus zweckmäßiger, diesen zu Beginn möglichst eng zu definieren. Eine Überdimensionierung von Anforderungen („One Size fits all“) an ein Steuerungsinstrument führt oftmals dazu, dass eine Umsetzung sich zu komplex gestaltet, zu lange dauert und im Endergebnis durch die in der Regel erforderliche Kompromisse zu Akzeptanzschwierigkeiten führt.

Wesentlichkeit beachten

Das Management des Detailgrades ist ein extrem wichtiges, aber auch schwieriges Erfolgskriterium bei der Einführung einer Ergebnisrechnung. Leitmotiv hierbei muss die Materialität der betrachteten Positionen sein.

Nicht zuletzt spielt die Datenverfügbarkeit in diesem Kontext eine große Rolle. Zwar können neue Anforderungen an die IT grundsätzlich immer gestellt werden. Diese stehen aber im internen Ressourcenkonflikt mit zahlreichen anderen Anforderungen aus der Geschäftssteuerung (z. B. Vertrieb, Marketing, Service), so dass auch hier oftmals die Umsetzbarkeit vor der absoluten Genauigkeit ein sinnvolles Vorgehen bietet. Prämisse muss jedoch sein, dass durch evtl. notwendige Kompromisse keine fehlerhaften Steuerungsaussagen getroffen werden.

Transparenz und Nachvollziehbarkeit sicherstellen

Zur Akzeptanzsicherung ist es unerlässlich, in Bezug auf das Projektmanagement und die Ergebnisse eine hohe Transparenz sowie Nachvollziehbarkeit sicherzustellen. Hierzu gehören einerseits die offene und klare Kommunikation von Ergebnissen und deren regelmäßige Abstimmung mit den Hauptadressaten in Finanz- und Fachbereichen.

Um das Verständnis der Ergebnisse und damit die Akzeptanz nachhaltig zu festigen, ist es zentral, die Komplexität auf ein Mindestmaß zu reduzieren - „keep it simple“! Bspw. kann die Bildung zu komplexer Allokationsregeln dazu führen, dass die Adressaten diese nicht mehr nachvollziehen können und somit das Steuerungsinstrument gesamthaft hinterfragen.

Stand Alone-Lösungen vermeiden

Generell sollten neue Steuerungsinstrumente in die bestehenden Prozesse und Instrumente weitest möglich integriert werden. Insellösungen sollten in jedem Fall vermieden werden, um die Akzeptanz des Steuerungsinstruments nicht zu gefährden.

Hierzu gehören z. B. auch eine weitestgehende Verknüpfung des Steuerungsinstrumentariums mit bestehenden Managementreportings, ggf. sogar der Incentivierung sowie eine Institutionalisierung im Rahmen von regelmäßigen Review Meetings auf Top Management-Ebene.

Pilotergebnisse frühzeitig bereitstellen und analysieren

Gerade in mehrmonatigen Umsetzungsprojekten empfiehlt es sich, im Kontext der Datenflussanalyse, d. h. der Ermittlung der Datenherkunft für die ausgewählte Produkt- und Deckungsbeitragsstruktur, einen „Piloten“ bzw. Prototypen zu erstellen.

Auch wenn hierbei anfangs nur unvollständige Ergebnisse zu erwarten sind, so können diese iterativ verfeinert werden, um anschließend mehrere Validierungsschleifen zu durchlaufen. Dabei kann anhand der Pilotergebnisse mit den Stakeholdern frühzeitig überprüft werden, inwiefern die gewünschten Steuerungsaussagen getroffen werden können bzw. an welcher Stelle noch konzeptionelle Weiterentwicklungen erforderlich sind. Pilotdaten ermöglichen zudem eine wesentlich schnellere Validierung erstmalig automatisierter Datenlieferungen über neu definierte IT-Schnittstellen.

Verantwortlichkeiten frühzeitig festlegen und Prozesse definieren

Auch bei sehr stark konzeptionell geprägten, d. h. von der Organisationsstruktur zunächst unabhängigen Themenstellungen hilft es, frühzeitig die fachlichen und technischen Verantwortlichkeiten festzulegen. Dies ermöglicht ein rasches „Umschalten“ von der Projekt- in die Regelorganisation und vermeidet Zeit- und Motivationsverlust durch fehlende Zuständigkeiten.

IT-Umsetzungsteams frühzeitig einbeziehen

Die Einführung neuer Steuerungsinstrumente ist in der Regel mit der Anpassung oder Erweiterung der bestehenden IT verbunden. Dies z. B. dann, wenn Detailinformationen benötigt werden, die noch nicht vorhanden sind oder falls neue Allokationsregeln implementiert werden müssen, um die gewünschten Steuerungsinstrumente regelmäßig automatisiert bereitzustellen. Durch eine frühzeitige Einbindung der IT über regelmäßige Workshops kann sichergestellt werden, dass evtl. Machbarkeitshindernisse bereits früh erkannt und fachliche Workarounds erarbeitet werden können. Dabei wird gleichzeitig ein Forum des Austauschs geschaffen, das dazu dient, eine gemeinsame Sprache zu entwickeln. Beides kann in Summe zu erheblichen Zeitgewinnen in der Umsetzung des Steuerungsinstruments führen.

Literatur

Anger, Cornelius (Telecom Management Accounting, 2002): Telecom Management Accounting, Bamberg 2002.

Coenenberg, Adolf G. / Fischer, Thomas M. / Günther, Thomas (Kostenrechnung, 2007): Kostenrechnung und Kostenanalyse, 6. Auflage, Stuttgart 2007.

Deutsche Telekom AG (Führungsspitze 2006): Deutsche Telekom richtet Führungsspitze neu aus, Pressemitteilung, 5.12.2006; Online im Internet unter URL: http://www.telekom.com/dtag/cms/content/dt/de/51236?archivArticleID=99500.

Horváth, Péter (Controlling, 2009): Controlling, 11. Auflage, München 2009.

Produktportfoliomanagement bei der Lufthansa Cargo AG – Einbindung in die Geschäftsprozesse und Strukturen

Susanne Reindel

Die Gestaltung, Weiterentwicklung und zielgerichtete Steuerung des Produktportfolios gehören zu den wesentlichen Aufgaben des Portfoliomanagements. Die Funktion ist eng verbunden mit den unternehmensspezifischen Strategie-, Controlling-, Produktmanagement- und Produktentwicklungsprozessen.
Bei Lufthansa Cargo wird Produktportfoliomanagement schon seit vielen Jahren betrieben, jedoch haben sich im Laufe der Jahre die Schwerpunkte, die organisatorische Zuordnung der Aufgabe, die Tools und Prozesse mehrfach verändert und weiterentwickelt. Standen zu Beginn vor allem wirtschaftliche Optimierungsziele im Vordergrund, kamen Ende der 90er Jahre umfangreiche qualitative Produktanalysen hinzu. Mit der Umstellung der Lufthansa Cargo auf prozessorientierte Strukturen im Jahre 2005 gewann das Portfoliomanagement weiter an Bedeutung. Aufgaben, die vorher teilweise in verschiedenen Teams wahrgenommen worden waren, wurden in einer neu geschaffenen, eigenen Portfoliomanagement-Funktion zusammengefasst, und gleichzeitig wurde das Portfoliomanagement stärker mit den strategischen Steuerungsprozessen verzahnt.

1 Das Unternehmen Lufthansa Cargo AG

Lufthansa ist eine der größten und bekanntesten Fluggesellschaften der Welt. Das Unternehmen hat sich im Zuge der Globalisierung und Liberalisierung des Luftverkehrs zu einem Aviation-Konzern entwickelt, der in seinen rund 400 Konzern- und Beteiligungsgesellschaften mehr als 100.000 Mitarbeiter weltweit beschäftigt. Gemeinsam ist allen Dienstleistungen die Ausrichtung auf die übergreifenden Werte Profitabilität, Serviceorientierung, Qualität, Innovation, Kompetenz und Zuverlässigkeit.

1.1 Einordnung der Lufthansa Cargo AG in den Lufthansa-Konzern

Der Lufthansa-Konzern gliedert sich in 5 Geschäftsfelder mit den Kernkompetenzen Passagierbeförderung, Logistik, Technik, Catering und IT Services (vgl. hierzu Abb. 1).

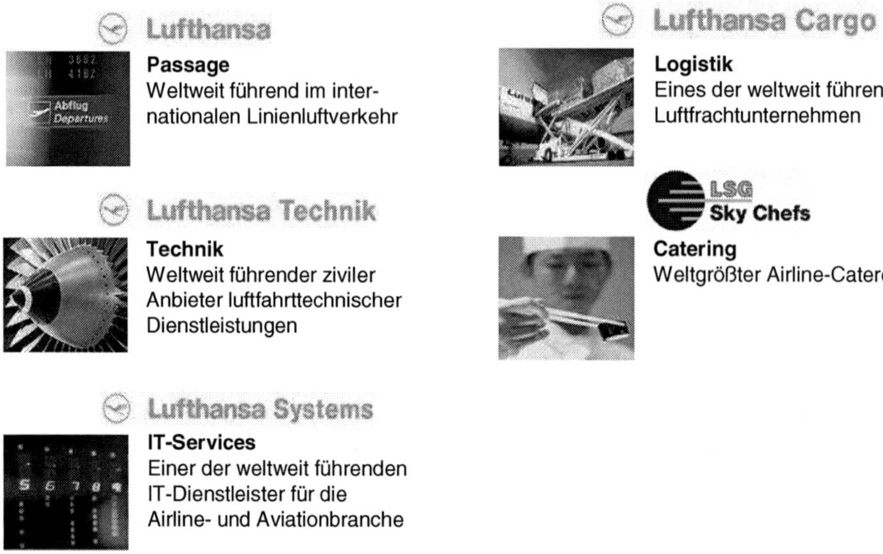

Abb. 1 Der Lufthansa-Konzern und seine fünf Geschäftsfelder

Hinzu kommt ein breites Spektrum an Finanz- und Servicegesellschaften wie z. B. die Globe Ground GmbH, die Versicherungsgruppe Delvag mit Albatros, die Lufthansa Flight Training und die Lufthansa Commercial Holding.

Der Schwerpunkt des Konzerns liegt auf der Passagierbeförderung. Die Bedeutung der anderen Geschäftsfelder orientiert sich vor allem daran, inwiefern sie als Dienstleister für wesentliche Produktionsfaktoren und Infrastruktur die Weiterentwicklungsfähigkeit des Kerngeschäftsfelds Passagierbeförderung stärken bzw. diese ergänzen.

Lufthansa Cargo ist im Lufthansa-Konzern für das Frachtgeschäft verantwortlich. Dazu gehören das Management der Flugnetze und Kapazitäten, Frachtairline-Kernprozesse wie z. B. operative Abläufe am Boden und in der Luft sowie die Bereitstellung und Pflege von Infrastruktur und Produktionsfaktoren. Die Lufthansa-Tochter mit Sitz in Kelsterbach gehört zu den größten Frachtfluggesellschaften der Welt. Sie vermarktet neben der eigenen Frachterflotte und zusätzlich gecharterten Kapazitäten die Frachträume (Bellys) sämtlicher Passagierflugzeuge der Lufthansa Passage Airlines.

Der Konzernvorstand steuert mit den vier Ressorts „Vorstandsvorsitzender", „Verbund-Airlines und Konzern-Personalpolitik", „Finanzen und Aviation Services" sowie „Lufthansa Passage" den gesamten Konzern. Unternehmensverträge regeln die Zusammenarbeit der Konzerngesellschaften. In einem „Belly-Vertrag" werden z. B. die Modalitäten der Charterung von Passage-Frachträumen durch Lufthansa Cargo geregelt.

Die einzelnen Konzerngesellschaften besitzen eine eigene Geschäfts- und Ergebnisverantwortung. Sie werden von Aufsichtsgremien überwacht, in denen auch Mitglieder des Konzernvorstands vertreten sind. Ein Konzernführungskreis, dem der Konzernvorstand, die Vorstände bzw. Geschäftsführer der wichtigsten Konzerngesellschaften sowie einige wichtige Stabsfunktionen angehören, koordiniert und stellt sicher, dass bei allen Entscheidungen die Interessen des Gesamtkonzerns berücksichtigt werden.

1.2 Kennzeichnung des Geschäftsfelds der Lufthansa Cargo AG

Luftfrachttransporte sind schon seit Bestehen der Lufthansa ein wichtiger Geschäftsbereich. Am 30. November 1994 wurde Lufthansa Cargo AG dann als eigenständiges Unternehmen im Lufthansa-Konzern ausgegründet.

Kennzahlen

Mit einer Transportleistung von 1,81 Millionen Tonnen Fracht und Post und mit 8,45 Milliarden verkauften Frachttonnenkilometern sowie einem Umsatz von 2,74 Milliarden Euro im Jahr 2007 gehört die Airline – wie Abb. 2 zeigt – zu den weltweit größten Frachtfluggesellschaften.

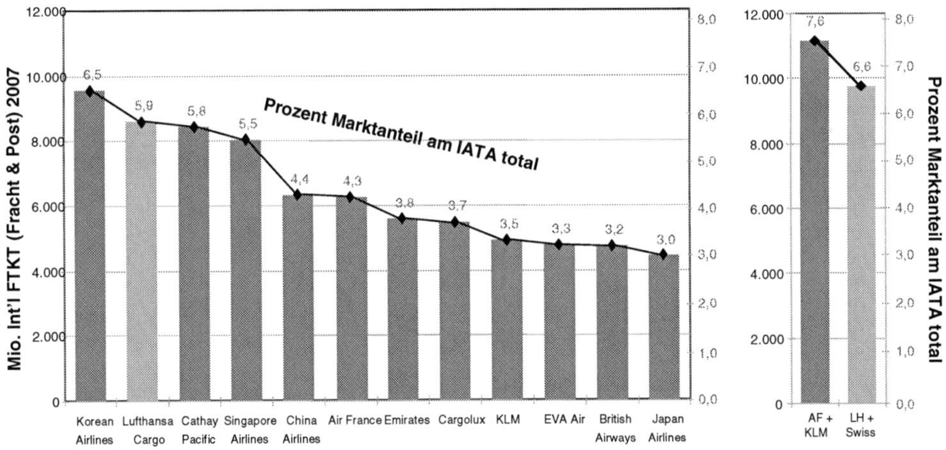

Abb. 2 Marktanteil der Lufthansa Cargo AG
Quelle: IATA WATS 2008, Freight+Mail FTKT 2007 by carrier.

Derzeit beschäftigt Lufthansa Cargo rund um den Globus zirka 4.600 Mitarbeiter. Kernkompetenz ist das Airport-to-Airport-Luftfrachtgeschäft. Die wesentlichen Kennzahlen für das Jahr 2008 sind in Abb. 3 dargestellt.

Zahlen, Daten, Fakten (2008)

- 4.619 Mitarbeiter (Jahresdurchschnitt)
- 19 Frachter (McDonnell-Douglas MD-11F)
- Frachtkapazität auf rund 400 LH-Flugzeugen
- 2,91 Mrd. € Umsatzerlöse
- 164 Mio. € Operatives Ergebnis
- 300 Zielorte weltweit
- 1,7 Mio. t Cargo/Mail
- 12,58 Mrd. FTKO (angebotene Frachttonnen-kilometer)
- 8,28 Mrd. FTKT (verkaufte Frachttonnenkilometer)
- 65,8% Nutzladefaktor

Abb. 3: Kennzahlen der Lufthansa Cargo AG für das Jahr 2008
Quelle: Lufthansa Cargo Internet Seite „Unternehmen".

Produktangebot

Das Produktportfolio der Lufthansa Cargo lässt sich grob unterteilen in drei Luftfracht-Produktsegmente: Das Standardsegment, das Expresssegment und das Spezialsegment, etwa für den Transport von temperatursensiblen Produkten, lebenden Tieren oder besonders wertvollen Gütern. Lufthansa Cargo bietet außerdem logistische Zusatzleistungen, die das Kerngeschäft sinnvoll ergänzen.

Flotte

Die Frachterflotte der Lufthansa Cargo besteht aus 19 eigenen Flugzeugen vom Typ MD-11F. Außerdem chartert das Unternehmen zusätzliche Frachtflugzeuge bei Bedarf hinzu. Darüber hinaus vermarktet Lufthansa Cargo die Kapazitäten der chinesischen Frachtfluggesellschaft Jade Cargo International, an der sie beteiligt ist, sowie die Frachträume sämtlicher Passagierflugzeuge der Lufthansa Passage Airlines (die Bellyfracht beträgt ca. 45 % des Angebots).

Streckennetz

Das Streckennetz der Lufthansa Cargo umfasst weltweit rund 300 Zielorte, die mit Fracht- und Passagierflugzeugen und auch durch beauftragte Speditionen per LKW bedient werden. Im Lufthansa Cargo Center am Flughafen Frankfurt, dem wichtigsten Drehkreuz, wird der

Großteil des transportierten Frachtguts umgeschlagen. Weitere Hubs des Unternehmens sind München und Leipzig.

Kunden

Mehr als 90 % ihres Geschäfts macht Lufthansa Cargo mit ihren Zielkunden, den weltweit tätigen Spediteuren (Forwardern). Mit der Einführung eines globalen und regionalen Top-Kundenprogramms startete das Unternehmen Ende 1997 eine neue Ära der Zusammenarbeit zwischen Airline und Spediteuren. Mittlerweile haben zwölf namhafte, weltweit tätige Speditionsunternehmen als so genannte „Global Partner" und auf regionaler Ebene eine Vielzahl von „Business Partnern" ihre Geschäftsprozesse eng mit den Diensten des Fracht-Carriers verflochten.

Weitere Kundengruppen sind:

- Kurier-Express-Unternehmen wie DHL Express, UPS Express, Federal Express und TNT
- Postgesellschaften; in der ganzen Welt befördert Lufthansa Cargo Luftpost
- Endkunden aus allen Bereichen der Verbrauchs- und Investitionsgüterindustrie, z. B. Pharmazie, Telekommunikation, Automobile, Computer und Zubehör, Mode, Halbleiter etc.

Kooperationen und Beteiligungen

Lufthansa Cargo arbeitet mit einigen Frachtfluggesellschaften partnerschaftlich zusammen.

- Im Oktober 2004 haben Lufthansa Cargo (25 %) und Shenzen Airlines (51 %) mit Beteiligung der Deutschen Investitions- und Entwicklungsgesellschaft (24 %) die gemeinsame Frachtfluggesellschaft Jade Cargo International gegründet. Die Frachtfluglinie mit Sitz in Shenzen hat direkten Zugang zu den chinesischen Quellmärkten und fliegt wichtige Wirtschaftszentren in Asien, Europa und Südamerika an.
- Mitte 2005 wurde eine Kooperation mit SWISS WorldCargo begonnen. Für die Kunden beider Unternehmen bedeutet diese Kooperation ein verbessertes Produkt- und Dienstleistungsportfolio und ein noch attraktiveres Netz. Die beiden renommierten Marken Lufthansa Cargo und Swiss World Cargo bleiben nebeneinander bestehen.
- Des Weiteren besteht seit April 2002 eine intensive Kooperation zwischen Lufthansa Cargo und dem Expressdienstleister DHL Express. Anfangs teilten sich beide Partner die Frachtkapazitäten im innereuropäischen Nachtflugnetz der DHL Express, später wurde die Kooperation auf fünf interkontinentale Strecken ausgeweitet. Dies ist die branchenweit größte operative Zusammenarbeit zwischen einem Luftfrachtcarrier und einem international führenden Express- und Logistikanbieter. Im September 2007 beschlossen DHL Express und Lufthansa Cargo, ihre Zusammenarbeit mit der Gründung der neuen Frachtfluggesellschaft AeroLogic auszubauen. Das Unternehmen mit Sitz in Schkeuditz bei Leipzig wird 2009 mit fabrikneuen Boeing 777 Frachtern seinen Betrieb aufnehmen. Die Vermarktung der Kapazitäten haben sich DHL Express und Lufthansa Cargo untereinander aufgeteilt.

- Weitere Airlinekooperationen unterhält Lufthansa Cargo mit Air China Cargo, Japan Airlines Cargo und LAN Cargo.

Geschäftsfelder, die nicht zum Kerngeschäft gehören und in besonderem Maße eine kleine und flexible Organisationsstruktur benötigen, werden ausgegründet und als eigenständige Unternehmen geführt. Beispielhaft genannt seien hier:

- Lufthansa Cargo Charter Agency (100 %), zuständig für das Luftfracht-Chartergeschäft, erweitert das Angebot um besondere Transportlösungen von und zu jedem Flughafen weltweit und ergänzt in vielen Fällen auch das Netz der Partnerairlines durch Kombination von Linien- und Charterflug.
- handling counts (100 %), einem Dienstleister für das physische Frachthandling.
- Jettainer (67 %), einem Spezialisten für Lademittelmanagement.
- time:matters (49 %), einem Premium-Express-Kurier-Dienstleister.

Das Beteiligungs-Portfolio wird kontinuierlich nach strategischem und finanziellem Optimierungspotential untersucht und weiterentwickelt.

2 Besondere Rahmenbedingungen für das Produktportfoliomanagement bei der Lufthansa Cargo AG

Die konkrete Ausgestaltung des Produktportfoliomanagements bei der Lufthansa Cargo AG wird beeinflusst durch verschiedene geschäftsfeldbezogene, aber auch unternehmensinterne Besonderheiten.

2.1 Geschäftsfeldbezogene Herausforderungen

Trotz der aktuellen Ungewissheit über den Fortgang der wirtschaftlichen Entwicklung des Luftfrachtmarktes sehen Experten für die Branche ein mittel- bis langfristiges Wachstumspotenzial.

Konjunkturabhängigkeit

Die jährlichen Wachstumsraten unterliegen jedoch beträchtlichen Schwankungen. Ein Blick auf die Entwicklung der letzten Jahre zeigt deutlich den konjunkturellen Einfluss auf den Luftverkehr (vgl. Abb. 4).

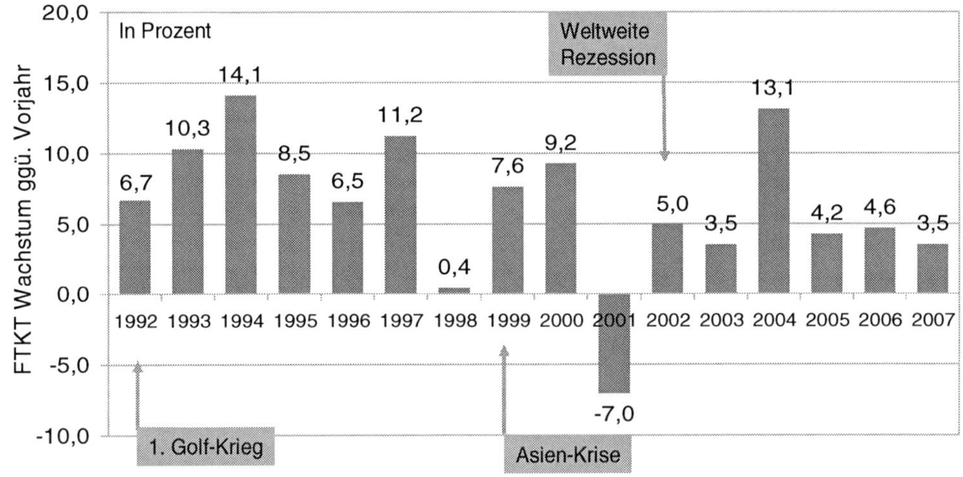

Abb. 4: Konjunkturabhängigkeit des Frachtaufkommens
Quelle: IATA WATS 1992-2008 - Intl. FTKT.

Auch die aktuelle Finanz- und Wirtschaftskrise hinterlässt in der Luftfrachtbranche deutliche Spuren: seit Juli 2008 ist die Nachfrage stetig und mit zunehmender Geschwindigkeit gesunken. Im Dezember und Januar 2009 lag der Markt ca. 23 % unter der Transportleistung der Vorjahresmonate. Für das Gesamtjahr 2009 prognostiziert die IATA (International Air Transport Association) ein Nachfragerückgang um 13 %.[1]

Von diesem Nachfragerückgang sind alle Märkte betroffen, jedoch variiert dabei die Stärke des Rückgangs. Auch auf die einzelnen Produkte schlagen konjunkturelle Schwankungen unterschiedlich schnell und stark durch, da die verschiedenen Produkte standardisierte Logistikleistungen beinhalten für spezifische Transportbedürfnisse und Branchen, deren Produktion und Absatz ihrerseits unterschiedlich starken Nachfrageschwankungen ausgesetzt sind.

Überangebot

Die grundsätzlich positiven Wachstumsprognosen führten in den letzten Jahren zum Markteintritt neuer Fluggesellschaften und zu einer Vielzahl von Bestellungen neuer Frachter. Rückblickend von 2008 bis zum Jahr 2000 wuchs die Anzahl der aktiven Widebody-Frachtflugzeuge von Jahr zu Jahr um teilweise bis zu 9 %.[2] Da die Nachfrage deutlich schwächer zunahm, ist der Markt durch ein deutliches Überangebot und einen entsprechend hohen Wettbewerbs- und Preisdruck gekennzeichnet.

1 Vgl. IATA, Financial Forecast, March 2009.
2 Vgl. ACAS.

An dieser Situation ändern auch die eingeleiteten Kapazitätsreduzierungen nichts, mit denen die Branche auf die aktuelle Krise reagiert. Die weltweit aktive Frachterflotte sinkt zwar im Januar 2009 erstmals seit vielen Jahren um -0,4 %,[3] hinkt damit aber dem Nachfragerückgang weit hinterher.

Unpaarigkeit von Verkehrsströmen

Eine weitere Herausforderung der Frachtfluggesellschaften ist die Unpaarigkeit der Verkehrsströme, da Fracht im Unterschied zu den Passagieren i. d. R. nur one-way fliegt. So ist beispielsweise das Luftfrachtaufkommen aus den boomenden Wirtschaftszentren in Asien/ Pazifik nach Europa deutlich größer als in die umgekehrte Richtung – und auch die Wachstumsraten sind hier deutlich höher und verstärken das Ungleichgewicht. Maßgeblich für die Planung und Steuerung der Frachterkapazitäten ist deshalb die Profitabilität eines kompletten Flugzeugumlaufs.

Dabei kann es vorkommen, dass einzelne Teilstrecken mit geringer Nachfrage einen negativen Deckungsbeitrag zum insgesamt profitablen Umlauf beisteuern. Werden nun auf einer solchen „planmäßig" defizitären Teilstrecke einige Produkte schwerpunktmäßig befördert, sind diese Sendungen in ihrem Profit entsprechend belastet, was bei der Interpretation der wirtschaftlichen Ergebnisse zu berücksichtigen ist.

Angleichung der Frachtprodukte

Das Angebot der Wettbewerber hat sich im Laufe der Zeit immer stärker aneinander angeglichen. War Lufthansa Cargo beispielsweise 1993 noch die erste Airline, die ein Expressprodukt in der Industrie einführte, verfügt heute jede namhafte Frachtfluggesellschaft über ein solches gebrandetes Premiumprodukt. Auch wenn in einzelnen Leistungsmerkmalen markante Unterschiede gegenüber einzelnen Wettbewerbern bestehen können, sind die Produkte insgesamt zunehmend vergleichbar und austauschbar geworden.

Eine Folge dieser Entwicklung ist, dass die Präferenz der Kunden für eine bestimmte Produktmarke abnimmt und sie sich – auch aus Gründen der Komplexitätsreduzierung – auf einige wenige Anbieter bzw. Marken konzentrieren.

Insgesamt macht der per Luftfracht transportierte Güteranteil zwar nur weniger als 1 % des Gesamtgüteraufkommens aus, jedoch entspricht dieser geringe Mengenanteil ca. 35 % des Warenwertes der weltweit transportierten Güter. Es handelt sich also um einen wirtschaftlich bedeutsamen Hochwertmarkt, bei dem der Zeitgewinn beim Transport gewichtiger ist als die Transportkosten.

3 Vgl. ACAS.

2.2 Unternehmensinterne Herausforderungen

Prozessorientierte Aufbaustruktur

Im Jahr 2005 erfolgte eine grundlegende Neustrukturierung der Lufthansa Cargo. Zuvor waren alle Abläufe (Kernprozesse und Supportprozesse) hinsichtlich ihrer Wertschöpfung, Schnittstellen, Verantwortlichkeiten etc. systematisch untersucht worden. Ausgehend von den Kundenanforderungen wurden die Abläufe durchgängig neu konzipiert und optimiert und in einer Prozess-Datenbank erfasst. Die strikte Ausrichtung auf die Prozesse führte neben der Einrichtung eines Continuous Process Managements, welches die permanente Überprüfung und Weiterentwicklung aller Prozesse sicherstellt („plan-do-check-act"-Philosophie), zu weitreichenden Anpassungen der Aufbaustruktur. Auch für das Portfoliomanagement ergaben sich veränderte Rahmenbedingungen.

Zum einen wurden die Abteilungen „Netzmanagement" und „Produktmanagement Standard und Express" in einem Bereich zusammengelegt, da diese beiden Teams das Angebot aus Kundensicht maßgeblich bestimmen.

Bei der organisatorischen Zuordnung der Produktmanagements für Specials ging man aus prozessualen Gründen zweigeteilt vor:

- Die Produkte für die Beförderung von Luftpost (Airmail), Tieren (Animals), temperatursensibler Fracht (Temperature Control) und Wertfracht (Valuables) wurden Anfang 2007 in Form von vier eigenständigen Competence Centern organisiert. Diese Produkte zeichnen sich aus durch sehr autonome Märkte / spezifische Zielgruppen sowie durch logistische Abläufe, die stark von den Standardprozessen abweichen und durch die speziellen Handlings-Anforderungen der jeweils zu transportierenden Güter geprägt sind. Die Competence Center verfügen über umfangreiche Kompetenzen und sind verantwortlich für Produktgestaltung und –entwicklung, Sales, das Design der weltweiten Logistikprozesse sowie das Handling in dedizierten Hubs. Zwei Competence Center mit Schwerpunkt auf dem Vertrieb berichten direkt an den Vorstand „Product & Sales", während die stärker handlingbetonten Competence Center organisatorisch dem Vorstand „Operations" zugeordnet sind.
- Die übrigen Specials (Transporte von Gefahrgütern, von diebstahlgefährdeten Sendungen oder Direktzustellungen) weichen von den Standardprozessen nur wenig ab und werden deshalb vom „Produktmanagement Standard und Express" betreut.

Die Produktverantwortung ist somit prozessual bedingt auf verschiedene Ressorts und Bereiche verteilt worden. Die hierbei notwendige Sicherstellung einer ganzheitlichen Sicht über alle Produkte und Portfolioelemente ist eine der zentralen Aufgaben des „Portfolio Managers", dessen Funktion im Zuge der Umorganisation neu definiert wurde.[4]

[4] Siehe hierzu auch Abschnitt 3.3.

Lufthansa Cargo Gruppe

Eine andere unternehmensinterne Herausforderung stellt die Zusammenarbeit mit den beteiligten Airlines dar, die unter dem strategischen Dach der Lufthansa Cargo Gruppe vereint sind. Angebotseitig steht hierbei die Harmonisierung der Flugnetze im Vordergrund, da hier die größten Potentiale für Synergien und für qualitative Verbesserungen der Flugverbindungen für den Kunden liegen. Die Harmonisierung der Produkte orientiert sich primär am Kundenwunsch nach einer durchgängigen Buchung im Gesamtnetz der Cargo Gruppenmitglieder und Abwicklung aus einer Hand. Je nach Ausprägung des Produktportfolios einer beteiligten Gesellschaft und der Stärke der von ihr etablierten Marken sind unterschiedliche Formen eines harmonisierten Markenauftritts zu bewerten wie z. B. Integration in bestehende Marken, parallele Marken in Nischenmärkten oder gemeinsame neue Marken.

3 Gestaltungsansätze des Produktportfoliomanagements

Die Organisation sowie die Tools und Prozesse des Portfoliomanagements bei Lufthansa Cargo berücksichtigen die Charakteristika des Angebots und unterstützen die unternehmerische Steuerungslogik.

3.1 Flugplan und Produkt als Determinanten des Angebots

Der Fokus des Produktportfoliomanagements liegt auf zwei Portfolioelementen, die beide zusammen das Angebot einer Frachtfluggesellschaft maßgeblich bestimmen:

- dem Flugplan, in dem das Streckennetz, das Fluggerät und die Flugzeiten festgelegt sind, die für die Beförderung der Frachtsendungen grundsätzlich zur Verfügung stehen, und
- den Produkten, die sich durch verschiedene logistische und servicebezogene Leistungen voneinander unterscheiden.

Da die bereitgestellten Kapazitäten auf den nachfragestarken Strecken des Flugplans i. d. R. knapp sind, ist der Zugang zu den Kapazitäten eine weitere wichtige Angebotskomponente. Die Steuerung des Kapazitätszugangs geschieht entweder über produktbezogene Kapazitätsgarantien z.B. für Expresssendungen oder über produktunabhängige langfristige Kapazitätsabkommen.

Flugplan

Für die Qualität des Flugplans sind entscheidend:

- das Streckennetz → Werden alle gewünschten Start- und Zielorte angeflogen? Werden die Orte direkt bedient oder sind mehrere Zwischenstopps notwendig?

- die Frequenz der Bedienung → Entspricht die Bedienungshäufigkeit einer Strecke der Höhe der Nachfrage?
- die Flugzeiten → Finden die Flüge zu günstigen Zeiten statt, die just-in-time Produktionsprozesse unterstützen?
- das Flug-/Transportgerät → Erlaubt das Beförderungsmittel bzw. die Größe des Frachtraums die Verladbarkeit der Sendung?

Entscheidungen über den Flugplan beeinflussen mitunter das Produktangebot:

Bei knappem Angebot auf einzelnen Relationen konkurrieren die nachgefragten Transporte um die verfügbaren Kapazitäten und es kommen nur die profitabelsten Sendungen bzw. Produkte zum Zuge. Darüber hinaus können einige Produkte wie z. B. Pferde, große Anlagen oder auch einzelne Gefahrgüter nur auf Frachtern transportiert und somit nicht auf Strecken angeboten werden, für die der Flugplan eine ausschließliche Bedienung mit Passagierflugzeugen vorgesehen hat.

Umgekehrt beeinflusst aber auch eine hohe Nachfrage nach bestimmten Produkten das Netzangebot. So wird beispielsweise eine permanent hohe Nachfrage nach Expressfrachtsendungen auf einzelnen Relationen bereits bei der Planung des Linienflugplans berücksichtigt. Bei temporärem Bedarf an zusätzlichen Kapazitäten für Spezialfrachten wie z. B. dem Transport von Turnierpferden für Olympia oder andere Großveranstaltungen, werden z. B. Rotationen von Linienflügen punktuell geändert oder spezielle Charterflügen organisiert.

Produkte

Neben dem Flugplan sind für die Kunden von Frachttransportleistungen die verfügbaren Produkte relevant, d.h. die logistischen und servicebezogenen Zusatzleistungen, die insbesondere für die Beförderung von Spezialfrachten wie z.B. Gefahrgut oder lebenden Tieren notwendig sind.

Lufthansa Cargo stellt sich auf diese waren– und produktionsbedingten Kundenbedürfnisse mit einem modularen Produktangebot ein (vgl. Abb. 5).

Grundsätzlich werden alle Produkte von Lufthansa Cargo „time definite“ (td) befördert. Dies bedeutet, dass dem Kunden seine Sendung am Zielort zu einer exakt bestimmten Zeit zur Verfügung steht. Die streckenabhängigen Frachtabfertigungs-, Flug- und Transitzeiten sind bei der Kalkulation der genauen Verfügbarkeitszeit bereits berücksichtigt.

Sind keine logistischen Zusatzleistungen erforderlich, hat der Kunde die Wahl zwischen den „Basis“-Produkten

td.Flash für besonders eilige und hochwertige Sendungen

td.Pro für den wirtschaftlichen Transport von Standardfracht

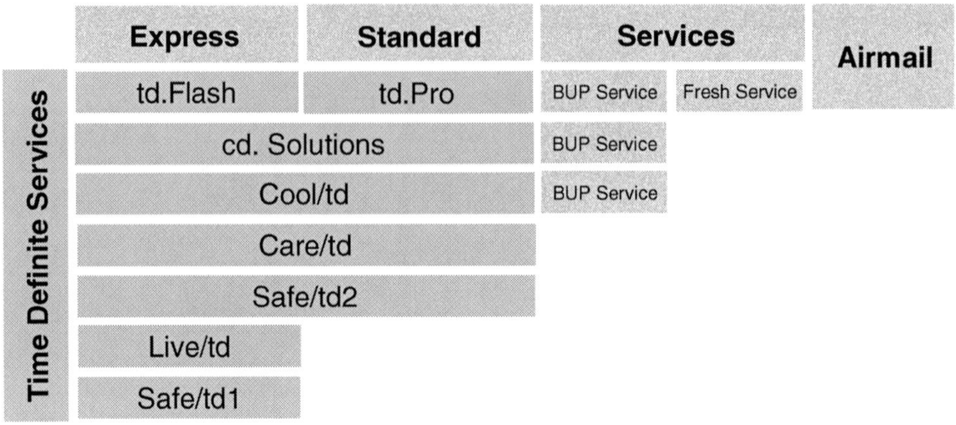

Abb. 5: Produkt- und Serviceübersicht der Lufthansa Cargo

Erfordert das Frachtgut ein besonderes dokumentarisches und/oder physisches Handling, bietet das Produktportfolio der Lufthansa Cargo mit ihren „Specials" verschiedene standardisierte Lösungen für die zentralen Bedürfnisse unterschiedlicher Branchen (vgl. Abb. 6).

Care/td	**Cool/td**	**Live/td**	**Safe/td 1**	**Safe/td 2**	**cd.Solutions**
Gefahrgut	Temperatur-sensitive Fracht	Lebende Tiere	Wertvolle Güter	Diebstahl-gefährdete Güter	Direkt-Zustellungen*

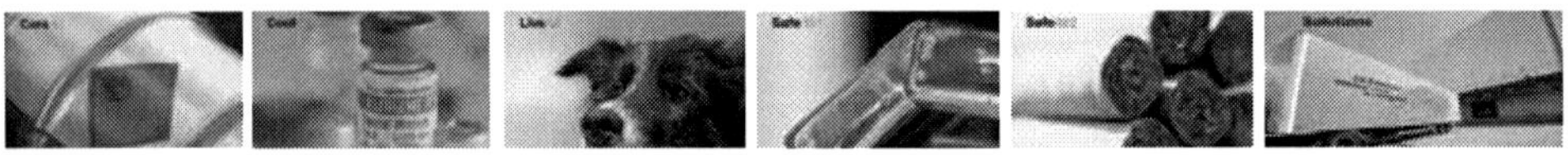

* in das private Zolllager des Empfängers („customer definite")

Abb. 6: Standardisierte Lösungen

Wie aus Abb. 5 hervorgeht, kann der Kunde bei den meisten dieser Specials zwischen einer schnellen (Express) oder einer normalen (Standard) Beförderungsdauer wählen. Tier- und Werttransporte erfolgen naturgemäß ausschließlich auf dem schnellstmöglichen Weg.

Neben diesen gebrandeten Produkten stehen zwei Services zur Verfügung, die bei einigen Produkten ergänzend in Anspruch genommen werden können:

- Fresh Service: für verderbliche Güter wie z.B. Obst, Gemüse, Blumen, Fleisch, Fisch
- BUP-Service: für fertig aufgebaute Paletten gemäß dem **B**ulk **U**tilization **P**rogram

Eine Sonderrolle im Produktportfolio stellt die Beförderung von Luftpost dar, die dem Postgeheimnis unterliegt. Diese Sendungen werden nicht über die Express- oder Standardschiene abgewickelt, sondern in separaten Airmail Centern, da das dokumentarische und physische Handling erheblich von der normalen Frachtbeförderung abweicht (spezielle Beförderungsdokumente/keine Frachtbriefe, internationale Standards und spezifische Formate für die Übermittlung von sendungsbezogenen Statusmeldungen, Sortierung der Briefe und Päckchen u. a. m.). Die logistischen Prozesse sind dementsprechend eng mit den Systemen der weltweiten Postgesellschaften und den dortigen Abläufen verzahnt.

Produkt-Varianten

Da die logistischen Anforderungen an die Beförderung von speziellen Warengruppen stark voneinander abweichen können, ist insbesondere bei den Specials eine weitergehende Differenzierung der Leistungen notwendig. So müssen beispielsweise einige Gefahrgüter in speziellen Lagerräumen aufbewahrt werden, während andere Gefahrgutsendungen im normalen Hallenbereich abgewickelt werden können. Um diesen zahlreichen Besonderheiten organisatorisch Rechnung tragen und eine weltweit einheitliche Handhabung sicherstellen zu können, sind alle Produkte mit Ausnahme von Mail in verschiedene Produktvarianten unterteilt und mit unterschiedlichen Produkt- und Handling-Codes versehen. Die Produktcodes dienen dabei teilweise auch zur Unterscheidung von unterschiedlichen Beförderungszeiten (Express versus Standard).

Aktuell existieren zu den 8 Produkten insgesamt 36 Produkt-Varianten und 56 Produktcodes.

3.2 Einbindung des Produktportfoliomanagements in die strategischen Steuerungsprozesse

Die Anzahl der Produkte und Varianten war in der Vergangenheit deutlich höher. Dies änderte sich, als 2005 im Rahmen der Strategieentwicklung die Steigerung der Qualität in der Produktion zu einem Fokusthema erklärt wurde. Um die Komplexität der weltweiten Handlingprozesse zu reduzieren, beschloss das Management eine Bereinigung des Produktportfolios. Durch Vereinheitlichung von logistischen Prozessen, Eliminierung von lokalem Wildwuchs und unprofitablen Varianten wurden seitdem 13 Produktvarianten und 81 Produktcodes eingestellt.

Nicht nur an diesem konkreten Beispiel zeigt sich der Einfluss der Strategie auf das Produktportfolio. Die generelle Zielsetzung des Portfoliomanagements – das aufeinander abgestimmte, koordinierte Zusammenspiel der Portfolio-Elemente Netz/Kapazitäten, Produkte, Kunden und Regionen – ist bei Lufthansa Cargo insgesamt fest in dem Strategieprozess und der Steuerungslogik verankert.

Jedes Jahr erfolgt ein Review der Strategie, die auf 5 Jahre ausgerichtet ist. Basierend auf makroökonomischen Daten (Inflation, Wirtschaftswachstum, Wechselkursen, Zinssätzen, Rohöl- bzw. Kerosinpreis) und weiteren Informationen insbesondere zu Märkten, Kunden und Wettbewerb erfolgen umfangreiche Analysen. Hierbei wird in Zusammenarbeit mit den Prozessverantwortlichen u. a. untersucht und bewertet, welchen wesentlichen Veränderungen die Portfolioelemente Netz, Produkt, Märkte und Kunden unterliegen und welche Szenarien für die weitere Entwicklung denkbar sind.

Die Analysen dienen zur Vorbereitung von mehreren Strategie-Foren, in denen das Top Management über die gewünschte Positionierung der Lufthansa Cargo im Markt und den geplanten Wachstumspfad berät. Bei der quantitativen Planung wird zu diesem Zeitpunkt nicht nach Produkten differenziert, sondern es stehen Überlegungen zur langfristigen Entwicklung der verschiedenen Produktionsplattformen und zu den Gesamt-Kapazitäten im Vordergrund. Im Rahmen der qualitativen Diskussion wird jedoch über besondere strategische Herausforderungen entschieden, die das Produktportfolio betreffen, so z. B. die Angebotsentwicklung im Bereich der Multi-Modal-Verkehre oder innerhalb der Lufthansa Cargo Gruppe. Interdependenzen zwischen den einzelnen Portfolio-Elementen Netz/Kapazitäten, Produkt, Kunden, Markt werden in dem interdisziplinären Gremium identifiziert, um so Synergien verstärkt nutzen sowie Kollisionen in der Zielsetzung vermeiden zu können.

Nach Verabschiedung des kompletten strategischen Programms inklusive der geplanten Renditen, Investitionen und Kapazitäten durch den Vorstand der Lufthansa Cargo wird die Strategie dem Vorstand des Lufthansa-Konzerns auf dem "Tag der Konzerngesellschaften" zur Entscheidung vorgelegt.

Entsprechend den Maßgaben des Konzerns erfolgt anschließend eine Ableitung von Zielen für die ersten drei Jahre des strategischen Planungsprozesses. Die Operationalisierung der strategischen Vorgaben für die einzelnen Portfolio-Elemente geschieht dabei in den verantwortlichen Fachbereichen: für die Portfolio-Elemente Kunden und Märkte im Bereich des Vertriebs, für das Netz im Netz-Management und für die Produkte im Produktmanagement und in den Competence Centern.

Für das erste Jahr der Strategie, das Budgetjahr, werden die Zielwerte und Einzelstrategien dann durch die verantwortlichen Abteilungen/Prozesseigentümer nochmals verfeinert. Im Vordergrund steht hierbei zunächst die Sicherstellung einer kongruenten Planung von Kapazitäten und Märkten. Anhand der Marktpotentiale, die der Vertrieb streckenbezogen plant, erstellt das Netzmanagement in mehreren Optimierungsläufen einen weltweiten Flugplan für die Sommer- und Winterperiode. Sobald der genaue Flugplan feststeht, werden die globalen Wachstumsziele (Erlöse und Tonnagen) zunächst auf vier Verkehrsgebiete (Areas) und dann auf die lokalen Märkte verteilt.

Parallel erfolgt ein Break-Down der weltweiten Wachstumsziele auf die Produkte bis auf die Ebene einzelner Regionen. Teilweise fließen die konkreten Produktziele schließlich in die individuellen jährlichen Zielvereinbarungen der Prozessverantwortlichen aus Vertrieb und Produktmanagement ein.

3.3 Organisation des Produktportfoliomanagements

Bei Lufthansa Cargo werden schon seit längerer Zeit Aufgaben zum Thema Produktportfoliomanagement wahrgenommen. Bereits Ende der 90er Jahren wurde im Bereich des damaligen Produktmanagements eine Stelle „Servicecontrolling“ eingerichtet, zu deren Aktivitäten u. a. produktübergreifende Steuerungsaufgaben und wirtschaftliche Analysen des Produktportfolios zählten. Qualitative Analysen kamen im Jahr 2000 hinzu, als erstmals durch die damalige Produktentwicklungsabteilung eine Kundenbefragung zum Produktportfolio durchgeführt wurde.

Im Zuge der prozessorientierten Neustrukturierung der Lufthansa Cargo wurde die Aufgabe des Portfoliomanagements dem Bereich „Netz- und Produktmanagement“ zugeordnet und von einer reinen Produktsicht auf die Portfolioelemente Netz, Märkte und Kunden ausgeweitet. Der zeitliche Horizont des Portfoliomanagements reicht dabei über den operativen Zeitraum hinaus bis in den Strategiezeitraum.

Die wesentlichen Ziele und Verantwortlichkeiten des Portfoliomanagers sind in der zugehörigen Arbeitsplatzbeschreibung definiert (vgl. Abb. 7).

Auszug aus der Arbeitsplatzbeschreibung für das Portfoliomanagement

1. Sicherstellen einer ganzheitlichen Sicht über alle Portfolioelemente (Produkte/Netz, Märkte und Kunden) bei allen wesentlichen Änderungen innerhalb eines Portfolioelementes; Evaluierung des Gesamtbildes über alle Portfolioelemente
2. Erarbeitung, Bewertung und Priorisierung von Maßnahmen und Projekten zur Optimierung des Produktportfolios (inkl. Netz)
3. Zusammenstellung von bereichsübergreifendem Experteninput und von Arbeitsgruppen zur Weiterentwicklung des Produktportfolios
4. Entwicklung und Bewertung von Vorschlägen zur Produktstrategie (inkl. Netz) innerhalb des Cargo-Strategieprozesses
5. Unterstützung des Produktmanagements mit Analysen zur Kundenakzeptanz, zur Wirtschaftlichkeit und zur Entwicklung des Produktportfolios sowie des relevanten Wettbewerbsumfelds
6. Koordination der Produktstrategie (inkl. Netz) mit der Strategieabteilung, Controlling und Initiierung von Anpassungen innerhalb der strategischen LCAG- Zielsetzung
7. Entwicklung von Maßnahmen und Erarbeitung von Vorschlägen zur Steuerung der Portfolio-Elemente, einschließlich des Designs der relevanten Prozesse
8. Laufender Review der Portfolioausrichtung mit Fokus auf die gesetzten finanziellen und nicht-finanziellen Ziele

Abb. 7: Auszug aus der Arbeitsplatzbeschreibung für das Portfoliomanagement

Der Portfoliomanager hat keine Weisungsbefugnis, sondern berät die Entscheidungsträger und Prozessverantwortlichen bezüglich der Gestaltung und Entwicklung des Produktportfolios und unterstützt sie mit portfolioübergreifenden Analysen. Förderlich für die Akzeptanz der Vorschläge des Portfoliomanagers ist seine Neutralität. Insofern sollte das Portfoliomanagement idealerweise keinem der einzelnen Portfolio-Bereiche zugeordnet sein.

3.4 Prozesse und Tools zur Gestaltung und Weiterentwicklung des Produktportfolios

Zur Steuerung des Portfolios der Lufthansa Cargo greifen verschiedene Aktivitäten ineinander, die sowohl quantitativer als auch qualitativer Natur sind.

Produktportfolio-Analyse

Qualitativer Ausgangspunkt ist eine jährliche Befragung von eigenen und potentiellen Luftfracht-Kunden zum Produktportfolio. Hierbei werden für jedes einzelne Produkt von Lufthansa Cargo und für die jeweils wichtigsten Konkurrenzprodukte folgende Aspekte ermittelt:

- Bekanntheit des Produkts
- Präferenz für das Produkt
- Nutzungsintensität
- Performance; hierbei wird sowohl nach Netzkriterien, nach einzelnen produktspezifischen Leistungsmerkmalen als auch nach dem Gesamteindruck von einem Produkt gefragt.

Da diese Befragung bereits seit dem Jahr 2000 durchgeführt wird, sind entsprechend lange Zeitreihenbetrachtungen möglich. Gerade die Verfolgung der langjährigen Entwicklung von Bekanntheit, Präferenz, Nutzungsintensität und Gesamt-Performance gibt interessante Aufschlüsse über die Nachhaltigkeit von Produkt-Entscheidungen im eigenen Portfolio oder bei der Konkurrenz.

Ein Großteil der Analysen bezieht sich auf die Stärken und Schwächen der einzelnen Produkte. Hierbei wird zunächst die Performance bzgl. der einzelnen Leistungsmerkmale untersucht, die für ein bestimmtes Produkt relevant sind. Auf diesen Ergebnissen baut eine Vielzahl weiterer Analysen auf. Die folgende Portfolio-Matrix dient beispielsweise dazu, die Performance der einzelnen Leistungsmerkmale eines Produktes in Bezug zu ihrer jeweiligen Bedeutung für die Kaufentscheidung zu setzen (vgl. Abb. 8).

Die Bedeutung für die Kaufentscheidung wird dabei rechnerisch ermittelt als Korrelation zwischen der Performance eines Leistungsmerkmals und der Nutzungsintensität des Produktes. Die gelbe Diagonale kennzeichnet die ideale Konstellation, bei der die Performance eines Leistungsmerkmals und seine Bedeutung für die Kaufentscheidung in Balance sind.

Je nach Positionierung in den vier Quadranten lassen sich die Stärken und Schwächen einfach erkennen.

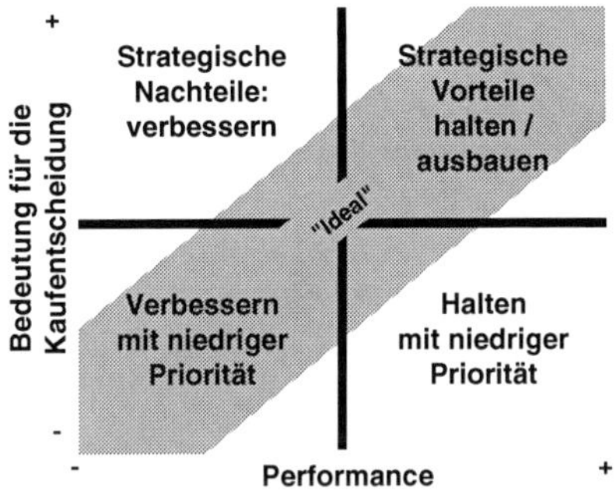

Abb. 8: Relevanz einzelner Leistungen für die Kaufentscheidung

Bei einer weiteren Analyse werden die Bewertungen der Wettbewerber-Produkte einbezogen (vgl. Abb. 9).

Die Portfolio-Matrix zeigt auf der vertikalen Achse die generelle Wichtigkeit, die die einzelnen Leistungsmerkmale eines Produktes aus Kundensicht haben. Auf der horizontalen Achse ist die Bedeutung der einzelnen Leistungsmerkmale für die Kaufentscheidung ablesbar. Dabei beschränkt sich die Darstellung nicht nur auf das eigene Produkt, sondern stellt durch die Verwendung unterschiedlicher Symbole zusätzlich die Positionierung gegenüber einem Hauptwettbewerber oder den Top3-Wettbewerbern dar (besser/schlechter/gleich dem Wettbewerbsprodukt). So lassen sich für jedes Produkt konkrete Ansatzpunkte zur marktgerechten Weiterentwicklung und zur Verbesserung der Wettbewerbspositionierung ablesen.

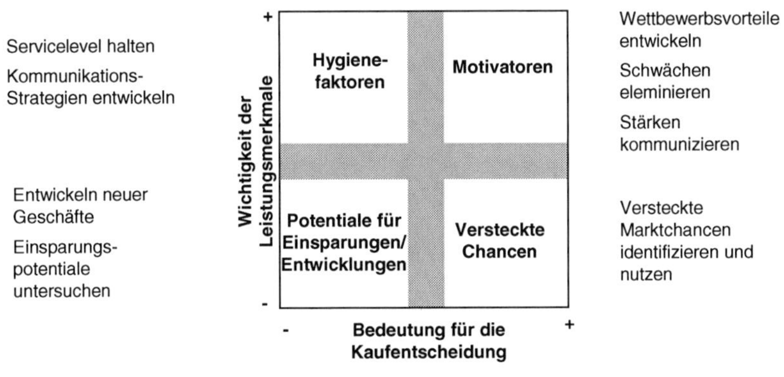

Abb. 9: Strategische Positionierung im Wettbewerbsumfeld

Bei der Portfolio-Analyse werden zwei weitere Portfolio-Elemente berücksichtigt: die Kunden und die Märkte. Im Kundenbericht sind die Ergebnisse einerseits unterschieden in ABC-Kunden, andererseits in die Kundengruppen Global Partner, Business Partner und sonstige Spediteure. Die regionale Berichterstattung weist gesonderte Ergebnisse für die Areas und für strategisch wichtige Märkte bzw. Länder aus.

Die Ergebnisse der Kundenbefragung werden den Produktmanagern und dem Vertrieb zur Verfügung gestellt und in produktspezifischen Arbeitsbesprechungen diskutiert, durch quantitative Analysen ergänzt und punktuell mit vertiefenden Detailauswertungen angereichert. Für die Produktmanager stellt die Portfolio-Analyse eine zentrale Informationsquelle für die (Weiter-)Entwicklung von Produkten und Produktvarianten dar. Der aus der Portfolio-Analyse abgeleitete Handlungsbedarf fließt daraufhin in die produktspezifischen Businesspläne ein, die im Sommer erstellt werden.

Businesspläne

In den Businessplänen der Produktverantwortlichen finden sich neben den wirtschaftlichen und qualitativen Zielen auch die für das kommende Jahr geplanten Maßnahmen. Das wirtschaftliche Zahlenwerk wird dabei eng mit dem Controlling abgestimmt, um für das kommende Budgetjahr ein stimmiges Gesamtergebnis zu erzielen. Die Harmonisierung der jeweiligen Schwerpunkte, Ziele und geplanten Aktivitäten erfolgt im Rahmen von sogenannten „Produkttagen".

Tag der Produkte

Der „Tag der Produkte" ist eine Plattform zur ganzheitlichen Betrachtung und Diskussion des Produktportfolios. Zu den Zielen des Produkttages gehören neben einer wirtschaftlichen Gesamtschau der Produkte vor allem der Austausch von relevanten Produktinformationen, die Harmonisierung der einzelnen Ausrichtungen, die Abstimmung gemeinsamer Vorgehen und die Vorbereitung sowie teilweise direkte Entscheidung über produktübergreifende Themen. Teilnehmer sind der Bereichsleiter Produkt- und Netzmanagement, die Leiter der einzelnen Produktmanagements, der Competence Center und der Marketing-Kommunikation, der Portfoliomanager und die beiden für den Bereich verantwortlichen Controller und Prozessmanager. Die Treffen finden viermal im Jahr statt.

Bei diesen Treffen werden routinemäßig die Quartalsergebnisse aller Produkte erörtert und Ursachen sowie geplante Maßnahmen diskutiert. Das Ergebnis der Diskussion wird im Nachgang zu den Produkttagen als *Quartalsbericht* einem für wirtschaftliche Fragen zuständigen Vorstandsgremium zur Information und gegebenenfalls Entscheidung vorgelegt.

Die weiteren Agendapunkte der Produkttage variieren je nach Bedarf und reichen von vertiefenden Analysen zu einzelnen kritischen Produktentwicklungen über produktrelevante Prozess- und/oder Systemverbesserungen bis hin zum informellen Austausch über aktuelle Entwicklungen und Schwerpunktthemen.

Richtlinien für Netz und Produkt

Als genereller Rahmen für alle Produkt- und Netzentscheidungen wurden Richtlinien entwickelt, die den Prozessverantwortlichen bei der Optimierung ihrer Portfolios und deren Ausrichtung auf die langfristigen strategischen Ziele helfen sollen. Diese Richtlinien werden jährlich überprüft und durch das Management bei größeren Änderungen (z. B. geänderter Allokation von Kosten) punktuell angepasst.

Um kritische Prozesse und Komplexitätstreiber besser identifizieren zu können, beinhalten die Richtlinien sowohl für Netzentscheidungen als auch für die Beibehaltung oder die Einführung von Produkten bzw. Produktvarianten Minimum-Anforderungen. Alle Produkte und Produktvarianten müssen z. B. einen bestimmten Mindest-Umsatz und Mindest-Deckungsbeitrag erzielen. Bei Unterschreiten der jeweiligen Hürden werden die betroffenen Strecken, Produkte oder Varianten in den Berichten farblich hervorgehoben und zunächst gelb, bei anhaltender Unterschreitung rot markiert. Eine Unterschreitung der Hürden zieht immer eine tiefer gehende Ursachen-Analyse und die Erarbeitung und Bewertung von Handlungsoptionen nach sich.

Eine solche Analyse kann ergeben, dass die Einstellung eines kritischen Produkts oder einer Variante keine Option darstellt, da es teilweise keine bessere Alternative gibt. So können bei unpaarigen Verkehrsströmen einzelne Produktvarianten, die schwerpunktmäßig auf nachfrageschwachen Teilstrecken befördert werden, so stark mit den streckenbezogenen fixen Transportkosten belastet werden, dass ihr Deckungsbeitrag zwar negativ ist, der Deckungsbeitrag auf der Strecke bei Wegfall dieser Sendungen aber noch schlechter ausfiele. Auch kann es passieren, dass Produktvarianten zwar hohe Deckungsbeiträge erzielen, aber ihre Umsatzhürde nicht erreichen. In diesem Fall ist zu prüfen, inwieweit durch das weltweite Angebot dieser umsatzschwachen Varianten unverhältnismäßig viel Komplexität erzeugt wird z. B. für spezifische weltweite Schulungen, Systemunterstützung oder spezielle Lagerorte und ob eine Beschränkung auf weniger Standorte sinnvoll sein könnte. Entscheidend ist auch hier das Ergebnis der detaillierten Einzelfallprüfung.

Der Deckungsbeitrag je Produkt ist generell ein interpretierungsbedürftiger KPI, da die verursachungsgerechte Verrechnung von Handlingkosten, Transportkosten und Gemeinkostenblöcken auf die einzelnen Produkte teilweise nur ungenau vorgenommen werden kann. Insofern wird für die Produktergebnisrechnung eine Mischform zwischen Voll- und Teilkostenansatz gewählt.[5] Hierbei werden den Produkten neben den variablen Kosten auch die operativen Fixkosten zugeschlüsselt. In dem hieraus resultierenden „Deckungsbeitrag-O" sind die Sales- und Managementkosten nicht berücksichtigt.

Besonders bewährt haben sich die Richtlinien und die dort hinterlegten produktspezifischen Minimum-Hürden bei der Reduzierung von Komplexität und der Eliminierung von Produkten und ihren Varianten.[6]

5 Siehe hierzu auch den Beitrag von Geuppert (insb. Abschnitt 2.3.2) im vorliegenden Sammelband.

6 Siehe hierzu auch Abschnitt 3.2.

Eine zusätzliche Messlatte neben den Minimum-Hürden stellen die Produktziele dar, die jedes Jahr im Rahmen des strategischen Planungsprozesses festgelegt werden. Die Zielwerte beziehen sich auf die Mengen (Tonnagen), Umsatzerlöse und die hieraus resultierenden Durchschnittserlöse (Yields).

4 Fazit

Insgesamt lässt sich feststellen, dass im Portfoliomanagement viele Ebenen zu vereinigen sind: strategische und operative Sicht, quantitative und qualitative Bewertungen sowie verschiedene Portfolioelemente und Prozesse in vielen involvierten Organisationseinheiten. Für die Aufgabenwahrnehmung sind einerseits detaillierte Kenntnisse der einzelnen Portfolioelemente, ihrer jeweiligen Rahmenbedingungen und Entwicklungspläne sowie andererseits der langfristigen Unternehmensstrategie notwendig. Hierzu bedarf das Portfoliomanagement der Unterstützung von den betroffenen Bereichen und der ungeschönten und umfassenden Information durch die jeweiligen „Know-how"-Träger. Die Neutralität des Portfoliomanagements sowie eine der Bedeutung der Funktion angemessene Unterstützung durch das obere Management sind dafür elementare Voraussetzungen. Je reibungsloser die Prozesse und Interaktionen mit den betroffenen Bereichen ablaufen, desto größer sind die Chancen, produktübergreifende Optimierungspotentiale zu erkennen und zu heben und damit zum Erfolg des Unternehmens beizutragen.

Literatur

ACAS (AirCraft Analytical System), Flottenstatistik.

IATA (International Air Transport Association) WATS (World Air Transport Statistics) 2008, Freight+Mail FTKT 2007 by carrier.

IATA WATS
1992-2008 - Intl. FTKT

IATA, Financial Forecast, March 2009, www.iata.org/whatwedo/economics, Abrufdatum 20.04.2009

Lufthansa Cargo AG, Kennzahlen 2008, www.lufthansa-cargo.de/content.jsp?path=0,2,19131,19185,19192, Abrufdatum 13.05.2009

Portfoliomanagement in der Energiewirtschaft am Beispiel EnBW

Alexander Sloboda

Das Management von Investitionen in der Energiewirtschaft erfordert aufgrund der überdurchschnittlichen Kapitalintensität, der Langfristigkeit der Investitionen und der extremen Preisvolatilität in besonderem Maße ein professionelles Portfoliomanagement. Insbesondere in Wachstumsphasen bestimmt die Portfoliozusammensetzung weitgehend irreversibel die operative und finanzwirtschaftliche Entwicklung der Unternehmen für Dekaden. Daher ist für EnBW ein Wettbewerb der besten Investitionsalternativen ein entscheidender Erfolgsfaktor. Deren langfristige Konzernergebnis- und Bilanzwirkung wird über die üblichen Planungshorizonte von drei bis fünf Jahren hinaus prognostiziert und gibt wesentliche Anhaltspunkte für eine Portfoliooptimierung.

1 Einleitung

Die deutsche Strom- und Gaswirtschaft erfährt seit der Marktöffnung 1998 (EU-Richtlinie) fundamentale gesetzliche Änderungen ihrer Rahmenbedingungen. Die damaligen Verbundunternehmen (Badenwerk, Bayernwerk, BEWAG, EVS, HEW, PreussenElektra, RWE, VEW) mit eigenem Höchstspannungsnetz und signifikanten Kraftwerkskapazitäten, die Regionalversorger und die Stadtwerke verloren ihre geschützten Demarkationsgebiete und damit ihre Monopolstellung. Die Strom- und Gasnetze als natürliche Monopole unterliegen seit 2006 einem strikten Regulierungsregime. Aus den Verbundunterunternehmen sind größere Konzerne und mit E.ON und RWE „europäische Champions" entstanden. Gleichzeitig haben die Unternehmen eine Strategie der Fokussierung auf das Kerngeschäft verfolgt, dieses im Rahmen von weiteren Konsolidierungen ausgebaut, sich restrukturiert und Kostensenkungsprogramme durchgeführt. Waren 1998 noch 170.000 Mitarbeiter in Elektrizitätsversorgungsunternehmen beschäftigt so sind es 2008 noch 121.000 Mitarbeiter (Quelle: Statistisches Bundesamt). Nach abgeschlossener Strukturanpassung steht gegenwärtig die weitere Expansion im Kerngeschäft im Vordergrund. Allenthalben gibt es Wachstumsprogramme sowie Fusionen und Akquisitionen bzw. entsprechende Pläne. Die Branche steckt in einer zweiten Konsolidierungswelle, die sich durch die aktuelle Wirtschaftskrise etwas verlangsamen wird.

Neben nationalstaatlichen Änderungen der Rahmenbedingungen folgten weitere in Folge von EU-Initiativen. Wesentliche Änderungen ergeben sich aus dem Kernenergieausstieg (Vereinbarung, 2000), der Förderung Erneuerbarer Energien (EEG, 2000), der Einführung von CO_2-Emissionszertifikaten und deren Handel (TEHG, 2004), dem Energiewirtschaftsgesetz mit seinen Unbundlingvorgaben und der Einrichtung der Bundesnetzagentur (EnWG, 2005), den Verordnungen zur Anreizregulierung (StromNEV, 2005 bzw. GasNEV, 2005), der Liberalisierung des Messwesens (Messzugangsverordnung, 2008), der Vollversteigerung von Emissionsrechten ab dem Jahr 2013 und schließlich dem absehbaren 3. EU-Energiebinnenmarktpaket. Letzteres ist noch in Beratung und könnte eine eigentumsrechtliche Entflechtung der Netzgesellschaften vorsehen.

2 Die EnBW

Die EnBW Energie Baden-Württemberg AG mit Hauptsitz in Karlsruhe ist mit rund sechs Millionen Kunden das drittgrößte deutsche Energieversorgungsunternehmen und hätte bei ausreichendem Free Float einen Platz im DAX 30. Mit über 20.000 Mitarbeiterinnen und Mitarbeitern wurde 2008 ein Jahresumsatz von über 16 Milliarden Euro erzielt. EnBW ist traditionell in Baden-Württemberg verwurzelt. Darüber hinaus gibt es Aktivitäten in ganz Deutschland sowie in Mittel- und Osteuropa.

Das Unternehmen entstand 1997 aus der Fusion der EVS (Energieversorgung Schwaben) und dem Badenwerk. Nach einer starken Wachstumsphase in den Anfangsjahren durch Akquisitionen und Diversifizierung und der Etablierung eines wettbewerbsfähigen Geschäftsmodells folgte eine Konsolidierungsphase, in der durch Desinvestitionen und eine restriktive Investitionspolitik der Fokus wieder auf das Kerngeschäft und auf eine Rückführung der Verschuldung gerichtet war. Daneben wurden Effizienz- und Kostensenkungsmaßnahmen mit Einsparungen im Umfang von nachhaltig einer Mrd. € eingeleitet. Mittlerweile ist die Verschuldung signifikant zurückgegangen und ein starker operativer Cashflow von über 1,5 Mrd. € verschafft finanzielle Spielräume für weiteres Wachstum. Für die kommenden drei Jahre sind Investitionen in Höhe von 7,7 Milliarden Euro vorgesehen, die damit signifikant über dem Investitionsniveau der Vorjahre liegen.

3 Geschäftsmodell

Nicht zuletzt aufgrund der politisch-regulatorischen Veränderungen sind die Geschäftsmodelle in der Energiewirtschaft höchst komplex. Die Aktivitäten haben sich durch die Liberalisierung, das Unbundling und das Entstehen eines Großhandelsmarktes gänzlich unterschiedlich entwickelt und folgen individuellen energiewirtschaftlichen Logiken. Die Wertschöpfungskette wird grundsätzlich in Erzeugung, Handel, Netz und Vertrieb differenziert.

Zwischen den einzelnen Wertschöpfungsstufen bestehen umfangreiche und komplexe Leistungsbeziehungen, die teilweise wiederum aus politischen Vorgaben resultieren. Zum Beispiel zieht sich vereinfacht dargestellt die gesetzlich vorgesehene Kostenwälzung zur Förderung der Stromerzeugung aus Erneuerbaren Energien durch die gesamte Wertschöpfungskette: Von der Einspeisevergütung für die Erzeugung über die Netze, die die erzeugten Mengen aufnehmen, über die Übertragungsnetzbetreiber, die die Einspeisemengen ausregeln, den Großhandelsmarkt bis hin zum Vertrieb, der die Förderungsaufwendungen über alle Kunden wälzt.

Die einzelnen Wertschöpfungsstufen unterliegen unterschiedlichen politisch-regulatorischen Einflüssen und weisen daher unterschiedliche betriebswirtschaftliche Erfolgsfaktoren auf. Im Sinne eines thematischen Überblicks sind hervorzuheben (siehe Abb. 1):

Abb. 1: Geschäftsmodelle in der energiewirtschaftlichen Wertschöpfungskette

Die Erzeugung als liberalisiertes, d. h. marktgetriebenes, und kapitalintensives Infrastrukturgeschäft ist politisch-regulatorisch insbesondere von der Einführung der CO_2-Thematik, dem Kernenergieausstieg und der Förderung Erneuerbarer Energien geprägt. Zentrale Erfolgsfaktoren sind zum einen möglichst optimale Investitionsentscheidungen unter Betrachtung komplexer Zusammenhänge und hohen Unsicherheiten zu treffen und zum anderen die bestehenden Kraftwerke unter Wahrung hoher Sicherheitsstandards kosteneffizient zu betreiben. Die EnBW Kraftwerke AG und die EnBW Kernkraft GmbH verantworten den Betrieb des Großteils des Kraftwerksparks inklusive der Kernkraftwerke Neckarwestheim, Obrigheim und Philipsburg. Mit 14.800 Megawatt Kraftwerkskapazität gehört EnBW zu den bedeutendsten Energieerzeugern in Deutschland und hat unter den großen Stromerzeugern bundesweit den geringsten CO_2-Ausstoß.

Der Handel ist erst mit der Liberalisierung entstanden und gewinnt mit dem Wachsen bzw. Entstehen von Großhandelsmärkten für Strom, Brennstoffe und CO_2 sowie der graduellen Integration der europäischen Strommärkte immer weiter an Bedeutung. Den Handel verantwortet die EnBW Trading GmbH. Sie vermarktet und optimiert die Erzeugungsposition, betreibt Eigenhandel, managt wesentliche Konzernrisiken und ist für die Kraftwerkseinsatzplanung zuständig.

Das Netz (Transport und Verteilung) ist wie die Erzeugung ausgesprochen kapitalintensiv und unterliegt als natürliches Monopol einem strengen Regulierungsregime. Seit 2009 erfolgt die Regulierung im Rahmen eines Anreizsystems. Danach sind den Unternehmen auf Basis individueller Effizienzfaktoren Erlöspfade vorgegeben, die eine Mindestverzinsung für die Eigenkapitalgeber gewährleisten sollen. Der Anreiz besteht nun darin, durch Übertreffen der Effizienzvorgaben bessere wirtschaftliche Ergebnisse zu erzielen. Eine weitere Vorgabe des Energiewirtschaftsgesetzes ist das so genannte Unbundling, d. h. die gesellschaftsrechtliche, buchhalterische, organisatorische und informatorische Trennung der Netze von den „Wettbewerbsbereichen" Erzeugung, Handel und Vertrieb, um Quersubventionierungen auszuschließen. Wesentliche Erfolgstreiber im Netz sind ein konsequentes, an den Vorgaben der Regulierungsbehörde orientiertes Kostensenkungsmanagement und eine darauf abgestimmte Investitions- und Instandhaltungsstrategie. Durch die Anreizregulierung sind die Risiken im Netz deutlich gestiegen. Die EnBW Transportnetze AG betreibt das Höchstspannung Übertragungsnetz in Baden-Württemberg, die EnBW Regional AG betreibt das Hoch-, Mittel- und Niederspannungsnetz und betreut das EnBW-Gasnetz in Baden-Württemberg.

Der Vertrieb ist spätestens mit dem Wegfall der Preisgenehmigungspflicht durch die Landesbehörden vollständig liberalisiert. Hier stehen der Kunde und daher typische Erfolgsfaktoren vertriebs- oder marketingorientierter Geschäftsmodelle im Vordergrund. Eine besondere Herausforderung liegt in der Tatsache, dass die physische Lieferung von Strom und Gas ein weitgehend homogenes Produkt darstellt. Das Generieren von Produktdifferenzierungspotenzialen, die Marktsegmentierung und der Aufbau schlagkräftiger Marken spielen daher eine besondere Rolle. Die EnBW Vertriebs- und Servicegesellschaft mbH vertreibt Energie und Wasser sowie Energie- und Servicedienstleistungen an Industrie-, Gewerbe- und Privatkunden, Stadtwerke und Kommunen in Baden-Württemberg. Die Yello Strom GmbH vertreibt bundesweit Strom und weitere Produkte für Privat- und Gewerbekunden. Yello startete als erster nationaler Anbieter den Vertrieb eines intelligenten Stromzählers.

Integrierte Energieversorger stehen dabei zusätzlich vor der Aufgabe, die geschilderte Komplexität nicht nur zu beherrschen und zu erklären, sondern darüber hinaus die ertrags- und risikobezogenen Synergien zwischen den Wertschöpfungsstufen unter Beachtung der Rahmenbedingungen des Unbundling zu maximieren.

4 Strategie

Eine wesentliche Strategiesäule bezieht sich auf eine nachhaltige Zukunftssicherung, die auf eine Stärkung und Entwicklung einer effizienten ausgewogenen Stromerzeugungsposition, effizienter Netze und einer loyalen Kundenbasis abzielt. Nachdem die Kraftwerke zum Teil das Ende ihrer Lebensdauer erreicht haben und in Folge des Atomgesetzes frühzeitig abgeschaltet werden sollen, muss in den kommenden Jahren in großem Umfang in den Ersatz von Kraftwerkskapazitäten investiert werden, ebenso in die Erneuerung und Modernisierung der Strom- und Gasnetze.

Als weitere wesentliche Säule steht profitables Wachstum und eine Verbreiterung des Kerngeschäfts zur Stärkung der Position von EnBW am Energiemarkt im Fokus der Konzernentwicklung. Daher investiert EnBW in den Aufbau erneuerbarer Energieerzeugungskapazitäten im In- und Ausland, positioniert sich im Gas-Midstream-Geschäft und strebt eine Weiterentwicklung des Beteiligungsportfolios im In- und Ausland an.

Der Erzeugungsanteil aus erneuerbaren Energien soll bis 2020 auf mindestens 20 % entwickelt werden und damit die Position als CO_2-freundlichstes großes Energieunternehmen in Deutschland gesichert werden. Ein umfangreiches Erzeugungspotenzial aus Windkraft wird derzeit vor der deutschen Nord- und Ostseeküste erschlossen. In Rheinfelden entsteht ein Wasserkraftwerk mit einer Leistung von 100 MW; das derzeit wohl größte Bauprojekt im Bereich der erneuerbaren Energien in Deutschland.

Im Geschäftsfeld Gas verfolgt EnBW mit den Gas-Midstream-Aktivitäten langfristig das Ziel, eine unabhängige Beschaffung durch eigene Importverträge und einen sicherer Zugang zur notwendigen Transport- und Speicherinfrastruktur zu erreichen.

Beteiligungsunternehmen im In- und Ausland müssen das Kerngeschäft der EnBW sinnvoll ergänzen, von Anfang an einen positiven Ergebnisbeitrag liefern und mittelfristig die im Konzern vorgegebenen Rentabilitätsziele erreichen. EnBW strebt in der Regel die unternehmerische Führung an.

Im Vertrieb hilft EnBW ihren Kunden mit individuellen Versorgungslösungen, Energie effizient einzusetzen und schafft so die Voraussetzungen für eine dauerhafte Kundenbindung.

Der intelligente Stromzähler der EnBW ist eine Plattform für weitere Produktangebote. Branchenspezialisten, die die individuellen Anforderungen ihrer Kunden bestens kennen, betreuen die Industriekunden. Der Kundenservice für Privatkunden ist auf hohen Niveau wurde bereits mehrfach ausgezeichnet.

Im Bereich der Contracting-Dienstleistungen zählt EnBW zu den führenden Unternehmen und entwickelt individuelle Standortbetreibermodelle vor allem für die Industrie. Die Position soll ausgebaut werden.

Auf Basis der gewählten und in den Gremien verabschiedeten Strategie wurde ein langfristiger Investitionsrahmen für etwa die nächste Dekade skizziert .In den kommenden drei Jahren sind hierin Investitionen in Höhe von 7,7 Milliarden Euro vorgesehen. Sie liegen damit signifikant über dem Niveau der Vorjahre. 5,5 Milliarden entfallen auf Sachinvestitionen und 2,2 Milliarden auf Finanzinvestitionen. Über 80 % der Gesamtinvestitionen betreffen Wachstumsinvestitionen und Kraftwerksneubauten. Dieses ambitionierte Wachstumsportfolio gliedert sich in so genannte Strategische Initiativen. Jede Strategische Initiative besteht aus einem oder mehreren Projekten.

5 Portfoliomanagement

Der Energiesektor ist durch seine Infrastrukturinvestitionen in Erzeugung und Netze besonders kapitalintensiv. Betrachtet man als Indikator die Sachinvestitionen pro Mitarbeiter, ist er sogar der mit Abstand kapitalintensivste Sektor in Deutschland (siehe Abb. 2).

Weiterhin sind die wesentlichen Anlagegüter des Sektors – also Netz- und Erzeugungsanlagen – mit einer technischen Lebensdauer von rund 40 Jahren sehr langlebig. Erschwerend kommt hinzu, dass Strom im Vergleich zu anderen Commodities mit Abstand die höchste Preisvolatilität aufweist: Die Spotmarkt-Stundenpreise differieren in ihren Extremen zwischen Null und weit über 100 € je Megawattstunde. Die wesentlichen Gründe liegen in der Nichtspeicherbarkeit von Strom in Verbindung mit stark schwankender Stromnachfrage, bedingt planbaren Kraftwerksverfügbarkeiten (Windkraft, Kraftwerksausfälle) sowie regionalen, nationalen oder globalen Einflussfaktoren. So beeinflussen zum Beispiel Öl- und Gaspreise, Wetterereignisse oder Durchleitungsprobleme für russisches Erdgas in der Ukraine die Strompreise.

Die in den kommenden Jahren anstehenden Investitionen legen aufgrund ihres Umfangs (7,7 Mrd. €) und ihrer Langfristigkeit weitgehend irreversibel die operative und finanzwirtschaftliche Entwicklung der EnBW für die nächsten Dekaden fest. Dies erfordert ein in besonderem Maße sorgfältiges Portfoliomanagement.

Die Energiewirtschaft ist im Vergleich zu anderen Branchen sehr kapitalintensiv.

Sachinvestitionsintensität (Investitionen in Sachanlagen/ MAK), 2004, in TEUR

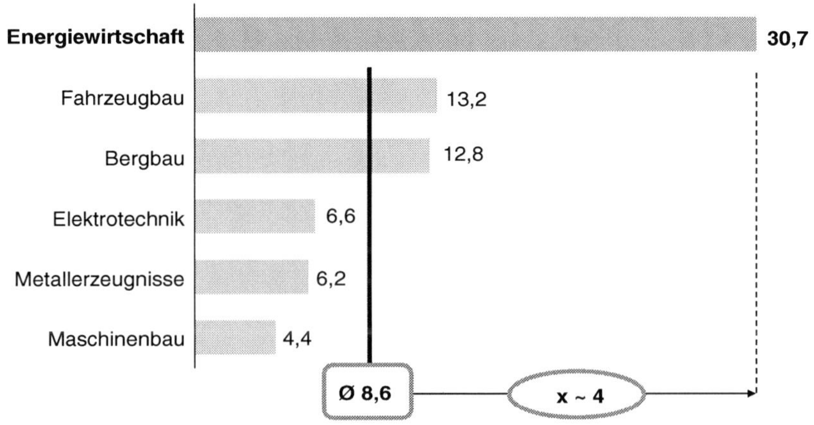

Quelle: Statistisches Bundesamt, VDEW

Abb. 2: Kapitalintensität ausgewählter Branchen

Das aktuelle Wachstumsportfolio besteht aus etwa zehn so genannten Strategischen Initiativen mit aktuell rund 30 den Initiativen zugeordneten konkreten Projekten. Es basiert auf der gewählten und in den Gremien verabschiedeten Strategie und gibt den langfristigen Investitionsrahmen für etwa die nächste Dekade vor. Zur Entwicklung dieses Portfolios und zur Anregung weiterer Projekte im Rahmen bestehender Initiativen bzw. zusätzlicher Strategischer Initiativen sind ein jährlich wiederkehrender Strategieprozess und ein schwerpunktmäßig operatives Investitionskomitee installiert. Im Komitee werden neue Strategische Initiativen und neue Projekte bereits in einem frühen Stadium unter strategischen und wirtschaftlichen Gesichtspunkten diskutiert, bewertet und Handlungsempfehlungen für die Gremien ausgesprochen. Im Rahmen einer stringenten Unternehmensführung sichert das Komitee den strategischen Fit von Projekten, empfiehlt die Vergabe von Projektressourcen, stellt die Verwendung einheitlicher wirtschaftlicher Beurteilungskriterien (z. B. Prämissen und Finanzkennzahlen) sicher, berücksichtigt Risikogesichtspunkte und priorisiert einzelne Initiativen nach relevanten Kriterien und führt damit einen Wettbewerb um Mittel herbei.

6 Organisation

Das Portfoliomanagement liegt grundsätzlich in der Verantwortung des Strategiebereichs, der an den Vorstandsvorsitzenden berichtet. Eine wesentliche operative Rolle bei der Sicherstellung eines angemessenen konzerninternen Wettbewerbs um Mittel sowie zur Priorisierung der Projekte hat das Investitionskomitee, das unter Leitung des CFO steht. Die Prozessverantwortung hat das Konzerncontrolling. Jedes Vorstandsressort ist vertreten; weiterhin – soweit funktional erforderlich – das Risikocontrolling, Mergers und Acquisitions, die Rechtsabteilung etc. Das Komitee berät ab einem definierten Mittelabfluss alle Investitions- und Aufwandsprojekte, Desinvestitionen und Rechtsgeschäfte, sofern diese nicht im Rahmen der Mittelfristplanung vollumfänglich genehmigt sind. Es tagt monatlich und in dringenden Fällen ad hoc. Die Projektverantwortlichen haben gegenüber dem Komitee eine uneingeschränkte Auskunftspflicht. Das Komitee hat eine Blockadefunktion, wobei im Eskalationsfall durch den projektverantwortlichen Holdingvorstand der Gesamtvorstand angerufen werden kann.

7 Prozesse und Tools

Das Investitionskomitee kommt zu verschiedenen Projektreifegraden zusammen und prüft bereits in der Ideenphase strategischen Fit und überschlägige finanzielle Effekte der vorgeschlagenen Strategischen Initiativen bzw. Projekte. Voraussetzung für die Freigabe von Ressourcen für eine weitere Projektevaluation ist eine positive Beurteilung. Damit wird sichergestellt, dass ungeeignete Projekte keine Ressourcen binden, passende Projekte konsequent unterstützt werden.

In einer zweiten Stufe werden Businessplan, Wirtschaftlichkeitsberechnungen inkl. Szenarien und Gremienvorlagen auf Nachvollziehbarkeit, Transparenz, Risiko- und Portfoliogesichtspunkte, Finanzierbarkeit und Einhaltung von Konzernstandards geprüft. Erst nach Freigabe und Beschlussempfehlung erfolgt die Beratung und Beschlussfassung im Vorstand.

Im Zeitraum nach erfolgreicher Genehmigung durch die zuständigen Konzerngremien und bis zur erfolgreichen Inbetriebnahme oder zum Abschluss der Post-Merger-Integration ist eine regelmäßige Berichterstattung zu Meilensteinen und finanziellen Kennzahlen (Aufwands- und Investitionscontrolling) obligatorisch. Sie erfolgt im Rahmen der Monatsberichterstattung an den Vorstand und soweit zuständig gegenüber dem Aufsichtsrat. Nach Inbetriebnahme bzw. abgeschlossener Integration findet die Berichterstattung im Rahmen des normalen Geschäftsfeldreportings statt. Abb. 3 zeigt die Phasen und wesentlichen Prozesse des Investitionskomitees.

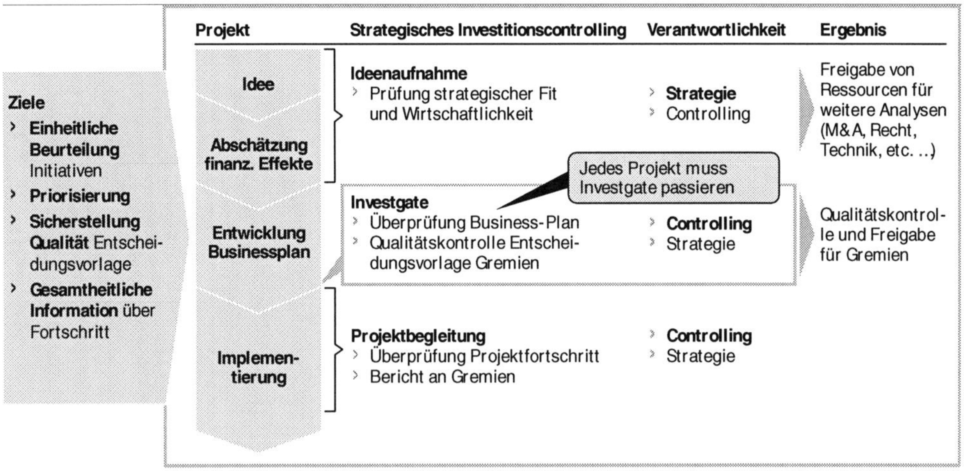

Abb. 3: Strategisches Investitionskomitee

Die Vergabe von Ressourcen, insbesondere Finanzmittel aber auch M&A-, Ingenieur- oder kaufmännische Kapazitäten, erfolgt nach einheitlich definierten Maßstäben. Grundlage für finanzielle Beurteilung ist in der Regel eine Berechnung nach DCF-Methode mit konzernweit verbindlichen Kapitalkosten (WACC-Methodik) die nach Wertschöpfungsstufen und Ländern differenziert vorliegen. Für Sachinvestitionen werden Kapitalwert, Kapitalrückflussdauer, modifizierte interne Verzinsung ermittelt. Für Finanzinvestitionen NPV, EVA und ROCE. Hierfür steht konzernweit ein einheitliches Tools zur Durchführung von Wirtschaftlichkeitsrechnungen und für Finanzinvestitionen ein Akquisitionsfilter zur Verfügung. Ab einer definierten Investitionssumme wird als zusätzliche Beurteilungsgröße eine integrierten Risiko/Renditeanalyse angewandt. Sie stellt ergänzend zur WACC-Methodik einen weiteren Baustein zur Fundierung der Entscheidungsfindung zur Verfügung, die sich insbesondere dadurch auszeichnet, dass durch die explizite Darstellung von Renditeerwartung und Risiken eine fundiertere Abwägung von Rendite und Risiko des jeweiligen Vorhabens vorgenommen werden kann und durch die durchführbare Portfoliobetrachtung eine Berücksichtigung der Auswirkung von Investitionsentscheidungen auf das Risikoprofil des Konzerns möglich wird.

Die Zusammensetzung und langfristige Investitionsverteilung des aktuellen Wachstumsportfolios ist Grundlage für eine erste grobe Priorisierung für neue oder konkurrierende Projekte. Daneben sind Investitionshöhe und aktuelle Finanzierbarkeit, Überrenditen (ROCE versus Kapitalkosten), Vorlaufinvestitionen und Zeitpunkt erstmaliger Ergebnisbeiträge vor dem Hintergrund der aktuellen Konzernergebnisse, Kapitalrückflussdauer, Gesichtspunkte der Risikodiversifikation (sichere Cashflows aus z. B. regulierten Geschäften versus Investitionen mit Preis- und Mengenrisiken) weitere Kriterien für eine Priorisierung der Projekte.

Zur weiteren Priorisierung und Erhärtung werden alle Strategischen Initiativen und Projekte in einem Excel-basierten Langfristmodell abgebildet. Ausgangsbasis dieses Tools ist die jeweilige Mittelfristplanung mit einem Horizont von 3 Jahren. Da typische Energie-Infrastrukturinvestitionen Lebensdauern von rund 40 Jahren haben, wird die Konzernergebnisentwicklung auf GuV- und Bilanzebene im Langfristmodell aktuell bis ins Jahr 2040 simuliert. Grundlage sind verschiedene Konzernszenarien, denen zukunftsorientierte Umfeldeinschätzungen zugrunde liegen sowie wesentliche bekannte Sachverhalte, wie z. B. auslaufende Strombezugsverträge, Stilllegung von Kraftwerken, Erkenntnisse zu Regulierungsperioden etc. Die Abbildung des gesamten Wachstumsportfolios und zusätzlicher Strategischer Initiativen oder neuer Projekte im Modell zeigt deren Auswirkungen auf die Konzernergebnisse und gibt weitere Hinweise für eine Priorisierung.

8 Zusammenfassung

Die EnBW hat in einem systematischen Strategieprozess die Grundlagen für die Unternehmensentwicklung zukunftsfähig festgeschrieben und in Strategischen Initiativen quantifiziert. Ein konzernübergreifendes Investitionskomitee verantwortet das Portfoliomanagement und sichert einen angemessenen Wettbewerb um Ressourcen. Auf Basis akzeptierter Prozesse und einheitlicher Beurteilungskriterien werden konkrete Investitionsentscheidung rasch analysiert, deren langfristige Auswirkungen auf die Konzernergebnisentwicklung auf Basis vereinbarten Prämissensets prognostiziert und zu Handlungsempfehlungen für die Entscheidungsgremien verdichtet. Eine Herausforderung ist die Weiterentwicklung des Langfristmodells zu einem „Online"-Tool, das innerhalb kürzester Fristen umfangreiche Simulationsvarianten ermöglicht und adressatengerecht darstellt.

Ergebnisse einer explorativen Umfrage des VDMA zum Portfoliomanagement

Sven Meyer, Hartmut Rauen, Meike Tilebein und Ronald Gleich

Dieser Beitrag beschäftigt sich mit der zusammenfassenden Planung, Steuerung und Kontrolle von Produkten – jedoch mit der Besonderheit zukünftige Produkte zu betrachten. Ein solches Portfoliomanagement für Innovationsprojekte soll sich durch Bewertung, Selektion, Streichung und Priorisierung neuer und bestehender Innovationsvorhaben auf eine geordnete Projektanzahl konzentrieren, eine strategisch ausgerichtete Verteilung knapper Innovationsressourcen vornehmen und so die Produktzukunft eines Unternehmens steuern. In einer Gemeinschaftsstudie des VDMA[1] und des SIIE[2] wurden der Status Quo und die Anwendungserfahrungen dieser Managementherausforderung im deutschen Maschinen- und Anlagenbau untersucht. Hierbei wurde insbesondere betrachtet, ob die geschickte Auswahl, Ordnung und das positive Zusammenwirken der jeweils aktiven Innovationsprojekte einen Mehrwert für den Innovationserfolg generiert. Dieser Beitrag stellt erste Einblicke und Auszüge der relevantesten Studienergebnisse vor.

1 Einleitung

Im Zeitraum von September bis November 2008 wurden insgesamt 700 deutsche Maschinen- und Anlagenbauer durch den Verband Deutscher Maschinen- und Anlagenbau e.V. (VDMA) und das Strascheg Institute for Innovation and Entrepreneurship (SIIE) der European Business School (EBS) zum Thema „Portfoliomanagement für Innovationsprojekte" schriftlich befragt.[3] Motivation dieser Gemeinschaftsstudie war es, relevante Managementherausforderungen im deutschen Maschinen- und Anlagenbau zu untersuchen.

So ermittelten vorangegangene Studien, dass sich das Strukturieren einzelner Innovationsprozesse in exakt definierte Phasen und das Vollziehen detaillierter Planungen von Kosten, Zeit und Informationen bereits bei vielen Unternehmen durchgesetzt hat und einzelne Innovationsprojekte somit weitestgehend sehr gut geplant und umgesetzt werden.[4]

---

1 Verband Deutscher Maschinen- und Anlagenbau e.V. (VDMA)
2 Strascheg Institute for Innovation and Entrepreneurship (SIIE) der European Business School (EBS)
3 Insgesamt wurden 51 Fragebögen beantwortet (Rücklaufquote: 7,3%).
4 Vgl. VDMA et al., Wachstumspotenziale im Maschinenbau, 2008.

Es zeigte sich jedoch, dass noch nicht alle Befragten ihre Innovationsprojekte zusammenfassend betrachten und untereinander akkurat bewerten und priorisieren. Hier wurde gemeinsam vom VDMA und dem SIIE praxisrelevanter Forschungsbedarf erkannt, der durch eine fokussierte Studie erstmalig untersucht werden sollte.

Der vorliegende Beitrag zeigt einen konzentrierten Ausschnitt der Studienergebnisse.[5] Zu Beginn werden in Kapitel 2 die Begriffsgrundlagen für ein einheitliches Verständnis gelegt. Kapitel 3 stellt anschließend die Bedeutung, Ziele und Besonderheiten des Portfoliomanagements von Innovationsprojekten vor. Kapitel 4 bildet den Einstieg in die Studienergebnisse, indem es durch einordnende Charakteristika einen Überblick gibt, welche Personen und Unternehmen sich an der Untersuchung beteiligt haben. In Kapitel 5 werden die Anwendungsverbreitung und die strategische Bedeutung des Portfoliomanagements von Innovationsprojekten untersucht. Detailliertere Einblicke in die Methoden und Kriterien für die Selektions- und Priorisierungsprozesse werden in Kapitel 6 gegeben. In Kapitel 7 wird untersucht, ob und wodurch sich erfolgreiches Portfoliomanagement für Innovationsprojekte auszeichnet. Den Abschluss bildet Kapitel 8 mit aus der Studie abgeleiteten Anregungen für das Portfoliomanagement von Innovationsprojekten.

2 Begriffsverständnis

Ein Studienbericht mit dem weit gefasst erscheinenden Untersuchungsthema „Portfoliomanagement für Innovationsprojekte" bedarf begrifflicher Ausgangspunkte, um ein einheitliches Verständnis sicher zu stellen und den Studienfokus abzugrenzen:

Innovation

Aus betrieblicher Sicht umfassen Innovationen maßgeblich neue absatzfähige Produkte und Dienstleistungen des internen und externen Leistungsangebots sowie neue Prozesse im unternehmerischen Wertschöpfungsprozess.[6] Ab welchem Neuerungs- bzw. Veränderungsgrad dabei von einer Innovation gesprochen wird, unterliegt der subjektiven Einschätzung der jeweiligen internen bzw. externen Betrachter.[7]

---

5 Für eine weitere und detaillierte Aufbreitung der Studie sei auf den finalen Studienbericht verwiesen, der über den VDMA zu beziehen ist.

6 Im weiteren Verlauf wird nicht explizit zwischen Produkt- und Dienstleistungsinnovationen unterschieden und einheitlich der Begriff „Produkt" verwendet. Untersuchungen legen nahe, dass sich das Portfoliomanagement in beiden Fällen nicht wesentlich unterscheidet (vgl. Killen et al., Project Portfolio Management for Product Innovation, 2008).

7 Vgl. Gleich et al., Controlling umsetzen, 2007.

Innovationsprojekte

Prozesse, die das Ziel haben Innovationen hervorzubringen, unterscheiden sich merklich von betrieblichen Routineprozessen und entsprechen selbst neuen, nicht standardisierten Vorgängen, die eine hohe Nichtlinearität, Arbeitsteilung, Komplexität und internes Konfliktpotential aufweisen können. Durch ihre Neuartigkeit und ihre zeitliche Begrenztheit sind sie als Innovationsprojekte organisiert, deren kennzeichnende Merkmale ihre innewohnende Erfolgsunsicherheit und das zeitliche Auseinanderliegen von Kosten und Erlösen sind. Sie können daher als Investitionsvorhaben aufgefasst werden, die sämtliche Schritte von der Ideengenerierung bis hin zur Platzierung verwertbarer Lösungen umfassen. Eine Steuerung dieser Schrittfolge erfolgt durch Fortführungs-, Abbruch-, Halte- oder Korrekturentscheidungen.[8] Ein idealtypischer Phasenverlauf eines Innovationsprozesses ist in Abb. 1 dargestellt:

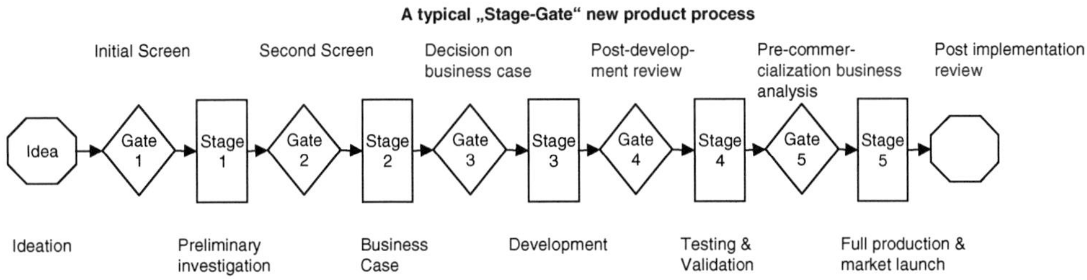

Abb. 1: Beispielhafter Innovationsprozess
Quelle: Cooper, Winning at New Products, 2001, S. 167.

Portfoliomanagement von Innovationsprojekten

Ein Innovationsprojektportfolio steht für die systematische Zusammenfassung der Innovationsprojekte eines Unternehmens. Die hiermit verbundenen Aktivitäten dienen der kontinuierlichen Planung, Koordinierung, Priorisierung (Kriterienfestlegung, Rangfolgenerstellung), Selektion (Abbruch-, Halte- bzw. Fortführungsentscheidungen) und Kontrolle der Projekte. Ein solches Portfoliomanagement steht hierbei für einen dynamischen Entscheidungsprozess, der die Liste der aktiven Innovationsprojekte kontinuierlich bewertet. Dabei werden neue Projekte evaluiert, ausgewählt oder abgelehnt und bestehende priorisiert und dementsprechend beschleunigt, zurückgestellt oder gestoppt, indem Ressourcen neu verteilt werden.[9] Die Aufgabe des Portfoliomanagements besteht somit in der Entwicklung und Pflege eines adäquaten Planungs-, Steuerungs- und Kontrollsystems für Innovationsprojekte.

---

8 Vgl. Gleich et al., Controlling umsetzen, 2007; siehe auch den Beitrag von Schepp/Herold/Schmahl in diesem Sammelband.

9 Vgl. Cooper et al., Portfolio Management for new Products, 2001; siehe auch den Beitrag von Geßner in diesem Sammelband.

3 Portfoliomanagement von Innovationsprojekten

3.1 Ziele des Portfoliomanagements von Innovationsprojekten

In der bestehenden Managementliteratur werden insbesondere folgende Ziele für das Innovationsprojektportfoliomanagement (IPPM[10]) identifiziert und beschrieben:[11]

Transparenz

Ein wichtiges Anliegen des IPPM liegt in der zusammenhängenden Sichtbarmachung des Bestands, der Arten, der Verflechtungen, der Stadien und der Ziele der Innovationsprojekte. Das Ziel liegt in der Loslösung von der Einzelbetrachtung hin zur Schaffung einer übergeordneten Transparenz durch eine aggregierte Gesamtbetrachtung.[12]

Balance

Ein angestrebter Mehrwert ist eine gewollte Ausgewogenheit der Projektgesamtheit, die anhand unternehmensindividueller Balancekriterien und der resultierenden Zusammenstellung zu realisieren ist. Kriterien können z. B. der Zeithorizont (Lang- vs. Kurzzeitprojekte), das Risiko (sicher vs. riskant), der Absatzfokus (Einzel- vs. verschiedene Märkte), die Technologie und die Innovationsart (radikal vs. inkrementell) sein.

Konzentration

Ein weiteres Ziel des IPPM ist die Beschränkung auf eine ausgewählte Innovationsprojektzahl, welche die realistische Umsetzung der anderen Portfolioziele ermöglicht. Es hat somit nicht nur die Aufgabe sämtliche Innovationsprojekte unter eine Betrachtung, sondern ebenfalls auf eine realisierbare Anzahl zu bringen.

Wertmaximierung

IPPM hat zum Ziel den Wert der betrachteten Projektgesamtheit zu maximieren. Die hierbei zu Grunde gelegten Wertmaßstäbe und -ziele sind unternehmensindividuell (z. B. Wachstum, Return on Investment, Erfolgswahrscheinlichkeit etc.).

Strategieumsetzung

Das Portfoliokonzept soll die vorgegebene Innovationsstrategie durch Priorisierung, Selektion und entsprechender Ressourcenverteilung auf die Innovationsprojektlandschaft herunterbrechen. Das Ziel ist, die Projektgesamtheit so zu gestalten und zu steuern, dass die Strategie abgebildet und damit umgesetzt wird.

---

10 Im weiteren Verlauf wird das Kürzel „IPPM“ stellvertretend für den Begriff „Innovationsprojektportfoliomanagement“ verwendet.

11 Vgl. Cooper et al., Portfolio Management for new Products, 2001; Levine; Project Portfolio Management, 2005; siehe auch die Beiträge von Geßner und Reindel in diesem Sammelband.

12 Siehe auch den Beitrag von Harland in diesem Sammelband.

Die erwähnten Zielsetzungen sind nicht abschließend und beinhalten untereinander Konfliktpotenzial. Letztendlich muss jedes Unternehmen durch sein Verständnis und seine Umsetzung des Portfoliokonzepts hier eigene Schwerpunkte setzen. Für die Studie bildeten die Ziele den Ansatzpunkt und den Rahmen für die Erhebung und Interpretation der Daten.

3.2 Besonderheiten des Portfoliomanagements von Innovationsprojekten

Portfolioansätze existieren für verschiedene Einsatzbereiche (z. B. Wertpapiere, Produkte etc.).[13] Innovationsprojektportfolios weisen im Vergleich hierzu jedoch einige Besonderheiten auf:[14]

Zukunftsbetrachtung

Ein markantes Charakteristikum von Innovationsprojektportfolios ist, dass sie nicht bereits existierende Elemente (z. B. Wertpapiere, Marken, Produkte etc.) beinhalten, sondern sich in Entwicklung befindende Leistungen, die sich erst in der Zukunft erfolgswirksam auswirken. Statt „Fertiges" managen zu können, wird hier „Zukünftiges" geplant und gesteuert. Die Herausforderung liegt darin, „jetzt" schon die Produktzukunft eines Unternehmens zu managen.

Datengüte

Traditionelle Portfolios verfügen meist über einen gesicherten Kenntnisstand. Die Daten der Elemente liegen bereits vor oder können einfach erhoben werden (z. B. Wertpapierzahlungsprofile). Ein Innovationsprojektportfolio hingegen betrachtet zukünftige Leistungen. Die Datenerhebung ist hier vage, schwierig und unsicher und muss größtenteils prognostiziert werden. Trotzdem müssen letztendlich auf dieser Basis bereits Entscheidungen getroffen werden.

Dynamisches Umfeld

IPPM findet in einem sich ständig verändernden Umfeld statt, in dem stets neue Erkenntnisse aus Studien, Markteinschätzungen, neue Projektideen, Techniktests oder Ähnlichem zu Projekt- und Portfolioneubewertungen führen können. Eine direkte langfristige Planungssicherheit ist nicht gegeben, stattdessen kann häufiges und schnelles Entscheiden bzw. Eingreifen nötig sein.

Projektstatusvielfalt

Eine weitere Besonderheit besteht in den verschiedenen Fertigstellungsstadien der Portfolioelemente. So werden Innovationsprojekte, die noch in sehr frühen Phasen sind, in denen alles noch sehr vage ist, bis hin zu Projekte in finalen Einführungsphasen, in denen bereits sehr zuverlässig geschätzt und geplant werden kann, parallel betrachtet. Es müssen also Vergleiche und Priorisierungen von Projekten in verschiedenen Phasen mit unterschiedlich verlässlichen Informationsständen vollzogen werden.

---

13 Siehe auch die Beiträge von Oelsnitz/Nirsberger und Schepp/Herold/Schmahl in diesem Sammelband.

14 Vgl. Cooper et al., Portfolio Management for new Products, 2001.

Interdependenzen

Eine weitere Besonderheit ergibt sich daraus, dass Innovationsprojekte sich gegenseitig bedingen können. So sind Projekte als Vorstufe für andere Innovationsprojekte möglich bzw. beeinflussen die Entwicklungen in anderen Projekten. Dies bedeutet, dass Innovationsprojekte nicht unabhängig voneinander betrachten werden können, sondern z. B. Synergieeffekte, Technologiefortschritte aber auch Doppelarbeiten gezielt bei Entscheidungen berücksichtigt und gesteuert werden müssen.

Die beschriebenen Punkte stellen Herausforderung für das IPPM dar, denn die Anwendung von Methoden und Instrumenten eines „normalen" Portfoliomanagements muss unter Berücksichtigung bzw. Anpassung an diese Besonderheiten erfolgen.

3.3 Bedeutung des Portfoliomanagements von Innovationsprojekten

Das IPPM dient der Sicherstellung des zukünftigen Produktangebots eines Unternehmens. Ein Nichtbeachten oder nicht stringentes Zusammenfassen und gemeinsames Steuern von Innovationsprojekten birgt daher Gefahren für den Unternehmenserfolg:[15]

Projektinitialisierung

Eine fehlende Formalisierung bei der Projektinitialisierung hat zur Folge, dass neue Innovationsvorhaben ohne Überprüfung des Fits (z. B. Ressourcen, Interdependenzen) zur Liste der aktiven Projekte hinzugefügt werden. Dies kann zu schwach ausgesuchten Projekten in der Pipeline führen (z. B. Modifikationen statt angestrebten Neuentwicklungen), welche Ressourcen den „richtigen" Projekten entziehen, die wiederum verschleppt, behindert oder sogar hinfällig werden. Ein mögliche Folge ist, dass wenige gute Produkte in den Markt gebracht werden, dafür jedoch viele mittelmäßige.

Projektpflege

Ein wichtiger Bestandteil des IPPM sind Fortführungs-, Halte- oder Abbruchentscheidungen bei aktiven Projekten. Sind hierfür keine Kriterien festgelegt oder werden die Entscheidungen nicht konsequent an diesen ausgerichtet, besteht die Gefahr, dass initiierte Projekte nicht mehr im Gesamtkontext bewertet und unkontrolliert weitergeführt werden. Eine realisierbare Projektanzahl und Ressourcenverteilung wird so unmöglich. Dies führt zu Warteschlangen in der Produktpipeline, und die Prozesszeiten („time to market") verlängern sich. Dies birgt die Gefahr der Verringerung der Ausführungsqualität und erhöhter Misserfolgszahlen (z. B. Ausfall von Vor- und Marktstudien, um den Projektmehraufwand zu realisieren).

---

[15] Vgl. Cooper et al., Portfolio Management for new Products, 2001; siehe auch den Beitrag von Geßner in diesem Sammelband.

Kriterienqualität

Eine weitere mögliche Gefahrenquelle steckt in der Auswahl der zugrunde gelegten Methoden und Kriterien des IPPM. Es kommt hier auf die Kriterieneignung an. Die Gefahr besteht in politischen, emotionalen und meinungsbildenden statt objektiven Kriterien, denn ineffiziente Initialisierungs-, Fortführungs- und Abbruch- bzw. Selektions- und Priorisierungsentscheidungen können zu unbedeutenden Innovationsprojekten in der Pipeline führen. Dies mündet in einem Mangel an profitablen und bedeutsamen Projekten bzw. letztendlich gewinnbringenden Produkten.

Strategieumsetzung

IPPM dient insbesondere dazu, eine vorgegebene Innovationsstrategie auf die Projektlandschaft herunterzubrechen. Ohne IPPM fehlt eine Verankerung von strategischen Kriterien und somit Ausrichtung in der Gesamtbetrachtung. Es droht die Gefahr der Aufnahme strategisch irrelevanter oder sogar hinderlicher Projekte (z. B. simple Modifikationen statt angestrebter Neuentwicklungen) in die Produktpipeline. Im Resultat widersprechen die Innovationsausgaben dann den strategischen Prioritäten.

In den aufgeführten Punkten wurden die Installation, die Anwendung und die Güte von Methoden und Kriterien als relevante Inhalte des IPPM beschrieben. Sie bilden daher ebenfalls einen Schwerpunkt der Studie.

4 Charakteristika der befragten Studienteilnehmer

Bevor auf detaillierte Studienergebnisse in Bezug auf das IPPM eingegangen wird, soll vorausgehend eine Einordnung der antwortenden Personen (Position, Bereich) und der Unternehmen anhand des Merkmals Größe (Umsatz, Mitarbeiter) sowie Innovationscharakteristika vorgenommen werden.

Antwortende

Die Qualität der Antworten kann insgesamt als sehr gut betrachtet werden, da sich überwiegend Entscheider in Leitungspositionen (Vorstand/Geschäftsführung (33 %), Bereichs-/ Abteilungsleitung (35 %)) beteiligt haben, die insbesondere aus den Bereichen Strategie- und Unternehmungsplanung (34 %) sowie Forschung und Entwicklung (37 %) kamen. Der ebenfalls stark vertretene Bereich Marketing und Vertrieb (15 %) signalisiert, dass IPPM auch unter dem Aspekt der Kundenorientierung gesehen wird.

Umsatzverteilung

Bei den beteiligten Unternehmen stellen kleine bis mittelständische Unternehmen die Mehrheit. So haben 33 %[16] der Unternehmen einen Umsatz bis 50 Millionen Euro und 27 % einen Umsatz von 51 bis 250 Millionen Euro. Die prozentualen Beteiligungen von Unternehmen mit höheren Umsatzzahlen liegen bei 11 % (251 – 500 Millionen), 9 % (501 – 1.000 Millionen) und 20 % (über 1.000 Millionen). Über alle Unternehmen hinweg liegt die dabei durchschnittlich erzielte Umsatzrendite bei 7 %.

Mitarbeiterverteilung

Die Ausgeprägtheit von kleinen und mittelständischen Unternehmen setzt sich bei der Betrachtung der Beschäftigungszahlen fort. So beschäftigen 37 % der befragten Unternehmen 250 oder weniger Mitarbeiter. Insgesamt jeweils fast ein Viertel (je 24 %) beschäftigt zwischen 251 und 1.000 sowie 1.001 bis 5.000 Mitarbeiter, während 16 % mehr als 5.000 Mitarbeiter haben. Über alle Unternehmen hinweg liegt die durchschnittliche Mitarbeiterzahl bei 2.273.

Innovationscharakteristika

Der durchschnittliche Innovationsaufwand im Verhältnis zum Umsatz über alle Unternehmen hinweg beträgt 7 % und liefert einen Eindruck über die beigemessene Bedeutung des Hervorbringens von Innovationsleistungen. Der durchschnittliche Innovationszyklus von 36 Monaten legt nahe, dass alle 3 Jahre Innovationen erwartet werden. Jedoch liegt die Dauer eines Innovationsprojektes mit 20 Monaten im Durchschnitt unter diesem Wert. Über alle Teilnehmer hinweg wurden innerhalb der letzten 3 Jahre im Durchschnitt 8 Innovationsprojekte mit durchschnittlich 9 Beteiligten auf den Markt gebracht.

5 Status Quo und Bedeutung des Portfoliomanagements von Innovationsprojekten

5.1 Anwendung und beigemessene strategische Bedeutung

Zuerst wurden die Unternehmen gefragt, ob sie Innovationsprojekte tatsächlich zusammenhängend in einem oder mehreren Portfolios betrachten. Hierbei gaben 41 % an, keinen Portfolioansatz für Innovationsprojekte zu verfolgen. Dieser hohe Anteil überrascht, obwohl er die Einschätzung des SIIE und des VDMA, dass hier ein Nachholbedarf im Innovationsmanagement besteht, bestätigt. Die Unternehmen, die ihre Innovationsprojekte nicht unter- bzw. gegeneinander managen, riskieren die in Kapitel 3 beschriebenen Bedrohungen und verzichten auf den Mehrwert einer Portfoliobetrachtung.

[16] Prozentangaben wurden entsprechend gerundet.

In Anbetracht der nicht durchgehenden Verbreitung des IPPM stellt sich die Frage, ob die Nachteile der Nichtanwendung bzw. Vorteile der Anwendung überhaupt bewusst sind. Dass die Unternehmen sich mit der Thematik auseinandergesetzt haben, zeigt die Einschätzung der zukünftigen strategischen Bedeutung in Abb. 2.

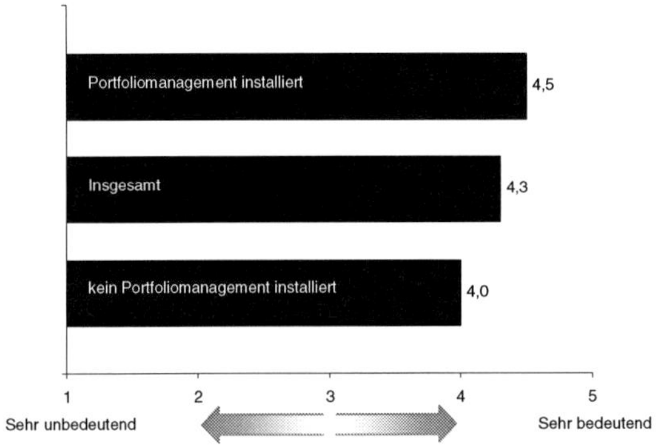

Abb. 2: Beurteilung der zukünftigen strategischen Bedeutung

So wird dem Konzept insgesamt im Durchschnitt mit einem Wert von 4,3 eine hohe zukünftige Bedeutung beigemessen. Bei einer zusätzlichen Aufschlüsselung in bereits anwendende und aktuell nicht anwendende Unternehmen, schätzen Erstere die zukünftige Bedeutung durchschnittlich mit 4,5 sehr hoch und nicht anwendende Unternehmen mit durchschnittlich 4,0 ebenfalls noch als hoch ein. Somit kann davon ausgegangen werden, dass man sich der Relevanz des IPPM bewusst ist und es als Managementthema erkannt wurde.

Wie beurteilen jedoch bereits anwendende Unternehmen die aktuelle strategische Bedeutung des IPPM? Decken sich die in der Praxis gemachten Erfahrungen mit den ursprünglichen Erwartungen? Die verantwortlichen Führungspositionen (Vorstand/Geschäftsführung, Bereichs-/Abteilungsleitung) vergeben hierzu im Durchschnitt eine Bewertung mit einem Wert von 4,0 und zeigen, dass sie ihre Einschätzung der strategischen Bedeutsamkeit auch nach der Einführung der Portfoliobetrachtung weiterhin bestätigt sehen.

Doch worin genau sehen die Unternehmen die Bedeutung des Portfoliokonzepts? Die folgenden Abschnitte geben bewertete Aussagen hierzu wieder (vgl. auch Abb. 3):

Wettbewerbssituation/-position

Es zeigt sich, dass die befragten Entscheider mit einer durchschnittlichen Bewertung von 4,4 die höchste Bedeutung des IPPM in dem Erhalt bzw. Ausbau ihrer Wettbewerbsposition sehen. Da diese hauptsächlich durch die Kräfte Lieferanten, Abnehmer, Wettbewerber, Substitute und Marktattraktivität determiniert werden,[17] wird für das IPPM ein direkter Bezug zum Begegnen dieser vielfältigen und verwobenen Herausforderungen hergestellt.

---

17 Vgl. Porter, Competitive Strategy, 1998; siehe auch den Beitrag von Bach in diesem Sammelband.

Ressourcenverteilung

Mit durchschnittlich 4,2 wird die Notwendigkeit der priorisierten Ressourcenaufteilung bewertet. Dies beschreibt die mengenmäßige Problemstellung des ökonomischen Prinzips: Mit gegebenen Einsatz ein Maximum zu erzielen.[18] Übertragen auf den Innovationsbereich bedeutet dies, die beschränkt verfügbaren Innovationsressourcen (Personal, Zeit, Geld etc.) möglichst effizient und effektiv einzusetzen, um einen maximalen Innovationsoutput (quantitativ, qualitativ) zu erhalten. Daher muss durch Einteilungen dafür Sorge getragen werden, dass gemessen an internen Vorgaben die richtigen Innovationsprojekte zur richtigen Zeit mit den richtigen Ressourcen ausgestattet werden. Die hohe Bewertung zeigt, dass das IPPM hierfür als Konzept erkannt wird.

Strategieumsetzung

Ebenfalls hoch wurde mit durchschnittlich 4,0 die Innovationsprojektselektion als Mittel zur Umsetzung der Geschäftsstrategie bewertet. Dieser Kernaufgabe des IPPM wird damit eindeutig ein positiver Beitrag beigemessen. Es zeigt sich, dass die Priorisierung und Selektion zum einen für die Kontrolle und Verteilung der knappen Ressourcen und zum anderen für die strategische Vorgabenumsetzung als bedeutend erkannt und bewertet wird.

Verknüpfung: Ressourcen und Strategieumsetzung

Die Abbildung der Strategie durch die Ressourcenaufteilung liegt mit einem durchschnittlich vergebenen Wert von 3,6 unter den vorangegangen Einschätzungen. Die Verbindung der Strategie mit der Ressourcenaufteilung trägt hierbei dem Ansatz Rechnung, dass eine Strategieumsetzung erst dann beginnt, wenn erste Aufwendungen entstehen.[19] Das bedeutet, dass sich die strategische Umsetzung durch die Innovationsressourcen abbildet. Diese Verknüpfung scheint noch nicht allen Beteiligten bewusst zu sein.

Konzentration

Mit jeweils nur einer Bewertung von 3,5 im Durchschnitt wurde die Konzentration auf eine ausgewählte Anzahl von Innovationsprojekten gesehen. Diese Beurteilung zeigt, dass dieser Punkt nicht bei allen Befragten als bedeutsam angesehen wird. Jedoch sollte er nicht vernachlässigt werden, denn erst durch eine realisierbare Anzahl von Projekten ist eine sinnvolle Ressourcenverteilung möglich. Die Konzentration bezieht sich dabei nicht nur auf die Ressourcen, sondern dient dem Erhalt der Transparenz und der strategischen Fokussierung. Dabei muss jedes Unternehmen individuell entscheiden, welche Projektanzahl es als wünschenswert bzw. realisierbar betrachtet.

---

[18] Vgl. Wöhe et al., Einführung in die Betriebswirtschaftslehre, 2008.

[19] Vgl. Cooper et al., Portfolio Management for new Products, 2001.

Balance

Die Balancierung wurde im Durchschnitt mit 3,4 bewertet. Dies überrascht, denn die Ausbalancierung der Elemente entspricht der ursprünglichen Intention der ersten Portfolioansätze – durch gezielte Zusammenstellung von Finanzinstrumenten einen Ausgleich von Risiko und Rendite zu erzielen.[20] Unternehmen sollten diesen Aspekt des IPPM nicht geringschätzen und für ihr Innovationsprojektportfolio eigene Kriterien für die Ausgewogenheit wählen (z. B. kurz- vs. langfristig, riskant vs. sicher, radikal vs. inkrementell).

Abb. 3: Beurteilung der strategischen Bedeutung des IPPM

5.2 Beigemessene strategische Bedeutung der Tätigkeiten

Abb. 4 zeigt die durchschnittlichen Einschätzungen der Befragten bezüglich der strategischen Bedeutung von IPPM-Aktivitäten:

Strategische Selektion und Priorisierung

Es zeigt sich, dass die strategisch ausgerichtete Selektion und Priorisierung der Innovationsprojekte mit einem durchschnittlichen Wert von 4,3 als hoch bedeutsame Tätigkeit bewertet wird. Dies steht im Einklang mit den bisherigen Einschätzungen und dem Ziel, durch gezielte Auswahl einen kontinuierlichen erfolgreichen Nachschub gemäß strategischer Vorgaben in der Produktpipeline zu gewährleisten.

[20] Vgl. Markowitz, Portfolio Selection, 1952; siehe auch die Beiträge von Packmohr und Harland in diesem Sammelband.

Systematische Kontrolle

Die systematische Kontrolle der Projektgesamtheit wird mit durchschnittlich 4,1 als Zweithöchstes bewertet. Dieser Punkt betont die aggregierte Sicht bzw. erkannte Wichtigkeit, sich von der reinen Einzelprojektbetrachtung zu lösen, um zu klären, welche Projekte überhaupt mit welcher Zielsetzung und mit welcher Ressourcenbeanspruchung vorhanden sind (Transparenz). Die hohe Wertung unterstreicht die Bedeutsamkeit der innovationsadäquaten Planung, Steuerung und Kontrolle der Gesamtbetrachtung.

Ressourcenengpässe

Die Berücksichtigung von Ressourcenengpässen ist eine der wichtigsten Aufgaben des IPPM. Sie wird ebenfalls als bedeutend erkannt, rangiert mit einem durchschnittlichen Wert von 3,9 jedoch nicht ganz auf dem Niveau der strategischen Selektion/Priorisierung und systematischen Kontrolle.

Projektvernetzung

Die Beachtung der Vernetzung der Innovationsprojekte wird im Durchschnitt mit 3,8 bewertet. Diese noch positive Einschätzung zeigt, dass der Mehrwert der Vernetzung, negative Wechselwirkungen (z.B. Doppelarbeiten) aufzudecken und positive (z.B. Synergien) zu fördern, von den Befragten erkannt wird.

Budgetierung

Am geringsten mit einem Niveau von 3,5 wurde im Durchschnitt die Einhaltung der Budgetierung bewertet. Anscheinend wird der Einfluss des IPPM hier noch nicht erkannt. Schafft es doch, durch eine konzentrierte Anzahl von strategiekonformen Innovationsprojekten und der Berücksichtigung von Interdependenzen, die Voraussetzung für eine Budgetplanung der Gesamtbetrachtung. Unternehmen sollten daher insgesamt den Einfluss des IPPM auf die Budgeteinhaltung (auch der Einzelprojekte) berücksichtigen.

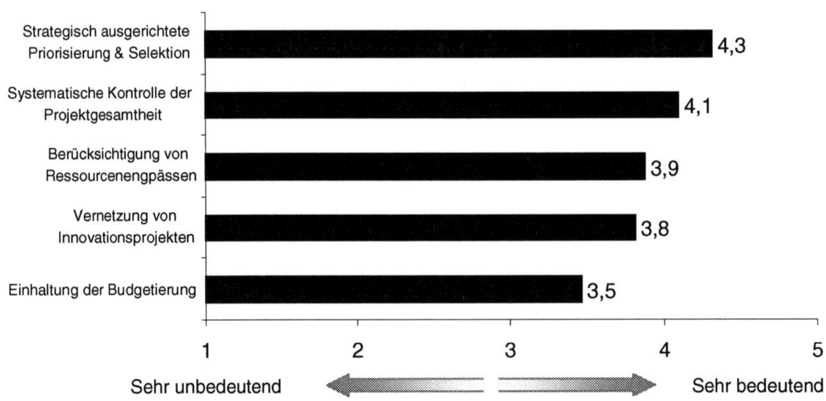

Abb. 4: Bedeutsamkeit der Tätigkeiten des IPPM

5.3 Ausprägungen des Einsatzes von Innovationsprojektportfolios

Nach den Einblicken in die Einschätzungen der Bedeutsamkeit des IPPM soll im Folgenden auf die tatsächlichen Ausprägungen von Innovationsprojektportfolios bei den befragten Unternehmen eingegangen werden.

Portfolioinhalt

Der Grundgedanke des IPPM besagt, dass sämtliche Projekte, welche Innovationsressourcen beanspruchen, einheitlich und zusammenfassend betrachtet werden sollten. Anhand der Einteilung der Innovationsprojektarten in: Neue Produkte, verbesserte Produkte (signifikant wettbewerbsrelevante Neuerungen), modifizierte Produkte (kundenspezifische Anpassungen) und neu konfigurierte Produkte (Kombination von Standardkomponenten) und der Aufnahme von Auftragskonstruktionen wurden die Unternehmen befragt, welche Innovationsvorhaben sie in ihrem Portfolio betrachten.

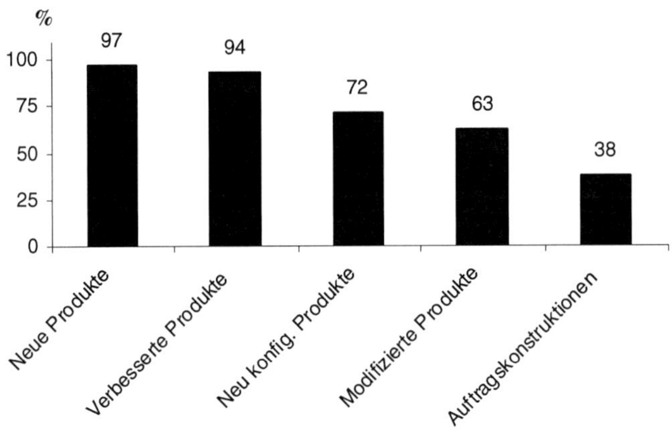

Abb. 5: „Welche Innovationsprojekte werden von Ihrem Portfoliomanagement erfasst?"

Abb. 5 zeigt, dass neue Produkte bei 97 % und verbesserte Produkte bei 94 % der Befragten in ein Innovationsprojektportfolio aufgenommen werden. Modifizierte und neu konfigurierte Produkte werden bei 72 % bzw. 63 % Prozent der Befragten berücksichtigt. Auftragskonstruktionen hingegen werden nur bei 38 % der Unternehmen in die Portfoliobetrachtung einbezogen. Es zeigt sich somit, dass obwohl die gleichen Ressourcen beansprucht werden, nicht alle Innovationsprojekte gleich berücksichtigt werden. Diese Ausnahmen werden im nächsten Punkt untersucht.

Ausnahmen

Gibt es Innovationsprojekte, die von einer Selektion ausgenommen werden? 22 % der Befragten gaben an keine Ausnahmen zu machen, wohingegen 78 % diese zulassen. Eine Übersicht und Verteilung ausgenommener Projekte zeigt Abb. 6:

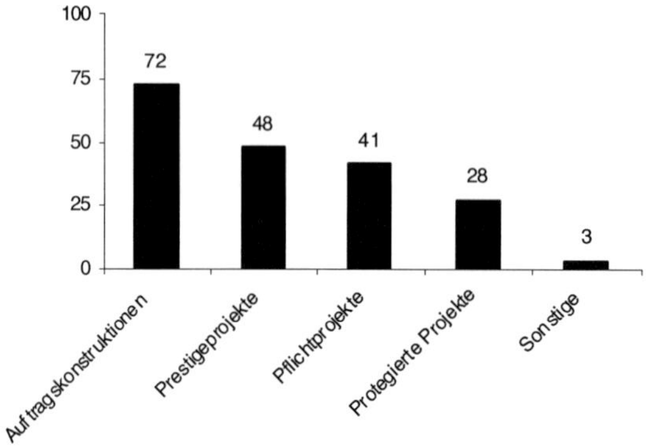

Abb. 6: Ausgenommene Innovationsprojekte (Angaben in %)

Es zeigt sich, dass Auftragskonstruktionen bei 72 %, Prestigeprojekte bei 48 %, protegierte Projekte bei 28 % und Pflichtprojekte bei 41 % der Unternehmen nicht dem Selektionsprozess unterworfen sind. Dennoch sollten generell Projekte nicht als Ausnahmen aus der gemeinsamen Betrachtungen herausgenommen werden, da dies zu einer verzerrten Ressourcensituation bzw. zu Abstimmungsbedarf zwischen berücksichtigten und nicht berücksichtigten Projekten führen kann. Stattdessen könnten „Ausnahmeprojekte" durch eine spezielle Priorisierung im Selektionsprozess geschützt und somit in der Portfoliobetrachtung integriert bleiben.

Portfolioüberprüfungen

Die Befragten wurden zusätzlich gebeten, anzugeben wie häufig sie eine Portfoliobewertung (Review) vornehmen.

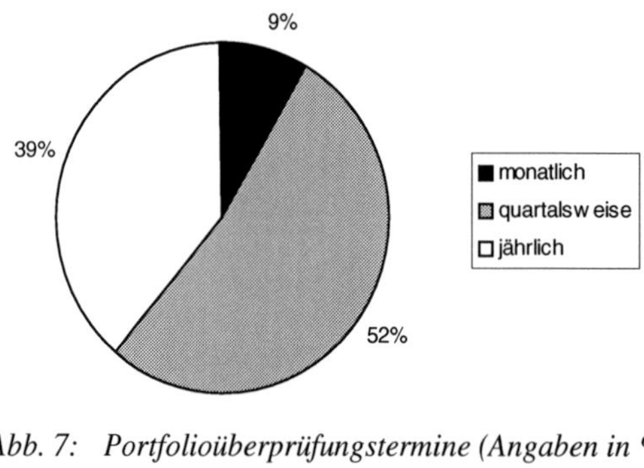

Abb. 7: Portfolioüberprüfungstermine (Angaben in %)

Abb. 7 zeigt, dass dies in etwas mehr als der Hälfte (52 %) quartalsweise und in 39 % der Fälle jährlich geschieht. Nur eine Minderheit mit 8 % der Befragten überprüft monatlich ihr Portfolio für Innovationsprojekte. Als Gründe für eine Betrachtung außerhalb der standardisierten Termine wurden insbesondere neue Projektvorschläge, Veränderungen der Ressourcensituation und Strategieänderungen angeführt.

Nachkontrolle

Ein weiterer Punkt, der in der Studie berücksichtigt wurde, ist die Bedeutung der Sicherung von Erfahrungswissen („lessons learned") im Rahmen des IPPM. Wie die befragten Unternehmen dieses Thema beurteilen ist in Abb. 8 dargestellt:

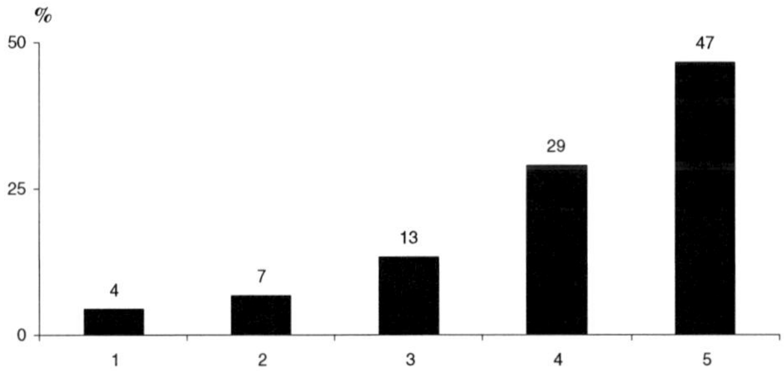

Abb. 8: Beurteilung des „lessons learned"-Ansatzes (Angaben in %)

So dominieren die Einschätzungen 4 und 5 (1 = sehr unbedeutend; 5 = sehr bedeutend) die Beurteilung der Relevanz einer Nachkontrolle. Die Frage jedoch inwieweit bzw. wann Innovationsprojekte tatsächlich einer Nachkontrolle unterzogen werden, beantworteten die Unternehmen wie folgt:

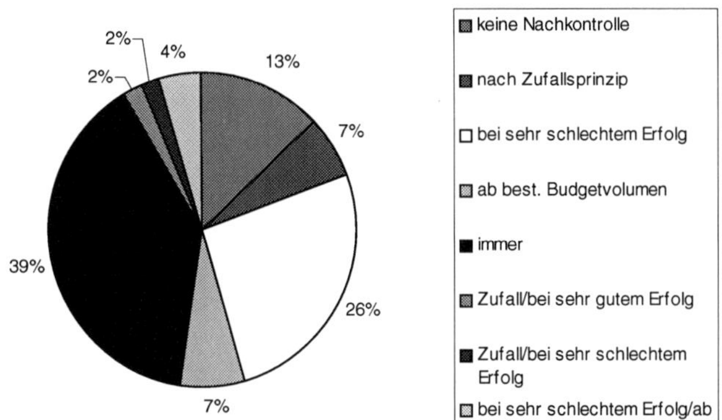

Abb. 9: „Wann erfolgt eine Nachkontrolle?" (Angaben in %)

Hier deckt sich in Teilen die Wertschätzung, welche mit dem „lessons learned"-Ansatz und dem Kontrollverhalten verbunden ist. So führen 39 % der befragten Unternehmen stets eine Nachkontrolle durch. Jedoch zieht etwas mehr als ein Viertel (26 %) der Befragten dies nur in Erwägung, wenn ein Projekt mit sehr schlechtem Erfolg abgeschlossen wurde. Jeweils 7 % verlassen sich auf Zufallskontrollen oder vollziehen eine abschließende Kontrolle nur ab bestimmten Budgetvolumina. 13 % vollziehen gar keine Nachprüfungen. Die Beurteilung der „lessons learned" zeigt, wie hoch seitens der Unternehmen dieser Ansatz bzw. die Erfahrungskonservierung gesehen wird. Die Situationen, in denen dies jedoch tatsächlich geschieht, sind sehr unterschiedlich und fallbezogen. Hier wären eine höhere Verbreitung und eine umfassendere Standardisierung zu empfehlen.

6 Ausprägungen der Anwendung des Portfoliomanagements von Innovationsprojekten

Nachdem deskriptive Charakteristika des IPPM aufgezeigt wurden, soll nun die Kernfunktion, der Selektions- und Priorisierungsprozess, betrachtet werden.

6.1 Kriterien der Selektion und Priorisierung

IPPM ist ein dynamischer Entscheidungsprozess über die aktiven Innovationsprojekte. Nach welchen Bewertungen erfolgt jedoch eine derartige Selektions- und Rangfolgenbildung, deren Resultat anschließend auf die Innovationsressourcen verteilt wird? Abb. 10 zeigt die von den Unternehmen herangezogenen Kriterien[21]:

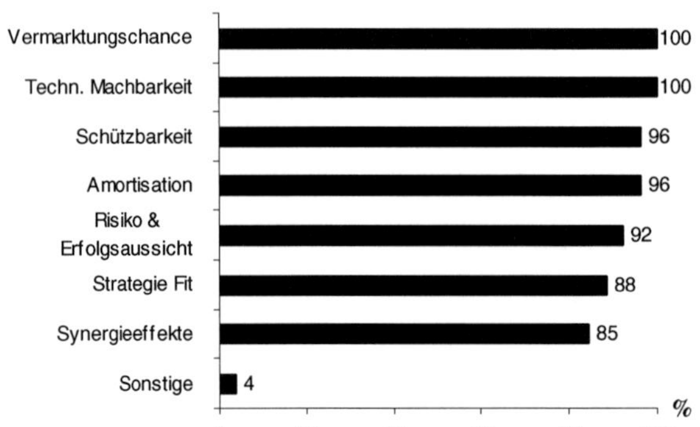

Abb. 10: Kriterien der Selektion und Priorisierung (Angaben in%)

[21] Hierbei ist jedoch zu beachten, dass es sich um Mehrfachnennungen handelt.

Es zeigt sich, dass Kriterien der marktbezogenen (externen) und der technologiebezogenen (internen) Sicht berücksichtigt werden. So finden die Vermarktungschance und die technische Machbarkeit bei jedem hierzu antwortenden Unternehmen Beachtung. Die Schützbarkeit der Projektergebnisse und die Amortisation eingesetzten Kapitals spielen jeweils bei 96 % der Beteiligten eine Rolle. Die Punkte Risiko und Erfolgsaufsicht verwenden 92 % der Antwortenden. Es sind sich jedoch noch nicht alle Unternehmen über den Mehrwert der Ausrichtung ihrer Projekte an der Strategie (88 %) und der Beachtung von Synergieeffekten (85 %) bewusst, obwohl dies ein erklärtes Ziel des IPPM ist. Dies spricht in diesem Fall dafür, dass die entsprechenden Unternehmen zwar IPPM betreiben, jedoch den eigentlichen Mehrwert nicht vollständig erfasst haben.

Insgesamt zeigen die Bewertungen, dass die befragten Unternehmen bereits sehr gut in den Kriterien aufgestellt sind. Lediglich eine Minderheit berücksichtigt noch nicht vollständig alle Kriterien. In diesen Fällen sollte in Erwägung gezogen werden, diese ebenfalls wichtigen Aspekte dem bisherigen Kriterienkatalog hinzuzufügen.

6.2 Methoden der Selektion und Priorisierung

Im vorherigen Abschnitt wurden die Kriterien bei der Selektion und Priorisierung der Innovationsprojekte untersucht. Doch welche Methoden und dazugehörenden Kennzahlen verwenden die Unternehmen, um ihre Projekte gemäß ihren Vorgaben zu bewerten?[22]

Bei der Betrachtung der Popularität der Methoden in Abb. 11 muss beachtet werden, dass die häufige Nennung einer Methode noch keine Aussagen über deren Wirksamkeit enthält. Daher wurde ebenfalls durch Abfrage der Nutzungsintensität die bevorzugteste Methode ermittelt (weiße Balken). Hierbei wurde eine Methode berücksichtigt, wenn sie die intensivste Bewertung erhalten hatte. Mehrfachnennungen sind hier zwar ebenfalls möglich, jedoch beziehen sich die Prozentangaben direkt und einzig auf die beurteilte Methode. Die Bewertungen zeigen den Unterschied zwischen Kenntnis einer Methode sowie deren Bevorzugung, welche einer Bewertung entspricht.

Methode der Realoptionen

Eine Betrachtung der Verteilung zeigt, dass die Methode der Realoptionen nur bei 24 % der Befragten bekannt ist und nur bei 8 % als Hauptbewertungsmethode Mitbeachtung findet. Realoptionen vergleichen die Handlungsmöglichkeiten für Investitionen (z. B. Verzögerung, Abbruch, Fortsetzung etc.) mit dem Auszahlungsprofil von Finanzoptionen (z. B. Put, Call) und verwenden an diese angelehnte Berechnungsverfahren (z. B. Binominal- und Black/Scholes-Modell) zur Investitionsbewertung.[23] Die geringe Anwendung kann ein Beleg dafür sein, dass sich die komplexe Anwendung der Realoptionen noch nicht in der Praxis durchgesetzt hat.

22 Siehe hierzu auch den Beitrag von Geuppert in diesem Sammelband.

23 Vgl. Gleich et al., Controlling umsetzen, 2007.

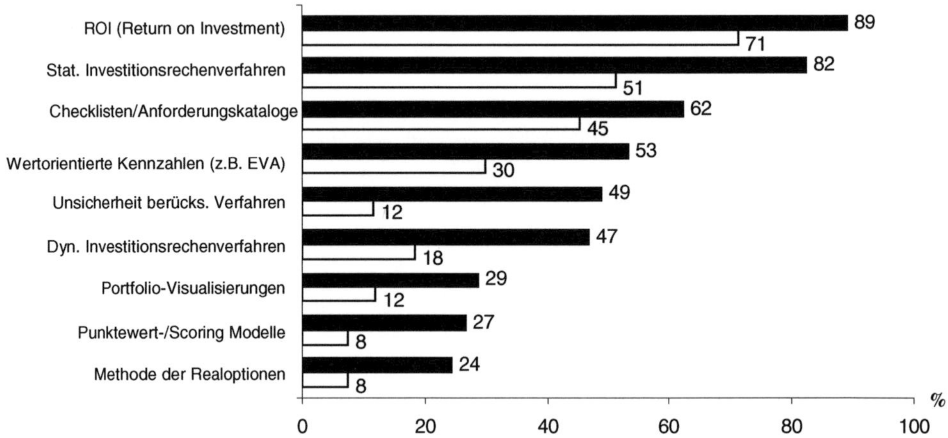

Abb. 11: Verwendete Methoden der Priorisierung und Selektion (Angaben in %)[24]

Punktewertverfahren

Die geringe Anwendung von Punktewertverfahren, Nutzwertanalysen bzw. Scoring-Modellen mit 27 % (bevorzugt 8 %) überrascht. Sie sind verständlich, einfach in der Handhabung und weitestgehend bekannt, da es sich um das gewichtete Bewerten von aufgestellten Kriterien zur Rangfolgenerstellung handelt.[25] Eventuell spielt hier der Gedanke eine Rolle, dass eine zu simple Methode mit eventuell subjektiv ausgewählten Kriterien für eine Investitionsentscheidung nicht geeignet ist. Jedoch sollte diese Methode nicht zu gering geschätzt werden. Zum einen, weil sich mit den einzusetzenden Kriterien auseinander gesetzt werden muss, und zum anderen, da auch qualitative, nicht berechenbare Aspekte berücksichtigt werden können. So sollten Nutzwertverfahren als zusätzliche Unterstützung anderer Methoden herangezogen werden.

Portfolio-Visualisierungen

Die geringe Anwendungsverbreitung von Portfolio-Visualisierungen mit 29 % überrascht ebenfalls. Auch diese Bewertungsmethode ist in der Anwendung einfach zu verstehen und zu handhaben. Die Bekanntheit ist durch Standardbeispiele (z. B. das Marktattraktivität/ Marktwachstum-Portfolio (BCG-Consulting-Portfolio)) weitestgehend gegeben.[26] Die Sichtbarmachung von Entscheidungspunkten bzw. -feldern verdeutlicht dabei auch schwer zugängliche Thematiken und sorgt für eine schnelle Aufnahme. Insbesondere qualitative

24 In Abbildung 11 ist zusätzlich zu beachten, dass Mehrfachnennungen vorgenommen wurden und die Angaben sich daher auf über 100 Prozent addieren können.

25 Siehe auch den Beitrag von Geßner in diesem Sammelband.

26 Siehe auch die Beiträge von Geßner, Harland und Schepp/Herold/Schmahl in diesem Sammelband.

und strategische Aspekte können damit eingebracht werden. Daher sollten Portfolio-Visualisierungen als zusätzliche Bewertungsmethode ebenfalls Berücksichtigung finden.

Dynamische Investitionsverfahren

Was ebenfalls überrascht, ist die relativ geringe Verbreitung von dynamischen Investitionsrechenverfahren (z. B. Vermögenswertmethoden: Kapitalwert-, Annuitäten- und Vermögensendwertmethode sowie dynamische Amortisationsrechnung; Zinssatzmethoden: Interne Zinssatz- und Sollzinsmethode) mit 47 %. Die dynamischen Investitionsrechenverfahren bewerten Projekte anhand finanzmathematischer Verfahren. Es werden Mindestverzinsungen oder Barwerte (diskontierte zukünftige Zahlungen) errechnet, anhand derer eine Rangfolge der Projekte durchgeführt wird. Sie besitzen den Vorteil den Zeitwert des Geldes zu berücksichtigen.[27] Daher überrascht die allgemein geringe Anwendungsverbreitung und die mit 18 % geringe Bevorzugung.

Wertorientierte Kennzahlen

Die Verbreitung von wertorientierten Kennzahlen (z.B. Economic Added Value; *EVA*[28]) liegt bei 53 %. Als eine der bevorzugtesten Methoden für Innovationsprojekte sehen sie 30 % der befragten Unternehmen an. Die Wertberechnung erfolgt hierbei anhand einer Gegenüberstellung der Kapitalerlöse und den damit zusammenhängenden Kapitalkosten. Ergibt sich ein positiver „Spread“, dann wird Wert geschaffen bzw. im gegenteiligen Fall vernichtet.[29] Wertorientierte Kennzahlen können daher verständlich und kommunizierbar zur Bewertung und Analyse von Innovationsprojekten eingesetzt und als Ergänzung zu bisherigen Methoden angewendet werden.

Unsicherheit berücksichtigende Verfahren

Bei 49 % der antwortenden Unternehmen sind Unsicherheit berücksichtigende Verfahren bekannt. Diese Verfahren setzten im Prinzip auf die dynamischen Investitionsrechenverfahren auf und versuchen deren Schwäche (Nichtberücksichtigung von Unsicherheit) auszugleichen. Interessant ist der Vergleich der Popularität und der Bevorzugung. So werden sie nur bei 12 % als bevorzugteste Methode eingesetzt. Unsicherheit berücksichtigende Verfahren sind aufwendiger und komplizierter in der Handhabung, bieten jedoch gerade im Vergleich zu den anderen Investitionsrechenverfahren die Möglichkeit im gewissen Maße Szenarien durchzuspielen und so die Entscheidungen zu präzisieren. Insbesondere bereits mit dynamischen Verfahren vertraute Unternehmen sollten sie daher als Ergänzung betrachten.

---

[27] Vgl. Gleich et al., Controlling umsetzen, 2007; siehe auch die Beiträge von Geßner und Schepp/Herold/Schmahl in diesem Sammelband.

[28] Die Bezeichnung „EVA“ ist durch die Beratung Stern, Stewart & Co. markenrechtlich geschützt.

[29] Vgl. Gleich et al., Controlling umsetzen, 2007.

Checklisten und Anforderungskataloge

Checklisten und Anforderungskataloge sind bei 62 % der Portfoliomanagement betreibenden Unternehmen in Gebrauch. Sie generieren keine Rangfolgen, sondern bedienen sich Kriterien (insb. qualitative) für Ja/Nein-Entscheidungen. Das vereinfacht ihre Anwendung und spricht insbesondere dafür sie als Filter vor anderen Methoden einzusetzen. 45 % der Befragten bevorzugen Checklisten und Anforderungskataloge. Sie sollten jedoch nicht singulär zur Anwendung kommen, sondern im Verbund mit anderen Methoden.

Statische Investitionsrechenverfahren

Statische Investitionsrechenverfahren setzen an den möglichen Kosten und Gewinnen von Projekten an. Die hohe Verbreitung von 82 % lässt sich sicherlich mit der einfachen Anwendung und der Verständlichkeit der Rechenverfahren begründen. Jedoch wird in der betriebswirtschaftlichen Literatur seit jeher darauf hingewiesen, dass einfache statische Investitionsrechnungen den Zeitwert des Geldes nicht berücksichtigen, da keine Diskontierung zukünftiger Zahlungsströme stattfindet und somit ein Teil der wirtschaftlichen Realität nicht berücksichtigt wird.[30] Daher überrascht die hohe Bevorzugung bei 51 % der Antwortenden und es sollte in Erwägung gezogen werden, statische Investitionsrechenverfahren jeweils mit anderen Methoden (z. B. dynamischen Verfahren) zu kombinieren.

Methoden des Return on Investment

Mit 89 % wurde die Methode des „Return on Investment“ (ROI, Kapitalrendite) als die verbreitetste Methode für die Selektion und Priorisierung von Innovationsprojekten bewertet. Bei 71 % der Befragten stellt sie ebenfalls eine der bevorzugtesten Methoden dar. Bei der Methode des ROI wird durch einen Rentabilitätsvergleich das Verhältnis von Gewinn und Kapitalbindung berechnet. „Return on Investment“ steht somit auch als Oberbegriff für Renditeverfahren bzw. -kennzahlen. Im Fokus steht die Frage, welche Kapitalrendite mit eingesetzten finanziellen Mitteln erzielt wird. Diese Verzinsung wird genutzt, um Rangfolgen und Auswahlentscheidungen (Mindestverzinsung) von Innovationsprojekten vorzunehmen. Als statisches Verfahren sollte eine simple Konzentration auf den ROI vermieden werden. So kann der ROI eine Entscheidungsgrundlage sein, sollte jedoch durch andere, insbesondere qualitative und risikoberücksichtigende, Methoden unterstützt werden.

30 Vgl. Wöhe et al., Einführung in die Betriebswirtschaftslehre, 2008.

7 Effektivität und Effizienz des Portfoliomanagements

Die bisherigen Studienergebnisse zeigten die Ausprägung und Anwendung des IPPM bei den teilnehmenden Unternehmen. In diesem Kapitel soll dessen Effektivität und die Effizienz untersucht werden. Hat eine Anwendung eine Auswirkung auf den Innovationserfolg? Hierfür wird zu Beginn ein Messkonzept für den Portfoliomanagementerfolg eingeführt und anschließend auf verschiedene Aspekte und Aussagen angewendet.

7.1 Erfolg des Portfoliomanagements von Innovationsprojekten

IPPM ist ein facettenreiches Konzept. Es unterscheidet sich von anderen Portfolioansätzen durch eine Vielzahl von Besonderheiten und durch teils individuelle und parallele Ziele (vgl. Kapitel 2) und bietet somit zahlreiche Ansatzpunkte für eine Erfolgsmessung.[31] Es existiert in diesem Sinne daher keine allgemeingültige einzelne IPPM-Erfolgskennzahl, wie z. B. die Rendite bei einem Wertpapierportfolio.

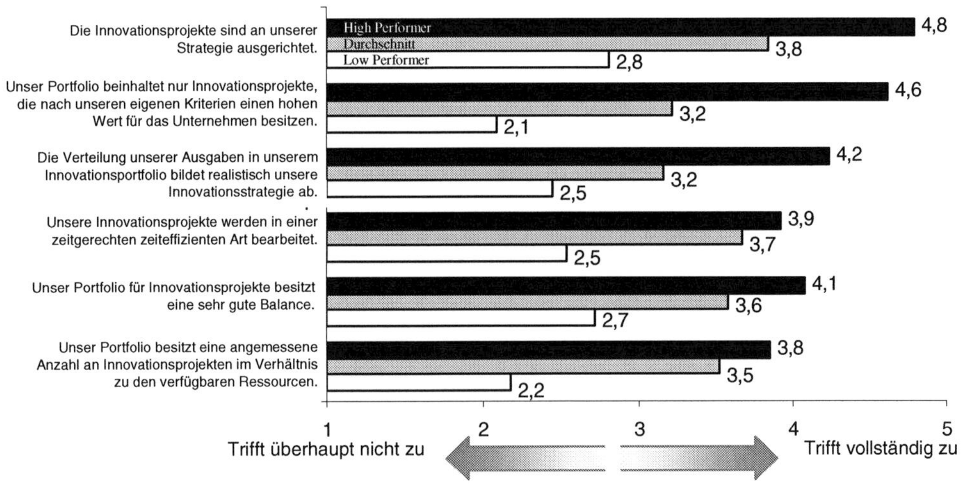

Abb. 12: Vorgenommene Performanzeinteilung

Zur Beurteilung der Güte eines Innovationsprojektportfolios wurde daher ein Konstrukt verwendet, welches sich in seiner Anwendung bereits in Studien auf dem nordamerikanischen[32] und australischen Kontinent[33] bewährt hat. Es handelt sich dabei um 6 Performanz-

[31] Siehe hierzu auch den Beitrag von Packmohr in diesem Sammelband.

[32] Vgl. Cooper et al., Portfolio Management for new Products, 2001.

[33] Vgl. Killen et al., Project Portfolio Management for Product Innovation, 2008.

einschätzungen, welche offenbaren, wie solide, wie ausgeprägt und wie erfolgreich ein Portfoliomanagementansatz für Innovationsprojekte betrieben wird. Dabei orientieren sich diese Einschätzungsmaße an den beschriebenen Zielen des IPPM (vgl. Kapitel 2).

Die an diesen Fragestellungen vorgenommene Selbstbeurteilung der Befragten ermöglicht eine Einschätzung der entsprechenden Portfolioperformanz und erlaubt eine Einteilung in Teilnehmer mit einer guten (obere 25 %), durchschnittlichen und schlechten Ausprägung (untere 25 %). In Abb. 12 sind diese 3 Gruppen durch die Bezeichnungen: High Performer, Durchschnitt und Low Performer gekennzeichnet.

Es zeigt sich, dass die High und Low Performer sich meist deutlich vom Durchschnitt unterscheiden. Noch offensichtlicher ist die Unterscheidung zwischen diesen beiden Gruppen. So dienen die High Performer als Vorbild, da sie an ihrer Strategie ausgerichtete Projektlandschaften mit hohem Wert (gemäß eigenen Kriterien) besitzen. Ihre Ausgaben spiegeln hierbei die strategischen Vorgaben wider. Des Weiteren übertreffen sie in der Bearbeitungs- bzw. Zeiteffizienz, Balancegüte und Konzentration die beiden anderen Gruppen.[34]

7.2 Überprüfung der Erfolgwirksamkeit

Bei den abgefragten Performanzmaßen handelt es sich um wahrgenommene Einteilungen und nicht um berechenbare Kennziffern. Anhand dieser Selbsteinschätzung wird im weiteren Verlauf überprüft, ob sich die Gruppen merklich in Formalisierung und Portfolioaussagen unterscheiden. Zuvor muss jedoch die Frage geklärt werden, ob die Selbstbewertungen der Befragten tatsächlich Erfolgsindikatoren sind. Um dies zu überprüfen wurden die 6 Einschätzungen auf eine Maßzahl verdichtet[35] und mit Erfolgsmaßen in Bezug gesetzt. Bei einem Portfolio für Innovationsprojekte bietet sich hier der Innovationserfolg an. Hierfür wurde überprüft, ob es einen signifikanten Unterschied der drei ermittelten Gruppen bezüglich dreier Erfolgsangaben gibt[36]: Der Prozentsatz erfolgreicher Innovationen gemäß eigener Einschätzung der Unternehmen, der Anteil von Innovationen am Gewinn sowie der Anteil am Umsatz in den letzten 3 Jahren. Die Abbildungen 13 bis 15 zeigen die Ergebnisse dieser Verknüpfung.

Es wird deutlich, dass das verdichtete Maß der Gruppe der Top Performer am stärksten mit den genannten Innovationsmaßen einhergeht und in allen drei Erfolgszahlen eine höhere Ausprägung vorweisen kann. Die Gruppe der Low Performer hingegen weist jeweils die geringste Ausprägung auf. Die Beziehung zwischen den sechs Performanzmaßen und dem Innovationserfolg wird daher als Gruppierungsmerkmal für weitere Einteilungs- und Analysezwecke verwendet.

---

[34] Siehe hierzu auch den Beitrag von Geßner in diesem Sammelband.

[35] Hierfür wurden die Mittelwerte der Einschätzungen gebildet. Vorher bestätigte eine Faktoranalyse der 6 Einschätzungsmaße, dass das Verdichten auf eine Maßzahl möglich ist.

[36] Vgl. Brown et al., Product Development, 1995.

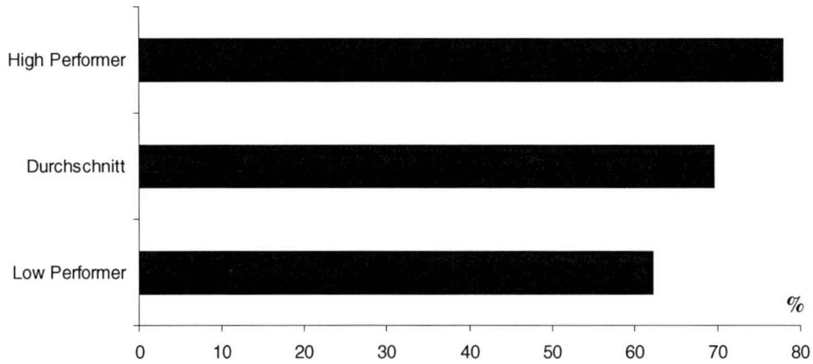

Abb. 13: Innovationskennzahl: Erfolg gemäß eigener Kriterien (Angaben in %)

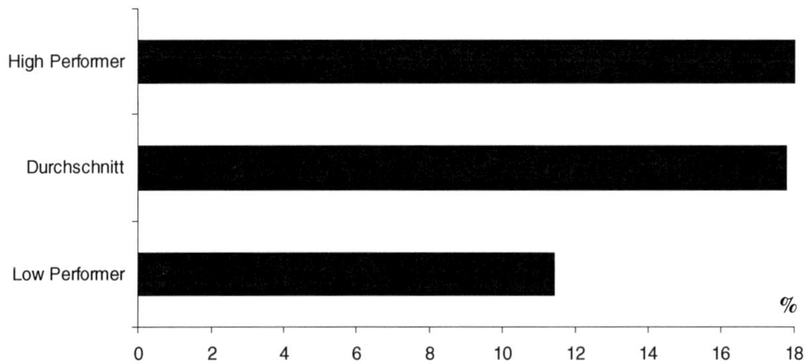

Abb. 14: Innovationskennzahl: Anteil am Umsatz innerhalb der letzten 3 Jahre (Angaben in %)

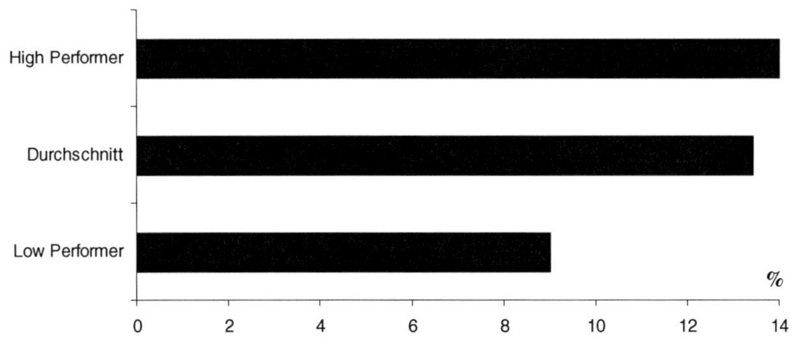

Abb. 15: Innovationskennzahl: Anteil am Gewinn innerhalb der letzten 3 Jahre (Angaben in %)

7.3 Erfolgseinteilung und Formalisierung

Die Anwendung der Einteilung anhand der Performanzmaße auf die Beurteilung der Formalisierung des IPPM der befragten Unternehmen ist in Abb. 16 dargestellt.

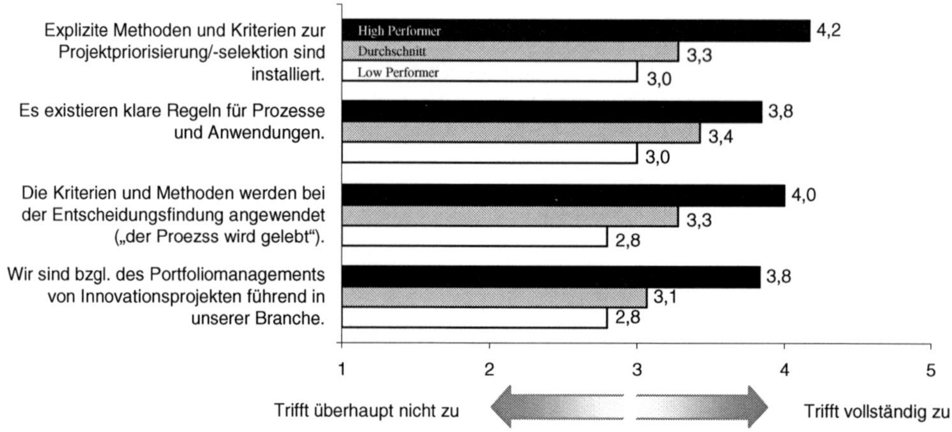

Abb. 16: Formalisierung des Portfoliomanagements von Innovationsprojekten

Die Formalisierung gibt an, mit welcher Ernsthaftigkeit das Konzept des Portfoliomanagements innerhalb eines Unternehmens betrieben wird. Die Installation klarer Methoden und Kriterien und die Regelung ihrer Anwendungen schaffen Transparenz, sprechen für eine Verankerung in der Organisation und signalisieren Top-Management-Unterstützung. Hier zeigt die Einteilung gemäß den Performanzkriterien, dass erfolgreiche Unternehmen eine ausgeprägte Formalisierung des IPPM pflegen.

Es wird weiterhin deutlich, dass die Gruppe der Low Performer wenig bis keine expliziten Methoden mit den entsprechenden Kriterien und dafür ausgelegten Anwendungsregeln installiert hat. Die niedrigste Einschätzung mit 2,8 wird sogar für die konsequent „gelebte" Anwendung gegeben. Demnach haben diese Unternehmen zwar ein Art Portfoliomanagement installiert, aber nicht explizit deutlich gemacht, welche Methoden und Kriterien in diesem Prozess verwendet werden sollen. Dementsprechend fehlt es an Regeln und einer Portfoliomanagementkultur.

Dabei ist insbesondere der Punkt des „gelebten" Portfoliomanagementprozesses ein wichtiger Faktor für den Erfolg des Konzepts. Die Installation eines Portfolioansatzes ist nur der erste Schritt, gefolgt von der Auswahl und Kommunikation der Anwendungsregeln. Jedoch erst das wirkliche durchgehende und demonstrative Anwenden und Engagement ermöglicht ein Funktionieren und langfristiges Etablieren des Ansatzes.

Die Einschätzung bezüglich der Frage, ob man im IPPM in der eigenen Branche führend ist, offenbart, dass keine Gruppe hohe Einschätzung vorgenommen hat. Dies kann zwar auf fehlende Vergleichsmöglichkeiten zurückgeführt werden, jedoch ist auch hier das Bild der Dreiteilung gegeben. Die Top Performmer schätzen sich hierbei im Vergleich nur geringfügig höher ein. Dies signalisiert, dass sie selbst bei ihrem bisherigen erfolgreichen Konzept noch Optimierungsmöglichkeiten sehen.

7.4 Erfolgseinteilung und verwendete Methoden

Nachdem der Zusammenhang zwischen Formalisierung und erfolgreichen IPPM untersucht wurde, soll nun die Methodenanwendung betrachtet werden. Hierfür wurden die befragten Unternehmen gebeten, zu verschiedenen Aussagen, die das IPPM in ihrem Unternehmen betreffen, eine beurteilende Stellungsnahme abzugeben. Abbildung 17 zeigt wiederum die Anwendung der Gruppeneinteilung auf diese Aussagen.

Auch hier zeigt sich wieder das Bild, dass die Top Performer tendenziell höhere Bewertungen abgegeben haben. Jedoch sind die Abstände insgesamt zwischen den Gruppen geringer ausgeprägt. Die Einschätzungen geben wider, wie die installierten Portfoliomanagementmethoden in der eigentlichen Anwendung aufgenommen werden:

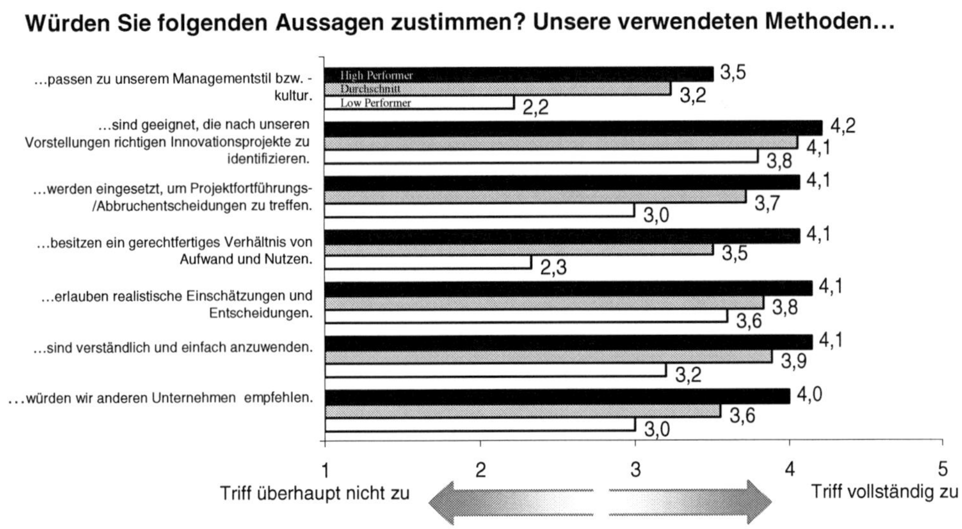

Abb. 17: Aussagen über die Methodeneignung

Managementstil und –kultur

Es wurde ermittelt, dass das „Leben" des Portfoliomanagementprozesses ein wichtiger Erfolgsfaktor ist. Dementsprechend sollten Methoden und Regeln installiert werden, die kongruent zum existierenden Managementstil bzw. -kultur sind. Bei der entsprechenden Aussagenbeurteilung ist das gewohnte Bild der Dreiteilung gegeben. Jedoch sind die Ausprägungen hier im Vergleich zu den anderen abgefragten Einschätzungen eher gering. Hier könnte ein Bedarf an passenden Methoden vorliegen.

Identifikation

Bei der Identifikation der richtigen Innovationsprojekte, gemäß eigenen Vorstellungen, schätzen sich alle Gruppen hoch ein. Demnach wird unabhängig von den Performanzeinteilungen kein Verbesserungsbedarf gesehen. Hier sollte insbesondere die Gruppe der Low Performer überdenken, ob diese Einschätzung im Einklang mit ihrem tatsächlichen Erfolg steht. Ansonsten besteht die Gefahr einer Überschätzung und es könnten Innovationsprojekte ausgewählt werden, die nicht dem Anspruch „richtig" entsprechen.

Fortführungs- und Abbruchentscheidungen

Fortführungs- oder Abbruchentscheidungen benötigen geeignete Methodenunterstützung. Bei der Einschätzung hierzu zeigt sich die gewohnte Dreiteilung. Dies spricht dafür, dass die Top Performer diese Problematik zufriedenstellend gelöst haben und die Low Performer Nachholbedarf bei der Anpassung bzw. Auswahl ihrer Methoden erkannt haben.

Aufwand/Nutzen-Verhältnis

Angewendete Methoden müssen nicht nur die jeweils „richtigen" Entscheidungen hervorbringen, sondern insbesondere praktikabel sein. Zwar ist bei diesem Punkt ebenfalls die zu erwartende Dreiteilung vorhanden, jedoch zeigt die Gruppe der Low Performer hier ihre zweitschlechteste Einschätzung mit 2,3. Demnach liefern ihre Methoden nicht nur unbefriedigende Ergebnisse, sondern besitzen zusätzlich ein schlechtes Verhältnis von Aufwand und Nutzen. Hier scheint ein dringender Optimierungsbedarf zu bestehen.

Realistische Einschätzungen

Das sich ergebende Bild zu diesem Punkt verwundert, denn hier vergibt die Gruppe der Low Performer ihre höchste Einschätzung. Dies steht im Widerspruch zu ihren Erfolgsbewertungen und sollte dementsprechend hinterfragt werden.

Leichte Anwendung

Eine leichte Anwendung der Methoden steht in Beziehung mit dem Aufwand/Nutzen-Verhältnis. Es bezieht sich aber mehr auf das Verständnis und damit der Akzeptanz der Methoden. Auch hier zeigt sich die Dreiteilung der Gruppeneinschätzungen. Insbesondere demonstriert die Einschätzung der Top Performer, dass erfolgreiche Methoden ebenfalls anwendbar sind und sein müssen.

Empfehlung

Bei der Einschätzung, ob die befragten Unternehmen ihre Methoden anderen Unternehmen empfehlen würden, zeigt sich zwar ebenfalls die gewohnte Aufteilung, jedoch sind die Einschätzungen generell auf einem niedrigen Niveau. Die Zurückhaltung bei der Weiterempfehlung deutet demnach an, dass die Unternehmen generell noch Raum für Verbesserungen bei ihren eigenen IPPM-Methoden sehen.

8 Implikationen für das Portfoliomanagement von Innovationsprojekten

Die vorgestellten Ergebnisse der Studie haben einen Einblick in die Praxis des IPPM bei den beteiligten Unternehmen des deutschen Maschinen- und Anlagenbaus gewährt. Es wurden verschiedene Aspekte analysiert und bewertet. Im Folgenden soll ein kurzer Überblick gegeben werden, welche Implikationen für das IPPM abgeleitet werden können.

IPPM wirkt

In der Studie konnte ein Bezug zwischen dem erfolgreichen Betreiben des Portfoliokonzeptes für Innovationsprojekte und dem Innovationserfolg aufgezeigt werden. Die Unternehmen, die die Schwierigkeiten einer Installation und insbesondere Etablierung eines Portfoliomanagementansatzes auf sich genommen haben, profitieren letztendlich von diesen Anstrengungen. Als Empfehlung sollte daher Unternehmen, welche noch kein IPPM betreiben, nahegelegt werden, eine zusammenhängende Betrachtung, Steuerung und Planung ihrer Innovationsprojektgesamtheit einzuführen.

Formalisierung ist ein entscheidender Faktor

Die Analyse mittels der sechs Performanzmaße hat gezeigt, dass Unternehmen, die explizite Methoden und Kriterien installiert haben und hierfür klare Regel und Prozesse verwenden, insgesamt eine bessere Portfolioperformanz mit höherwertigen Projekten, besserer Ausgewogenheit, besserer Konzentration und strategischer Ausrichtung besitzen. Ein wichtiger Punkt ist hierbei insbesondere, dass eine Formalisierung Klarheit und Transparenz für alle Beteiligten schafft. Die Empfehlung ist daher, den Prozess des IPPM zu standardisieren und zu formalisieren.

IPPM muss gelebt werden

Die angesprochene Installation und Formalisierung eines Portfolioansatzes für Innovationsprojekte sind erste Schritte. Für die Erfolgswirksamkeit der Umsetzung ist es jedoch essentiell, dass die Regeln und Prozesse auch „gelebt“ werden. Die Empfehlung muss daher sein, dass nach einer Installation insbesondere die Führungsebene die Portfoliomanagementkultur etabliert.

IPPM ist nicht auf den F&E-Bereich beschränkt

IPPM ist nicht einzig auf den F&E-Bereich beschränkt. Es müssen sämtliche direkt und indirekt betroffene Unternehmensbereiche von dem Konzept überzeugt und beteiligt werden (z. B. früher Einbezug des Marketings und Vertriebs, um die Kundenorientierung sicherzustellen).

Vollständige Berücksichtigung der Innovationsressourcen

Die Studie hat gezeigt, dass im Innovationsbereich eine Vielzahl von Ausnahmen von einer Portfoliobetrachtung existiert. Dies kann zu Verzerrungen und dem Verlust der Mehrwerte der zusammenhängenden Betrachtung führen (z. B. Synergieeffekte). Daher sollten diese Ausnahmen in die Portfoliobetrachtung integriert werden. Der Sonderstatus könnte z. B. durch eine entsprechende Priorisierung berücksichtigt werden.

Es existiert keine einzig „wahre“ Portfoliomanagementmethode

Die Studie zeigt, dass die Unternehmen eine Vielzahl von Bewertungsmethoden kennen und anwenden. Insbesondere finanzielle Methoden und Kennzahlen (ROI) erfreuen sich großer Beliebtheit. Jede Methode bietet jedoch Schwächen und Stärken. Daher ist die Empfehlung, dass mehrere Methoden kombiniert werden (z. B. finanzmathematische und qualitative Kriterien) und sich nicht nur auf eine Methode bzw. eine Ausrichtung von Methoden verlassen wird („Kennzahlengläubigkeit“).

Literatur

Brown, Shona L. / Eisenhardt, Kathleen M. (Product Development, 1995): Product Development: past research, present findings and future directions; in: Academy of Management Review, Vol. 20, No. 2, 1995, S. 343-378.

Cooper, Robert G. / Scott, J. Edgett / Kleinschmidt, Elko J. (Portfolio Management for new Products, 2001): Portfolio Management for new Products, New York 2002.

Cooper, Robert. G. (Winning at New Products, 2001): Winning at New Products: Accelerating the Process from Idea to Launch, Cambridge 2001.

Gleich, Ronald / Horvàth, Pèter / Voggenreiter, Dietmar (Controlling umsetzen, 2007): Controlling umsetzen, Stuttgart 2007.

Killen, Catherine P. / Hunt, Robert A. / Kleinschmidt, Elko J. (Project Portfolio Management for Product Innovation, 2008): Project Portfolio Management for Product Innovation; in: International Journal of Quality & Reliability Management, Vol. 25., No. 1, 2008, S. 24-38.

Levine, Harvey A. (Project Portfolio Management, 2005): Project Portfolio Management, San Fransisco 2005.

Porter, Michael E. (Competitive Strategy, 1998): Competitive Strategy. New York 1998.

Markowitz, Harry (Portfolio Selection, 1952): Portfolio Selection, in: Journal of Finance 7 (1952), S. 77-91.

VDMA; TMG; SIIE (2008): Wachstumspotenziale im Maschinenbau, Frankfurt am Main 2008.

Wöhe, Günter / Döring, Ulrich (Einführung in die Betriebswirtschaftslehre, 2008): Einführung in die Betriebswirtschaftslehre, München 2008.

Verzeichnis der Autorinnen und Autoren

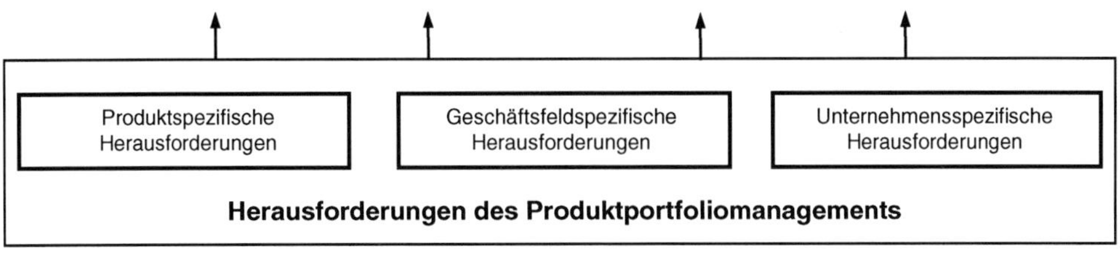

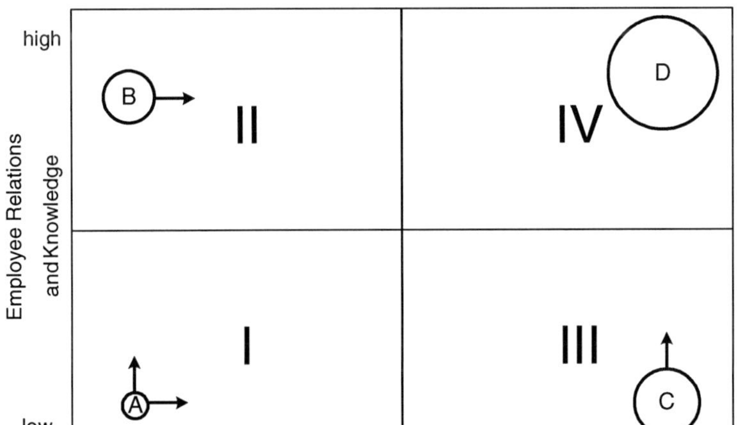

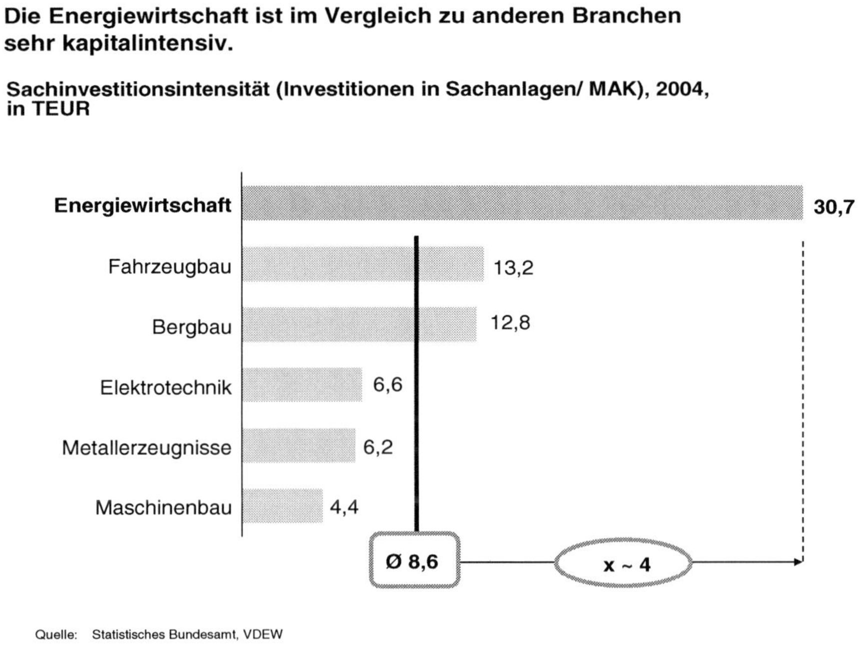

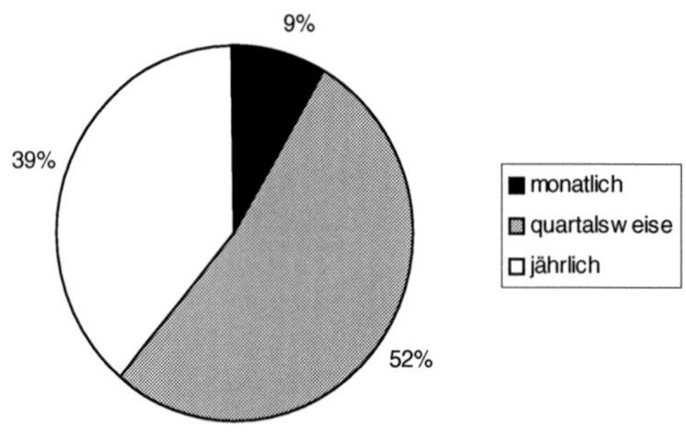

Verzeichnis der Autorinnen und Autoren

Verzeichnis der Autorinnen und Autoren

Dr. Jenny Amelingmeyer

Dr. Jenny Amelingmeyer ist als selbstständige Beraterin und Dozentin u.a. für das Strascheg Institute for Innovation and Entrepreneurship (SIIE) der European Business School (EBS) tätig. Ihr Arbeitsschwerpunkt liegt im Innovationsmanagement mit besonderem Fokus auf den Gebieten Strategisches Management, Forschungs- und Entwicklungsmanagement, Innovationsmarketing, Wissensmanagement und Projektmanagement.

Jenny Amelingmeyer hat Wirtschaftsingenieurwesen an der Technischen Universität Darmstadt studiert und dort am Fachgebiet für Technologiemanagement und Marketing promoviert.

Prof. Dr. Norbert Bach

Univ.-Prof. Dr. habil. Norbert Bach leitet seit 2008 das Fachgebiet Unternehmensführung und Organisation an der Technischen Universität Ilmenau und hält die Position eines Adjunct Professors an der Graduate School of Business der Curtin University of Technology, Perth/Australien. Darüber hinaus ist er Gründungsgesellschafter und Geschäftsführer der Unternehmensberatung excellence in change GmbH & Co KG, Gießen und Münster.

Nach dem Studium des Wirtschaftsingenieurwesens an der TU Darmstadt und Mathematik am Trinity College Dublin promovierte er bei Prof. Dr. Wilfried Krüger an der Justus-Liebig-Universität Gießen. Anschließend arbeitete er zunächst als Managementberater bei der CSC Ploenzke AG, bevor er seine akademische Laufbahn mit der Habilitation an der Justus-Liebig-Universität Gießen und einer Gastprofessur an der Graduate School of Business Curtin University of Technology fortsetzte.

Christian Geßner

Dipl.-Kfm. Christian Geßner ist wissenschaftlicher Mitarbeiter am Strascheg Institute for Innovation and Entrepreneurship (SIIE) der European Business School (EBS) und promoviert im Bereich des Innovationsmanagements.

Dr. Florian Geuppert

Dr. Florian Geuppert ist seit 2005 in verschiedenen Funktionen im Finanzbereich von „Products & Innovation" der Deutschen Telekom AG (ehemalige T-Online) tätig. Sein Schwerpunkt liegt auf der Konzeption von Systemen zur Unternehmens- und Portfoliosteuerung. Seit Juni 2008 ist er dort als Senior Vice President Product Performance Management für die Erstellung und Einführung einer konzernübergreifenden Produktergebnisrechnung (Mobilfunk, Festnetz, Portal-Geschäft) verantwortlich.

Vor seinem Eintritt in den Telekom-Konzern in 2003 als Executive Assistant to the CEO von T-Online war er Projektleiter und wissenschaftlicher Mitarbeiter an der Universität St. Gallen/HSG, an der er auch den Doktor der Wirtschaftswissenschaften im Bereich International Accounting & Controlling erlangte

Prof. Dr. Ronald Gleich

Professor Dr. Ronald Gleich leitet seit 2007 als Vorsitzender der Institutsleitung das Strascheg Institute for Innovation and Entrepreneurship (SIIE) der European Business School (EBS), das aus dem von ihm 2003 übernommenen Lehrstuhl für ABWL und Industrielles Management an der EBS hervorgegangen ist. Seit 2007 ist er zudem Geschäftsführer der EBS Executive Education GmbH. Seine Forschungsschwerpunkte sind das Innovationsmanagement sowie Performance Measurement und Controlling. Prof. Gleich ist Mitherausgeber von verschiedenen Fachzeitschriften (u. a. Controlling-Berater, Innovationsmanager) und Verfasser zahlreicher Bücher und Fachpublikationen.

Prof. Gleich hat 1998 an der Universität Stuttgart im Gebiet Controlling promoviert, die Habilitation an der Universität Stuttgart zum Thema „Das System des Performance Measurement" erfolgte im Jahr 2000. Von 1998 bis 2005 war er für die internationale Managementberatung Horváth & Partners als Leiter des Stuttgarter Büros und des Competence Centers „Controllingsysteme" tätig, seit 2002 als Partner.

Dr. Peter E. Harland

Dr. Peter E. Harland ist Gründer und Inhaber der Firmen Harland Media und Harland Consulting, sowie Herausgeber der Internetplattform www.innovationsmanagement.de. Dr. Harland ist zurzeit Vorstandsvorsitzender des pdma e.V., des deutschsprachigen Ablegers der Product Development and Management Association.

Dr. Harland hat an der TU Darmstadt Wirtschaftsingenieurwesen mit der technischen Fachrichtung Elektrotechnik studiert. Anschließend hat er bei Prof. Dr. Günter Specht im Bereich Innovationsmanagement promoviert. Dr. Harland wurden zahlreiche Lehraufträge der TU Darmstadt, der TU München und der BA Mosbach erteilt.

Robert Herold

Robert Herold arbeitet seit 2008 im Produkt Portfolio Management der Deutschen Telekom AG.

Davor war er im Rahmen eines internationalen Traineeprogrammes in verschiedenen Konzernbereichen u.a. im Portfolio Management der T-Mobile International und im Finanzbereich der T-Mobile USA tätig. Herr Herold hat an der Universität Potsdam und an der Stockholm School of Business Betriebswirtschaftslehre mit den Schwerpunkten Marketing und Internationales Management studiert.

Sven Meyer

Sven Meyer promoviert derzeit über „Portfoliomanagement für Innovationsprojekte“ (Arbeitstitel) als wissenschaftlicher Mitarbeiter im Competence Center Innovation Management des Strascheg Institute for Innovation and Entrepreneurship (SIIE) der European Business School (EBS) International University Schloss Reichartshausen.

Vor seinem Promotionsstudium arbeitete er als freier Mitarbeiter in der Executive Education der Innovation, Performance and Entrepreneurial Management Group GmbH (heute IPEM Academy GmbH) und als Projektmitarbeiter am Lehrstuhl für Industrielles Management der European Business School. Er hat zuvor an der Universität Mainz und der Dongbei University of Finance & Economics (Dalian, China) Betriebswirtschaftslehre mit den Schwerpunkten Marketing, Wirtschaftsinformatik und Finanzwirtschaft studiert. Während seines Studiums war er Mitgründer des Internetportals „e-stories.de“.

Ina Nirsberger

Dipl.-Wirt.-Inf. Ina Nirsberger ist Mitarbeiterin der Abteilung Organisation bei Merck Finck & Co, Privatbankiers in München und ist dort zuständig für das Projektmanagement im Bereich Prozessoptimierung. Darüber hinaus promoviert sie an der Technischen Universität Braunschweig am Institut für Organisation und Führung bei Univ.-Prof. Dr. Dietrich von der Oelsnitz zum Thema Marktaustrittsmanagement.

Zunächst absolvierte Frau Nirsberger eine Berufsausbildung zur Bankkauffrau bei der HVB Gotha/Erfurt. Nach dem Studium der Wirtschaftsinformatik an der Technischen Universität Ilmenau und einem halbjährigen Praktikum bei Daimler Fleet Management in Milton Keynes/ Großbritannien begann Frau Nirsberger 2006 am Lehrstuhl Strategische Unternehmensführung mit der Dissertation und Lehrtätigkeit, bevor sie ihre Laufbahn im Juni 2008 im Bankenbereich fortsetzte.

Prof. Dr. Dietrich von der Oelsnitz

Univ.-Prof. Dr. habil. Dietrich von der Oelsnitz leitet seit 2007 das Institut für Organisation und Führung an der Technischen Universität Braunschweig. Arbeitsschwerpunkte sind das strategische Management, Change Management, Teamforschung und Leadership. Er arbeitet in diversen Beratungsprojekten eng mit der unternehmerischen Praxis zusammen (insbes. Dienstleistungen und Automobil). Daneben ist er Begründer der Reihe Organisation & Führung im Kohlhammer-Verlag sowie Geschäftsführender Herausgeber der Zeitschrift für Management im Gabler-Verlag.

Nach dem Studium der Wirtschaftswissenschaften an der TU Braunschweig sowie der Betriebswirtschaftslehre an der Georg-August-Universität Göttingen erfolgte 1993 die Promotion. 1999 habilitierte er sich mit einer Arbeit über Marketingimplementierung und Unternehmenswandel. Von 1999 bis 2007 war er Leiter des Fachgebiets Unternehmensführung an der Technischen Universität Ilmenau.

Sven Packmohr

Dipl.-Kfm. Sven Packmohr ist wissenschaftlicher Mitarbeiter an der Universität Osnabrück am Fachgebiet für BWL, Organisation und Wirtschaftsinformatik. Er erstellt seine Dissertation zum Thema Portfolio-Management bei Prof. Dr. Uwe Hoppe.

Herr Packmohr hat an der Universität Lüneburg BWL mit Schwerpunkt Wirtschaftsinformatik studiert. Nach seinem Studium hat er zunächst bei Prof. Dr. Joachim Reese ein Projekt mit der Marmara Universität in Istanbul koordiniert. Zur Durchführung von qualitativen Experten-Interviews für seine Dissertation hat er sich als Gastforscher an der Königlich Technischen Hochschule zu Stockholm bei Prof. Nils Enlund aufgehalten. Herr Packmohr hat ferner das Diploma de Español como Lengua Extranjera abgelegt und ist zertifizierter Projektmanagement-Fachmann (IPMA/GPM).

Hartmut Rauen

Hartmut Rauen ist Mitglied der Hauptgeschäftsführung sowie Geschäftsführer der Fachverbände Antriebstechnik, Fluidtechnik sowie der Forschungsvereinigung Antriebstechnik und des Forschungsfonds Fluidtechnik des Verbands Deutscher Maschinen- und Anlagenbau e.V.

Susanne Reindel

Susanne Reindel ist bei der Lufthansa Cargo AG für das Portfoliomanagement verantwortlich.

Nach Abschluss ihres BWL-Studiums an der Universität zu Köln begann sie ihren beruflichen Werdegang bei der Lufthansa AG als Organisatorin und EDV-Projektkoordinatorin. Als Abteilungsleiterin war Frau Reindel danach in mehreren Gesellschaften des Lufthansa Konzerns tätig. So war sie bei der Lufthansa Passage verantwortlich für die Wettbewerbsforschung und das Qualitätsmanagement, bei der LSG Sky Chefs Deutschland GmbH für das Projekt "Transportlogistik Frankfurt" und bei der Lufthansa Cargo AG für das Produktmanagement Tiertransporte und die Abteilung Business Intelligence.

Ralph Schepp

Ralph Schepp entwickelt und steuert seit 2007 das konzernübergreifende Produktportfoliomanagement der Deutschen Telekom AG.

Bevor er 2005 als Senior Manager Innovationsstrategie in die Konzernzentrale der Deutschen Telekom AG wechselte, war er einige Jahre als Berater und Projektleiter für verschiedene Einheiten der Deutschen Telekom AG tätig. Herr Schepp hat an der Universität Lüneburg Wirtschaftswissenschaften mit den Schwerpunkten Marketing und Technologiemanagement studiert.

Christian M. Schmahl

Christian M. Schmahl ist seit Anfang 2007 Mitglied des Segmentvorstands Finanzen (CFO) der Funktionseinheit „Products & Innovation" der Deutschen Telekom AG, die aus der ehemaligen T-Online International AG hervorgegangen ist. Er verantwortet neben allen klassischen Finanzfunktionen auch das Produktportfoliomanagement des Konzerns sowie die Einführung einer konzernweiten Produkterfolgsrechnung.

Nach Abschluss seines Studiums der Betriebswirtschaftslehre in Bayreuth und in den USA hat er bei KPMG im Bereich Corporate Finance an verschiedenen Unternehmenstransaktionen mitgewirkt und die Beratungsfelder Unternehmensplanung und Telekommunikation aufgebaut. Als geschäftsführender Gesellschafter der SBS Corporate Finance GmbH hat er diverse M&A Deals im Umfeld TK/IT/Neue Medien verantwortet und darüber hinaus zahlreiche Start-Ups in ihrer Ausrichtung beratend unterstützt. Anlässlich des Börsengangs der T-Online International AG wechselte Christian M. Schmahl 1999 zum Konzern Deutsche Telekom und übernahm als Senior Vice President die Verantwortung für den Bereich Controlling & Planning. Er wurde für sein Konzept zur Steuerung von Wachstumsunternehmen mit dem Controllingpreis des Internationalen Controlling Vereins ausgezeichnet.

Alexander Sloboda

Alexander Sloboda leitet das Konzerncontrolling der EnBW AG und ist seit über 20 Jahren in deutschen und internationalen Unternehmen der Energiebranche tätig.

Prof. Dr. Meike Tilebein

Prof. Dr. Meike Tilebein ist Inhaberin der DPD-Stiftungs-Juniorprofessur für Innovationsmanagement und Leiterin des Competence Center Innovation Management am Strascheg Institute for Innovation and Entrepreneurship (SIIE) der European Business School (EBS) International University Schloss Reichartshausen, das sich auf anwendungsorientierte Innovationsforschung konzentriert.

Meike Tilebein studierte an der Universität Stuttgart Technische Kybernetik (Dipl.-Ing.) und promovierte danach (Dr. rer. pol.) am Lehrstuhl für Planung und Strategisches Management von Prof. Dr. Erich Zahn am Betriebswirtschaftlichen Institut der Universität Stuttgart. Sie ist Autorin zahlreicher Konferenz-, Buch- und Zeitschriftenbeiträge in den Themenfeldern Strategisches Innovationsmanagement sowie Gestaltung und Lenkung komplexer Unternehmenssysteme. Zu ihren aktuellen Forschungsschwerpunkten zählen Geschäftsmodellinnovationen für produzierende Unternehmen, der Zusammenhang von Diversität und Innovationsfähigkeit in Teams und die Gestaltung von Innovationsprozessen.